Bibliografische Information der Deutschen Nationalbibliothek

Die Deutsche Nationalbibliothek verzeichnet diese Publikation in der Deutschen Nationalbibliografie; detaillierte bibliografische Daten sind im Internet über http://dnb.d-nb.de abrufbar.

ISBN 978-3-8325-3117-1

Logos Verlag Berlin GmbH
Comeniushof, Gubener Str. 47,
10243 Berlin
Tel.: +49 (0)30 42 85 10 90
Fax: +49 (0)30 42 85 10 92
INTERNET: http://www.logos-verlag.de

Carsten Collon

Entwurf invarianter Folgeregler für Systeme mit Lie-Symmetrien

Collon, Carsten:
Entwurf invarianter Folgeregler für Systeme mit Lie-Symmetrien

Von der Fakultät Elektrotechnik und Informationstechnik der Technischen Universität Dresden zur Erlangung des akademischen Grades eines Doktoringenieurs (Dr.-Ing.) genehmigte Dissertation.

Tag der Einreichung:	3.12.2010
Eröffnung des Verfahrens:	6.12.2010
Tag der Verteidigung:	27.10.2011

Vorsitzender:	Prof. Dr.-Ing. E. Jorswieck (TU Dresden)
1. Gutachter:	Prof. Dr.-Ing. habil. Dipl.-Math. K. Röbenack (TU Dresden)
2. Gutachter:	Prof. Dr.techn. K. Schlacher (Johannes Kepler Universität Linz)

Il y a une femme dans toutes les affaires; aussitôt qu'on me fait un rapport, je dis: «Cherchez la femme!»

Monsieur Jackal in *Les Mohicans de Paris*,
Theaterstück von A. Dumas, 1864

Vorwort

Die vorliegende Dissertation entstand während meiner Zeit als externer Doktorand am Institut für Regelungs- und Steuerungstheorie der Fakultät Elektrotechnik und Informationstechnik der Technischen Universität Dresden, zunächst als Stipendiat der sächsischen Landesgraduiertenförderung, zuletzt als wissenschaftlicher Mitarbeiter am Lehrstuhl für Systemtheorie und Regelungstechnik der Universität des Saarlandes.

Während dieser Zeit habe ich von verschiedenen Seiten vielfältige Förderung erhalten. Zunächst möchte ich mich bei Herrn Prof. Dr.-Ing. Dr.rer.nat. K. Reinschke bedanken, der mit seinen Lehrveranstaltungen am Institut für Regelungs- und Steuerungstheorie die Grundlagen meiner regelungstheoretischen Ausbildung gelegt hat. Sein stets mir – zunächst als studentischer später als wissenschaftlicher Mitarbeiter – und meiner Arbeit entgegengebrachtes Vertrauen, haben wesentlich zur Entwicklung meiner Freude an der universitären Lehre und Forschung beigetragen. Schließlich möchte ich mich für die Betreuung zu Beginn des Promotionsvorhabens herzlich bedanken. Diese hat mit Prof. Reinschkes Eintritt in den Ruhestand Herr Prof. Dr.-Ing. habil. Dipl.-Math. K. Röbenack übernommen, für dessen freundliche Unterstützung ich mich ebenfalls bedanke.

Mein ganz besonderer Dank gilt Herrn Prof. Dr.-Ing. habil. J. Rudolph vom Lehrstuhl für Systemtheorie und Regelungstechnik der Universität des Saarlandes, mit dem ich seit meiner Diplomarbeitszeit zusammenarbeiten durfte. Seine Dresdner Lehrveranstaltungen weckten bei mir das Interesse an weiterführenden theoretischen Zugängen zu regelungstheoretischen Fragestellungen, und die von ihm aufgeworfene Frage nach der Bedeutung von Symmetrien und der Erhaltung dieser Strukturen von Regelungsproblemen beim Reglerentwurf bildeten die Grundlage für die in dieser Arbeit angestellten Betrachtungen, die ohne seine Förderung undenkbar gewesen wären.

Für die Übernahme des Zweitgutachtens danke ich Prof. Dr.techn. K. Schlacher von der Johannes Kepler Universität Linz.

Darüber hinaus bedanke ich mich beim Department of Mathematics des College of William & Mary für die freundliche Aufnahme am Arbeitsbereich während meines Forschungsaufenthaltes sowie bei meinen ehemaligen Kollegen am Institut für Regelungs- und Steuerungstheorie und am Lehrstuhl für Systemtheorie und Regelungstechnik für die angenehme Arbeitsatmosphäre und die zahlreichen Diskussionen in meiner Zeit als wissenschaftlicher Mitarbeiter.

Nicht annähernd in Worte zu fassen ist mein Dank an meine Frau Wibke Reincke, die Monsieur Jackal bei seiner Suche fände.

Berlin, im Dezember 2011 Carsten Collon

Kurzzusammenfassung

Beim Entwurf von Folgeregelungen für nichtlineare Systeme mit konzentrierten Parametern ist das Verständnis struktureller Eigenschaften des aus einer Modellbildung hervorgegangenen Differentialgleichungssystems eine wichtige Voraussetzung, um Regelungsaufgaben erfolgreich lösen zu können. Eine wesentliche strukturelle Eigenschaft ist die Existenz von Symmetrien der Differentialgleichungen, d. h. Abbildungen bzw. Familien von Abbildungen, die Lösungen auf andere Lösungen abbilden. Während gängige Entwurfsverfahren zwar besonders günstige Systemdarstellungen in speziellen Koordinatensystemen nutzen, um das Entwurfsproblem zu vereinfachen, werden bestehende Symmetrien in der Regel nicht explizit berücksichtigt, so daß Symmetrien unter Anwendung eines entworfenen Regelgesetzes verloren gehen können. Diese Beobachtung motiviert den Entwurf sogenannter invarianter Folgeregler, die verträglich mit relevanten Symmetrieeigenschaften des Regelungsproblems sind. Die vorliegende Arbeit widmet sich der Untersuchung von klassischen Symmetrien nichtlinearer Systeme, der Diskussion der als solche in Frage kommenden Klasse von Transformationen, sowie der Übertragung des invarianten Entwurfsansatzes auf bekannte Entwurfsverfahren.

In einem ersten Schritt wird hierzu eine Charakterisierung von Symmetrien gewöhnlicher Differentialgleichungen in einem differentialgeometrischen Rahmen angegeben, die auf einer geometrischen Interpretation von Differentialgleichungen fußt. Die als Symmetrien einer Differentialgleichung in Frage kommende Klasse von Transformationen ist in diesem allgemeinen Rahmen derart breit gefaßt, daß eine Bestimmung der Gesamtheit aller Symmetrien in der Regel nicht gelingt. Die Einschränkung der Betrachtung auf sogenannte Lie-Symmetrien, d. h. Symmetrietransformationen, die gleichzeitig eine Lie-Gruppe bilden, erlaubt auf der Grundlage ihrer besonderen Struktur eine Vereinfachung des Berechnungsproblems.

Aus regelungstechnischer Sicht werden in der vorliegenden Arbeit insbesondere die strukturellen Auswirkungen von Symmetrien sowie der Entwurf von invarianten Folgereglern betrachtet. Die Kenntnis von Lie-Symmetrien erlaubt unter bestimmten Bedingungen eine Reduktion der Systemdarstellung mit einer ggf. damit einhergehenden Vereinfachung des Entwurfsproblems. Ein weiterer Aspekt ergibt sich aus der gezielten Aufprägung von Symmetrieeigenschaften durch geeignete Rückführungen. Darüber hinaus entsteht bei bekannten Symmetrien eines Regelungsproblems die Aufgabe, mit der Symmetrie verträgliche Folgeregler zu entwerfen. Hierzu werden bekannte Ergebnisse aufgegriffen, auf weitere Entwurfsverfahren erweitert und anhand von Beispielen diskutiert.

Abstract

The analysis and the comprehension of the underlying structure of a nonlinear control system described by a system of ordinary differential equations is a key ingredient for a successfull feedback design in model based control. One particular structural property is the presence of symmetries, i.e. transformations or a family of transformations that map solutions of the differential equation to other solutions. Whereas the structure of nonlinear control systems is commonly exploited in order to simplify their representation, e.g. by transformation into an appropriate normal form, symmetries are not explicitly considered by common feedback design approaches. However, as symmetries are in general not preserved under feedback, symmetry properties can be lost by applying a feedback law. This observation motivates the design of symmetry-preserving feedback laws obtained from a feedback design based on invariant tracking errors.

The present dissertation focusses on the discussion of classical symmetries of nonlinear control systems, the class of potential symmetry transformations as well as the extension of the invariant design approach to well-known feedback design methods. Following a differential-geometric approach, a differential equation can be identified with a geometric object and a symmetry is characterized as automorphism thereof. In this general setting, the class of potential symmetry transformations is very large rendering the determination of the complete family of symmetries for a given differential equation in general impossible. For an important subset of symmetry transformations denoted as Lie symmetries, i.e. symmetry transformations that also form a Lie group, the additional continuous group structure allows the formulation of a constructive approach to the computation of symmetry transformations, and further, to invariant feedback design.

Depending on the structure of the symmetry group it is possible to reduce the system equations to a representation of lower order plus quadratures, eventually simplifying the feedback design problem for the reduced system. Moreover, the injection of certain symmetry properties by suitable feedback laws such as invariance w.r.t. set-point changes is discussed in terms of feedback equivalence. Finally, known results regarding the design of invariant feedback laws are recalled, extended, and are discussed by means of examples.

Inhaltsverzeichnis

1. Einleitung

Für zahlreiche technische Prozesse lassen sich Modelle als Systeme gewöhnlicher nichtlinearer Differentialgleichungen angeben, die für eine Analyse von Systemeigenschaften sowie für den Entwurf von Regelungs- und Steuerungsalgorithmen genutzt werden können. Wesentliche Vereinfachungen für die Analyse und den Reglerentwurf ergeben sich, wenn es gelingt, die einem Problem innewohnende Struktur wie z. B. die Äquivalenz zu einem linearen Differentialgleichungssystem oder eine mögliche Eingangs-Ausgangs-Entkoppelung durch die Wahl geeigneter Koordinaten offenzulegen. In derartigen, der Struktur des Problems angepaßten, Koordinaten ist es zudem einfacher, ein Verständnis für die Zusammenhänge zwischen Systemgrößen zu erlangen.

Strukturelle Eigenschaften von Differentialgleichungen können anhand von Symmetrien untersucht werden, die sich als Transformationen der abhängigen und unabhängigen Variablen darstellen, die Lösungen auf andere Lösungen abbilden. Der norwegische Mathematiker Sophus Lie (1842–1899) begründete mit seiner Theorie der infinitesimalen Transformationen, aus denen die heutigen Lie-Gruppen hervorgegangen sind, einen Ansatz zur systematischen Herleitung von Integrationsverfahren für gewöhnliche und partielle Differentialgleichungen (Lie, 1891). Während die mathematische Fachwelt seiner Zeit die Bedeutung von Lie-Gruppen bei der Betrachtung von Differentialgleichungen – auch seiner Ansicht nach – zunächst nicht ausreichend würdigte[1], sind die symmetriebasierten Ansätze zur Reduktion und Lösung von Differentialgleichungen heute derart bedeutsam, daß der Begriff Symmetrie im allgemein als Synonym für Lie-Transformationsgruppen, die Symmetrien einer Differentialgleichungen sind, verwendet wird[2]. In der Tat konnten für zahlreiche Probleme geschlossene Lösungen angegeben werden, nachdem ihre Symmetriegruppen bestimmt worden waren (für eine Liste von Beispielen siehe Ibragimov, 1994). Für die Lösung einer gewöhnlichen Differentialgleichung k-ter Ordnung eröffnet die Existenz einer r-parametrigen Lie-Gruppe ($r \leq k$) mit auflösbarer Lie-Algebra die Möglichkeit, die Differentialgleichung durch Koordinatentransformation in eine Differentialgleichung $(k-r)$-ter Ordnung zu überführen, die durch r Quadraturen ergänzt wird. Durch eine hinreichende Zahl von Symmetrien gelingt somit die Lösung der Differentialgleichung allein durch Quadratur (siehe z. B. Stephani, 1989).

In der Regelungstechnik spielt die Bestimmung geschlossener Lösungen aufgrund der Unterbestimmtheit der Differentialgleichung in der Regel eine untergeordnete Rolle, jedoch führen z. B. die Suche nach geeigneten Entwürfen von Steuerungen und deren Ergänzung durch stabilisierende Rückführungen auf die Notwendigkeit, die Struktur der Modellgleichungen zu analysieren und zu nutzen. Hieraus ergeben sich u.a. die bereits zuvor

[1] Eine ausführliche Darstellung der Entstehung von Lies Theorien und der weiteren Entwicklung der Lie-Gruppen-Theorie kann in Hawkins (2000) nachgelesen werden.

[2] In dieser Arbeit werden diese zur Abgrenzung zu Symmetrien, die diese spezielle Gruppeneigenschaft nicht aufweisen, als Lie-Symmetrien bezeichnet, wobei die explizite Unterscheidung unterbleibt, sofern diese aus dem Kontext eindeutig ist.

genannten Gründe für die Untersuchung der Systemstruktur. Der Reduktion der Ordnung der gewöhnlichen Differentialgleichung entspricht für Systeme in Zustandsdarstellung einer möglichen Dekomposition in ein System reduzierter Zustandsdimension (das Quotientensystem) sowie eine Kette von Integratoren (siehe Grizzle u. Marcus, 1983, 1985; Nijmeijer u. van der Schaft, 1985).

Während der Reduktionsaspekt u.a. durch Ergebnisse der Mechanik motiviert ist, entsteht hinsichtlich des Entwurfs von stabilisierenden Rückführungen ein neuartiges Problem, denn im allgemeinen bleiben Symmetrien unter deren Wirkung nicht erhalten. Betrachtet man jedoch gewisse Symmetrien als grundlegend für das zu lösende Regelungsproblem, so ergibt sich die Aufgabe, Regler zu entwerfen, die verträglich mit den identifizierten Symmetrien sind. Diese Aufgabe, die in dieser Arbeit als invarianter Reglerentwurf bezeichnet wird, soll nachfolgend anhand zweier Kurzbeispiele motiviert werden.

1.1. Ein kinematisches Fahrzeug

Betrachtet wird die ebene Bewegung eines (vereinfachten) Fahrzeugs der Länge l, die durch die Position des Hinterachsmittelpunktes y, den Lenkwinkel φ, die Fahrzeugorientierung als Winkel θ bezüglich eines festen Koordinatensystems, sowie die Geschwindigkeit v beschrieben wird (vgl. Abbildung 1.1).

Unter der Annahme, daß die Räder ohne Gleiten rollen, bewegen sich alle Punkte auf der Hinterachse parallel zur Richtung der Hinterräder, die mit dem Tangentialvektor τ übereinstimmt, der in den gewählten Koordinaten die Darstellung $\tau = (\cos\theta, \sin\theta)^T$ hat. Folglich wird die Bewegung des Hinterachsmittelpunkts durch die Differentialgleichung

$$\dot{y} = v\tau = v\begin{pmatrix}\cos\theta\\ \sin\theta\end{pmatrix} \tag{1.1a}$$

beschrieben. Für die Bewegung des Vorderachsmittelpunktes $y_F = y + l\tau$ erhält man zunächst die Gleichung

$$v_F = \dot{y}_F = \dot{y} + l\dot{\theta}\tau' = v\tau + l\dot{\theta}\begin{pmatrix}-\sin\theta\\ \cos\theta\end{pmatrix}.$$

Aus der in Abbildung 1.1 dargestellten Anordnung ist zu erkennen, daß die Projektion von v_F auf den Tangentialvektor τ bzw. auf den Normalenvektor $\nu = \tau'$ die Bedingungen[3]

$$v = \langle v_F, \tau \rangle = \|v_F\|_2 \cos\varphi, \qquad l\dot{\theta} = \langle v_F, \nu \rangle = \|v_F\|_2 \sin\varphi,$$

ergibt ($v \geq 0$). Deren Kombination liefert die Beziehung

$$\dot{\theta} = \frac{v}{l}\tan\varphi, \tag{1.1b}$$

die zusammen mit der Gleichung (1.1a) das nachfolgend betrachtete Modell des kinematischen Fahrzeugs bildet.

[3]Hierbei steht $\langle \cdot, \cdot \rangle$ für das Skalarprodukt zweier Vektoren.

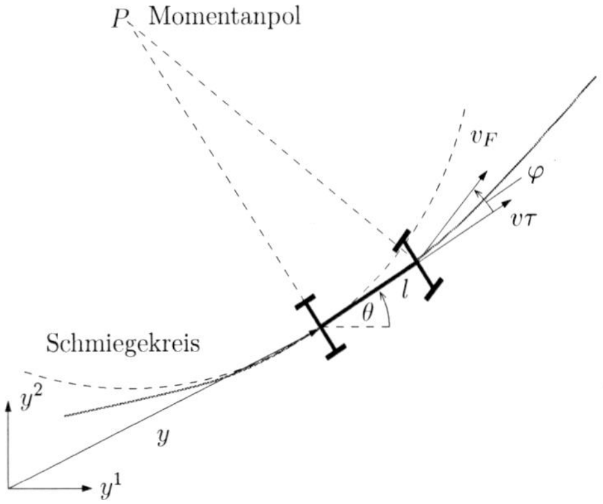

Abbildung 1.1.: Kinematisches Fahrzeug: Momentanpol P und Schmiegekreis

Invarianz der Modellgleichungen bezüglich $SE(2)$

Aus der geometrischen Anschauung ist klar, daß das Verhalten des Fahrzeugs unabhängig von der Wahl eines speziellen Koordinatensystems ist. Folglich ist zu erwarten, daß die Modellgleichungen von einem Übergang zu einem anderen kartesischen Koordinatensystem, der durch eine Rotation um den Koordinatenursprung sowie eine Translationen erfolgt, unberührt bleiben. Um dies zu prüfen wird zunächst die Wirkung der sog. speziellen Euklidischen Gruppe in der Ebene $SE(2)$ auf die Systemgrößen notiert:

$$\begin{aligned} \tilde{y} &= \begin{pmatrix} \cos a^1 & -\sin a^1 \\ \sin a^1 & \cos a^1 \end{pmatrix} y + \begin{pmatrix} a^2 \\ a^3 \end{pmatrix}, & \tilde{\theta} &= \theta + a^1, \\ \tilde{v} &= v, & \tilde{\varphi} &= \varphi, \end{aligned} \tag{1.2}$$

wobei $a^1 \in \mathbb{R} \mod 2\pi$ als Rotationswinkel zur Rotationsmatrix R_{a^1} die Rotation um den Koordinatenursprung und $a^2, a^3 \in \mathbb{R}$ die Translation entlang der y^1- und y^2-Richtung beschreiben. Die transformierten Größen werden durch die Schlange gekennzeichnet. Für jedes Parametertripel (a^1, a^2, a^3), das ein Element $g \in SE(2)$ beschreibt, werden die Modellgleichungen in

$$\dot{\tilde{y}} = vR_{a_1}\tau = \tilde{v}\begin{pmatrix} \cos\tilde{\theta} \\ \sin\tilde{\theta} \end{pmatrix} = \tilde{v}\tilde{\tau}, \qquad \dot{\tilde{\theta}} = \frac{\tilde{v}}{l}\tan\tilde{\varphi}$$

transformiert. Offenbar behalten die Differentialgleichungen in den Schlange-Koordinaten ihre Form.

Sei durch $t \mapsto (y^1(t), y^2(t), \theta(t), v(t), \varphi(t))$ eine Lösung der Gleichungen (1.1) gegeben. Über die obenstehende Transformationsbeziehungen wird diese auf eine Lösung $t \mapsto \left(\tilde{y}^1(t), \tilde{y}^2(t), \tilde{\theta}(t), \tilde{v}(t), \tilde{\varphi}(t)\right)$ der Differentialgleichung in den neuen Koordinaten überführt, d. h., die Abbildung (1.2) überführt *Lösungen in Lösungen.* Da dies für alle Elemente der speziellen Euklidischen Gruppe in der Ebene gilt, bildet $SE(2)$ eine Symmetriegruppe der Differentialgleichung (1.1). Die Lösung in den Schlange-Koordinaten läßt sich zudem bezüglich des ursprünglichen Koordinatensystems derart interpretieren, daß diese aus transformierten Anfangsbedingungen hervorgegangen ist. Dabei ist es unerheblich, ob zunächst die Differentialgleichung für einen Anfangswert und vorgegebene Verläufe für die Eingänge gelöst und die resultierende Lösung anschließend transformiert wird, oder, ob der Anfangswert zunächst transformiert und im Anschluß die Lösung der Differentialgleichung berechnet wird. Diese Vertauschbarkeit zwischen Anwendung der Symmetrietransformation und Bewegung entlang der Lösung der Differentialgleichung ist ein weiteres Merkmal von sog. Lie-Symmetrien gewöhnlicher Differentialgleichungen. Die Vertauschbarkeit kann verloren gehen, wenn der Stelleingriff über v und φ um eine Rückführung des Zustands ergänzt werden sollen. Dies soll nachfolgend kurz erläutert werden.

Möglicher Verlust der Symmetrie durch Zustandsrückführung

Es wird nun davon ausgegangen, daß ein Folgeregelungsproblem bezüglich einer (hinreichend) glatten Solltrajektorie für die Position des Hinterachsmittelpunktes[4]

$$\mathbb{R} \supset I \ni t \mapsto y_d(t) \in \mathbb{R}^2$$

durch einen Reglerentwurf für die Stellgrößen v und φ zu lösen ist. Nutzt man hierzu den üblichen Folgefehler $e = y - y_d$ (notiert bezüglich eines beliebigen festen Koordinatensystems) und gibt eine stabile, lineare zeitinvariante Fehlerdynamik

$$\ddot{e} + \Lambda_1 \dot{e} + \Lambda_0 e = 0, \qquad \Lambda_0, \Lambda_1 \in \mathbb{R}^{2\times 2}, \tag{1.3}$$

mit geeignet gewählten[5] konstanten Matrizen Λ_0, Λ_1 vor, so erhält man zusammen mit den Modellgleichungen die Beziehung

$$\begin{aligned} \ddot{y} = \dot{v}\tau + v\dot{\tau} &= R_\theta \begin{pmatrix} \dot{v} \\ \frac{v^2}{l}\tan\varphi \end{pmatrix} \\ &= \ddot{y}_d - \Lambda_1 (v\tau - \dot{y}_d) - \Lambda_0 (y - y_d) =: \ddot{y}_{\mathsf{ref}}\big(v, y, \theta, y_d^{[2]}\big), \end{aligned}$$

für eine Referenzbeschleunigung $\ddot{y}_{\mathsf{ref}}$ des Hinterachsmittelpunktes. Hierbei wurden die eckigen Klammern in $y_d^{[2]}$ verwendet, um Zeitableitungen der Solltrajektorie bis zur zweiten Ordnung zu notieren. Wird Vorwärtsfahrt ($v > 0$) angenommen, so erhält man hieraus durch Auflösen nach $\dot{v}$ und φ die dynamische Rückführung

$$\dot{v} = \Big\langle \tau(\theta), \ddot{y}_{\mathsf{ref}}\big(v, y, \theta, y_d^{[2]}\big) \Big\rangle, \quad v(0) = \|\dot{y}_d(0)\|_2, \quad \varphi = \arctan \Big\langle \frac{l}{v^2}\nu(\theta), \ddot{y}_{\mathsf{ref}}\big(v, y, \theta, y_d^{[2]}\big) \Big\rangle,$$

als (lokalen) stabilisierenden Regler entlang der Solltrajektorie.

Die vorangegangene Diskussion der Modellgleichungen hat gezeigt, daß die Gleichungen invariant bezüglich Rotation und Translation in der Ebene sind, das Fahrzeugverhalten

[4] Dabei handelt es sich um einen flachen Ausgang des Modells (vgl. Rothfuß u. a., 1997).

[5] Genau derart, daß die Blockmatrix $\begin{pmatrix} 0 & I_{2\times 2} \\ -\Lambda_0 & -\Lambda_1 \end{pmatrix}$ nur Eigenwerte in der offenen linken Halbebene der komplexen Zahlenebene hat.

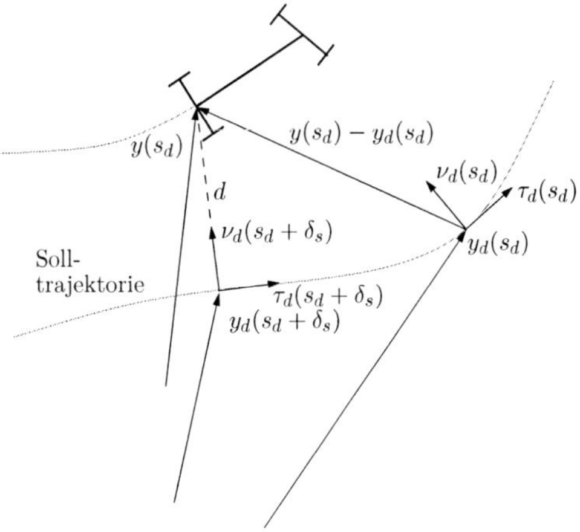

Abbildung 1.2.: Geometrisch motivierter invarianter Folgefehler (δ_s, d)

also unabhängig vom gewählten inertialen Koordinatensystem ist. Folglich muß es ein Ziel des Reglerentwurfs sein, daß die Fehlerdynamik diese natürliche Eigenschaft des Fahrzeugs erhält, indem das Regelgesetz ebenfalls von der Koordinatenwahl unbeeinflußt bleibt. Hierzu notiert man die Fehlerdynamik in Schlange-Koordinaten,

$$R_{a^1}\ddot{e} + R_{a^1}\Lambda_1 R_{a^1}^T R_{a^1}\dot{e} + R_{a^1}\Lambda_0 R_{a^1}^T R_{a^1} e = \ddot{\tilde{e}} + \tilde{\Lambda}_1\dot{\tilde{e}} + \tilde{\Lambda}_0\tilde{e},$$

und fordert, daß diese dieselbe Form wie zuvor hat, d. h. $\Lambda_0 = \tilde{\Lambda}_0$ und $\Lambda_1 = \tilde{\Lambda}_1$ für alle $a^1 \in \mathbb{R} \bmod 2\pi$ gilt. Aus diesen Forderungen leiten sich für die Wahl der Einträge von Λ_0 und Λ_1 die Bedingungen $\lambda_{11} = \lambda_{22}$ sowie $\lambda_{21} = -\lambda_{12}$ ab, so daß der Reglerentwurf gewissen Einschränkungen unterworfen ist[6]. Diese Einschränkungen bei der Wahl der Reglerkoeffizienten entfallen, falls die Komponenten des verwendeten Folgefehlers selbst invariant sind. Diese Beobachtung motiviert die Verwendung *invarianter Folgefehler* für den Entwurf von Folgereglern, die Symmetrien der Modellgleichungen nicht brechen.

Ein invarianter Folgefehler

Wohlbekannte invariante Folgefehler für das Folgeregelungsproblem in der Ebene ergeben sich durch die Definition des Fehlers bezüglich eines mitgeführten Koordinatensystems der Solltrajektorie, siehe z. B. Woernle (1998); Rouchon u. Rudolph (1999); Rudolph u. Fröhlich (2003). An dieser Stelle soll jedoch ein alternativer Fehler zur Anwendung kommen[7],

[6] Die angegebene spezielle Wahl der Matrizeneinträge hat zur Folge, daß für jede Richtung der Ebene dieselbe Fehlerdifferentialgleichung angesetzt wird. Folglich bleibt diese auch von einer Rotation des Koordinatensystems unberührt.

[7] Die Verwendung dieses Fehlers geht auf einen Vorschlag von Dr.-Ing. Frank Woittennek zurück.

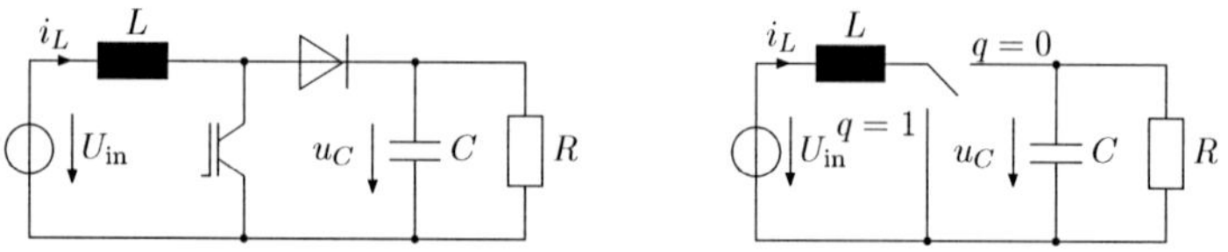

Abb. 1.3.: Vereinfachtes Schaltbild eines Hochsetzstellers mit Diode und Transistor (links), idealisierte Schaltung mit Schalter und Schalterstellung q

der sich als Projektion der aktuellen Position des Hinterachsmittelpunktes auf die Solltrajektorie ergibt[8]. Hierzu sei angenommen, daß die Solltrajektorie $[0, L] \ni s_d \mapsto y_d(s_d)$ bezüglich ihrer Bogenlänge s_d parametriert wird. Ein invarianter Folgefehler setzt sich dann aus dem Abstand d des Punktes $y(s_d)$ von der Solltrajektorie und dem Schleppfehler δ_s zusammen. Die Komponenten d und δ_s bestimmen sich durch Projektion von $y(s_d)$ auf der Isttrajektorie entlang des Lots auf die Solltrajektorie, die den Punkt $y_d(s_d + \delta_s)$ auf der Solltrajektorie ergibt (vgl. Abbildung 1.2). D. h., der Fehler ergibt sich als Lösung der Gleichung

$$y(s_d) - d\nu_d(s_d + \delta_s) - y_d(s_d + \delta_s) = 0. \tag{1.4}$$

Aus dieser lassen sich die zwei entkoppelten Gleichungen

$$0 = \langle\, y(s_d) - y_d(s_d + \delta_s),\, y_d'(s_d + \delta_s)\,\rangle \tag{1.5a}$$
$$d = \langle\, y(s_d) - y_d(s_d + \delta_s),\, \nu_d(s_d + \delta_s)\,\rangle \tag{1.5b}$$

für δ_s und d gewinnen, wobei $'$ die Ableitung nach dem Argument in der Bogenlängenparametrierung bezeichnet. Die erste Gleichung beschreibt dabei gerade die Lotbedingung, während die zweite Bedingung die Definition von d über die Projektion auf den Normalenvektor ν_d enthält. Die Invarianz der Lösungen dieser Gleichungen bezüglich der Wirkung der Symmetriegruppe $SE(2)$ ergibt sich mit $a_0 = (a^2, a^3)^T$ aus der Regularität der Rotationsmatrix R_{a^1} für alle $a^1 \in \mathbb{R} \mod 2\pi$:

$$R_{a^1} y + a_0 - dR_{a^1}\nu_d - R_{a^1} y_d - a_0 = 0 \quad \Leftrightarrow \quad y - d\nu_d - y_d = 0.$$

Folglich bildet das Paar (δ_s, d) tatsächlich einen invarianten Folgefehler, der als Grundlage für einen invarianten Reglerentwurf dienen kann. Ein möglicher Entwurf wird in Abschnitt 7.1 diskutiert.

1.2. Modell eines Hochsetzstellers (boost converter)

Betrachtet werde das Modell eines Hochsetzstellers, der dazu dient, aus einer Gleichspannung U_{in} eine höhere Versorgungsspannung für einen resistiven Verbraucher mit dem Widerstand R zu erzeugen. Ein idealisiertes Schaltbild ist in Abbildung 1.3 dargestellt.

[8] Die Frage nach einer geeigneten Projektion kann unterschiedlich beantwortet werden, siehe z. B. auch Irle u. a. (2009).

Unter Annahme eines idealen Kondensators mit der Kapazität C sowie einer idealen Spule mit der Induktivität L erhält man mit der Schalterstellung $q \in \{0,1\}$ als Stellgröße und dem Zustand $z = (z^1, z^2) = (i_L, u_C)$ folgende Modellgleichungen

$$L\dot{z}^1 = -(1-q)z^2 + U_{\text{in}}, \qquad C\dot{z}^2 = (1-q)z^1 - \frac{z^2}{R}, \tag{1.6}$$

wobei $z^2 > U_{\text{in}}$ gilt. Für eine Schaltperiode der Länge $T_s > 0$ kann ein gemitteltes Modell unter der Verwendung der Größen

$$\bar{q}(t) = \frac{1}{T_s}\int_t^{t+T_s} q(\tau)d\tau \quad \text{bzw.} \quad \bar{z}^i(t) = \frac{1}{T_s}\int_t^{t+T_s} z^i(\tau)d\tau, \quad i = 1,2,$$

angegeben werden. Für den Übergang $T_s \to 0$ erhält man hieraus das *kontinuierliche* Modell des Hochsetzstellers mit den äquivalenten Größen $q_{\text{eq}} \in [0,1]$, z^i_{eq}, $i = 1,2$, für unendlich schnelles Schalten. Es läßt sich nun zeigen, daß immer eine ausreichend kurze Schaltperiode derart gewählt werden kann, daß die Abweichungen zwischen dem gemittelten und dem schaltenden Modell für identische Anfangsbedingung beliebig klein werden (Sira-Ramirez, 1989). Im folgenden wird daher von dem kontinuierlichen Modell ausgegangen, wobei jedoch auf den Index „eq“ verzichtet wird.

Das kontinuierliche Modell des Hochsetzstellers gehört zu der Klasse der differentiell flachen Systeme, d. h., es läßt sich eine Funktion der Systemgrößen z^1, z^2, q und ihrer Ableitungen, ein sog. flacher Ausgang, derart finden, daß sich alle Systemgrößen mittels des flachen Ausgangs und endlich vieler seiner Zeitableitungen ausdrücken lassen. Für den Hochsetzsteller stellt die gespeicherte Energie $y = \frac{1}{2}\left(L(z^1)^2 + C(z^2)^2\right)$ einen flachen Ausgang dar[9]. Tatsächlich lassen sich die Systemgrößen mittels der Beziehungen

$$\begin{aligned}
z^1 &= \phi^1(y,\dot{y}) = \sqrt{\frac{2}{L}y + \frac{RC}{L}\dot{y} + \left(\frac{RCV_{\text{in}}}{2L}\right)^2} - \frac{RCV_{\text{in}}}{2L},\\
z^2 &= \phi^2(y,\dot{y}) = \sqrt{R\left(V_{\text{in}}\phi^1(y,\dot{y}) - \dot{y}\right)},\\
q &= \psi(y,\dot{y},\ddot{y}) = 1 - \frac{R^2CV_{\text{in}}^2 + 2L(\phi^2(y,\dot{y}))^2 - LR^2C\ddot{y}}{R\phi^2(y,\dot{y})\left(2L\phi^1(y,\dot{y}) + RCV_{\text{in}}\right)},
\end{aligned}$$

in diesem parametrieren (siehe z. B. Gensior u. a., 2006). Für die Symmetrieeigenschaften des Modells bedeutet die Flachheitseigenschaft, daß sich beliebig viele Transformationen angeben lassen, die Lösungen auf Lösungen abbilden. Dabei muß lediglich darauf geachtet werden, daß die Transformationen von y mit der induzierten Transformation auf $\dot{y}$ und $\ddot{y}$ verträglich sind. Skaliert man z. B. den flachen Ausgang mit $\mathbb{R} \ni a > 0$, so ergibt sich

$$\tilde{y} = ay, \qquad \dot{\tilde{y}} = a\dot{y}, \qquad \ddot{\tilde{y}} = a\ddot{y},$$

und hieraus erhält man über die obigen Beziehungen die Transformation

$$\tilde{z}^1 = \phi^1(ay, a\dot{y}), \qquad \tilde{z}^2 = \phi^2(ay, a\dot{y}), \qquad \tilde{q} = \psi(ay, a\dot{y}, a\ddot{y}),$$

[9] Eine Analyse hinsichtlich der exakten Zustandslinearisierbarkeit des Modells führt für den vorliegenden Eingrößenfall auf denselben flachen Ausgang, siehe z. B. Sira-Ramírez u. Ilic-Spong (1989).

bezüglich der die Modellgleichungen (1.6) forminvariant sind. Für den Entwurf eines invarianten Folgereglers für den flachen Ausgang y bietet sich die Verwendung eines relativen Fehlers $e = \frac{y}{y_d} - 1$ an, wobei $t \mapsto y_d(t)$ eine geeignet geplante glatte Solltrajektorie für den flachen Ausgang bezeichnet.

Die beiden Beispiele haben gezeigt, daß Symmetrien als Transformationen, die Modellgleichungen invariant belassen, natürliche Systemeigenschaften bekannter Modellgleichungen sind, die jedoch nicht zwangsläufig unter der Wirkung stabilisierender Rückführungen erhalten bleiben. Das Beispiel des Hochsetzstellers weist zudem auf die besondere Beziehung zwischen Symmetrien und der Struktur differentiell flacher Systeme hin. Die Parametrierung der Systemgrößen über den flachen Ausgang erlaubt es, beliebig viele Transformationen einzuführen, die Lösungen auf Lösungen abbilden, also Symmetrietransformationen sind. Allerdings bedarf die Beschaffenheit dieser induzierten Symmetrien einer genaueren Betrachtung (vgl. Abschnitt 6.6).

1.3. Einordnung und Zielstellung der Arbeit

Mit der Untersuchung von Symmetrien gewöhnlicher Differentialgleichungen und der Einführung der Berührungstransformationen hat Sophus Lie im 19. Jahrhundert die Entwicklung eines Methodenapparates angestoßen, dessen Entwicklung und Fülle von Anwendungen im Bereich dynamischer Systeme in dieser Arbeit nicht erschöpfend dargestellt werden kann. Eine Diskussion der frühen Ergebnisse von Lie, Bäcklund und Bianchi ist in Anderson u. Ibragimov (1979) nachzulesen, eine umfangreiche Darstellung zur Anwendung von Lie-Symmetrien auf Differentialgleichungen sowie zahlreiche Hinweise zur historischen Entwicklung und relevanten Quellen gibt Olver (1993), zahlreiche Beispiele findet man in Ibragimov (1994). Weiterführende Untersuchungen zu Lies „r-gliedrigen infinitesimalen Transformationen“ u.a. durch Cartan[10] führten zu der Erkenntnis, daß den Eigenschaften der Transformationsgruppen eine abstrakte Struktur zugrunde liegt, die als Lie-Gruppe bezeichnet wurde und koordinatenfrei charakterisiert werden kann. Hierzu werden nur die notwendigen Ergebnisse aus der umfangreichen Theorie der Lie-Gruppen angegeben, die alle in der diesbezüglichen Literatur zu finden sind (siehe zum Beispiel Eisenhart, 1933; Chevalley, 1946; Ovsiannikov, 1982; Hausner u. Schwartz, 1968).

Die Grundlage des in dieser Arbeit angewandten geometrischen Zugang zu Differentialgleichungen bilden Prolongationen und Jets (Strahlen), die zu Beginn der 1950er-Jahre von Ehresmann eingeführt wurden (Ehresmann, 1951, 1952). Unter Annahme einer geeigneten Struktur können diese als Elemente eines sog. Jet-Bündels betrachteten werden, in denen Differentialgleichungen reguläre Teilmannigfaltigkeiten definieren. Hierdurch gelingt eine geometrische Charakterisierung von Differentialgleichung unabhängig von der gewählten Form, in der diese letztlich notiert werden. Die für den allgemeineren Fall partieller Differentialgleichungen formulierte Theorie wird in dieser Arbeit lediglich zur Herleitung eines geometrischen Objektes für die betrachteten gewöhnlichen Differentialgleichungen angewandt. Für ausführliche Darstellungen zur Geometrie von Jet-Mannigfaltigkeiten und Differentialgleichungen wird auf Vinogradov (1981, 1984); Saunders (1989); Zharinov (1992); Bocharov u. a. (1999) verwiesen. Die geometrische Betrachtungsweise hat sich auch in der regelungstechnischen Literatur insbesondere bei der Untersuchung von Äquivalen-

[10]Elie Joseph Cartan (1869-1951), französischer Mathematiker

zen durch sog. endogene Rückführungen als nützlich erwiesen, die sich als Spezialfall von Lie-Bäcklund-Abbildungen zwischen differenzierbaren Mannigfaltigkeiten im Sinne des in Zharinov (1992) angegebenen unendlichdimensionalen geometrischen Bildes von Differentialgleichungen, sog. Diffietäten (engl. diffiety aus differential variety), ergeben (Fliess u. a., 1994, 1997, 1995b; Pomet, 1995). Gleichzeitig erlaubt dieser Rahmen auch eine geometrische Definition von differentiell flachen Systemen (vgl. Fliess u. a., 1999; Lévine, 2009), die zu Beginn der 1990er-Jahre charakterisiert wurden (Fliess u. a., 1992, 1995b; Rudolph, 2003a).

Bei der Betrachtung mechanischer Systeme spielen Symmetrien aufgrund ihrer engen Verbindung zu Erhaltungsgrößen und der damit möglichen Reduktion von Systembeschreibungen eine wichtige Rolle (Marsden u. Ratiu, 2001; Olver, 1993; Bocharov u. a., 1999). Erlaubt ein Hamiltonsches System eine globale Lie-Symmetriegruppe, so läßt sich das System auf ein Quotientensystem modulo der Wirkung der Symmetriegruppe projizieren, dessen Fluß mit den Flüssen der Symmetriegruppe kommutiert. Die passende geometrische Struktur bildet ein Hauptfaserbündel mit der Symmetriegruppe als Strukturgruppe, wobei alle Fasern diffeomorph zur Lie-Gruppe sind (Abraham u. Marsden, 1987; Kobayashi u. Nomizu, 1963). Diese Dekomposition in ein System reduzierter Ordnung folgt im Ansatz dem klassischen Ergebnis von Lie, das besagt, daß sich eine Differentialgleichung k-ter Ordnung mit einer r-dim. auflösbaren Lie-Algebra, $r < k$, auf eine Differentialgleichung $(k - r)$-ter Ordnung und r Quadraturen reduzieren läßt (siehe Olver, 1993, 1995; Stephani, 1989; Bluman u. Kumei, 1989).

Die Übertragung dieser strukturellen Auswirkungen von Symmetrien auf die Systembeschreibung fand mit dem Einzug differentialgeometrischer Methoden zur Betrachtung nichtlinearer Systeme in Zustandsdarstellung in den 1980er-Jahren Beachtung. In Grizzle u. Marcus (1983, 1985) werden die durch unterschiedliche Strukturen von Lie-Algebren von Symmetrien möglichen Auswirkungen auf eine lokale und globale Dekomposition von Systemen in Zustandsdarstellung im Sinne des bereits erwähnten klassischen Ergebnisses von Lie diskutiert. Dabei wird die enge Verwandtschaft zwischen dem bei der Untersuchung von Erreichbarkeit und Beobachtbarkeit nichtlinearer Systeme angewandten Konzept steuerungsinvarianter Distributionen (engl. controlled invariant distribution, vgl. Nijmeijer u. van der Schaft, 1982) herausgestellt, die in Nijmeijer u. van der Schaft (1985) zur Diskussion sog. partieller Symmetrien (engl. partial symmetries) führt. Den Übergang zu einer reduzierten Zustandsdarstellung in Analogie zur oben erwähnten Reduktion wird in Zhao u. Zhang (1992) thematisiert. Aus der Existenz von einparametrigen Lie-Symmetrien für Systemausgänge lassen sich Rückschlüsse zu Beobachtbarkeitseigenschaften ziehen. Gibt es eine einparametrische Lie-Transformationsgruppe, die auf den Zustand wirkt, und entlang deren Orbits der Ausgang konstant ist, so sind die Zustände entlang der Orbits nicht über den Ausgang unterscheidbar. Da Symmetrien unabhängig von der verwendeten Darstellung der Differentialgleichung sind, läßt sich diese Überlegung auch auf implizite Systeme anwenden – für einen formalen geometrischen Zugang siehe Schlacher u. a. (2002), eine Übertragung auf den zeitdiskreten Fall findet sich in Holl u. Schlacher (2005). Schließlich führt die Anwendung auf Systeme in Zustandsdarstellung auf die bekannten Ergebnisse zur Beobachtbarkeit, wie man sie z. B. in den Lehrbüchern Isidori (1995) und Nijmeijer u. van der Schaft (1990) nachlesen kann. In Gardner u. a. (1989) sowie Gardner u. Shadwick (1990) werden Symmetrien von Systemen disuktiert, die äquivalent zu linearen steuerbaren Systemen in Brunovský-Normalform sind. Diese fallen in die Kategorie der differentiell flachen Systeme. Eine kurze Diskussion ihrer Symmetrieeigenschaften findet man in Respondek (2004). Ein in dieser Arbeit nicht behandelter Aspekt, auf den jedoch hingewiesen werden soll, ist die Klassifikation von Systemen anhand ihrer Symmetriegruppen, hierzu siehe z. B. Jakubczyk (1998); Lehenkyi u. Rudolph (2004).

Für die Anwendung symmetriebasierter Ansätze ist zunächst die Kenntnis der Symmetriegruppe einer gegebenen Differentialgleichung notwendig. Wird die Suche nach Symmetrien für ein gegebenes Differentialgleichungssystem auf Lie-Symmetrien beschränkt, so entstehen aus geometrischen Symmetriebedingungen überbestimmte Systeme linearer partieller Differentialgleichungen für die Berechnung der infinitesimalen Erzeugenden der Lie-Symmetrie. Mit der Verfügbarkeit von Computer-Algebra-Systemen (CAS) wurden zahlreiche Programmpakete entwickelt, die für die Lösung Hilfestellungen bzw. Automatismen anbieten. Eine bereits etwas ältere Gegenüberstellung findet sich in Hereman (1997). Mittlerweile verfügen alle gängigen CAS wie z. B. MATHEMATICA, MAPLE, MAXIMA oder REDUCE über Bibliotheken zur Analyse von Lie-Symmetrien von Differentialgleichungen. Speziell mit der Berechnung von Symmetrie-Algebren für Systeme in Zustandsdarstellung setzen sich die Artikel von Kanatnikov u. Krishchenko (1994); Samokhin (2000, 2002) sowie Chetverikov u. a. (2002) auseinander.

Für den Entwurf von Folgereglern ergibt die Existenz von Symmetrien für ein Regelungsproblem bzw. ein Streckenmodell die Frage nach der Verträglichkeit einer Rückführung mit der Symmetrie. Dies motiviert den Entwurf von invarianten Folgereglern, der zunächst in Rouchon u. Rudolph (1999) angeregt und in der Folge in Sira-Ramírez u. Pernía-Espinoza (2001); Rudolph (2003b); Rudolph u. Fröhlich (2003) anhand von Beispielen weiterführend diskutiert wurde. Für Systeme mit wohldefinierten vektoriellen relativen Grad bzw. rechtsinvertierbare Systeme mit lokal effektiv wirkender Symmetriegruppe wird in Martin u. a. (2004) ein konstruktiver Beweis für die Existenz von G-verträglichen Folgereglern auf der Basis invarianter Folgefehler angegeben, der im Kern auf einem Normalisierungsverfahren fußt, das bereits in Killing (1889) angegeben wurde, eine moderne Darstellung des Normalisierungsverfahrens findet man bei Olver (1999). Die sich unmittelbar an den Entwurf einer invarianten Zustandsrückführung anschließende Frage nach einer G-verträglichen Zustandsschätzung durch asymptotische Beobachter wird dagegen in Aghannan u. Rouchon (2002); Bonnabel u. a. (2006, 2008) sowie weiteren Beiträgen der Autoren diskutiert.

Die vorliegende Arbeit greift die Methoden und Ansätze der zitierten Arbeiten im Hinblick auf zwei wesentliche Zielstellungen auf. Zum einen wird versucht, die Verwendung des geometrischen Zuganges zu Symmetrien von Differentialgleichungen zu motivieren. Die Rückführung einer Differentialgleichung auf ein geometrisches Objekt erlaubt eine durchgängige Definition von Symmetrien als Automorphismen geometrischer Objekte, d. h. eine Übernahme des Symmetriebegriffs aus der klassischen Geometrie. Zudem erweist sich dieser Rahmen als geeignet, um Aspekte wie die als Symmetrietransformationen in Frage kommenden Klassen von Funktionen oder die Unabhängigkeit einer Symmetrie von der gewählten Darstellung einer Differentialgleichung zu diskutieren. Schließlich finden differentialgeometrische Methoden seit den 1980er-Jahren verbreitete Anwendung in der regelungstechnischen Literatur, so daß eine Einordnung der in dieser Arbeit vorgetragenen Betrachtungen im Hinblick auf bekannte Ergebnisse möglich wird.

Ein weiteres Ziel der Arbeit ist es, einen Beitrag zur Anwendung des sog. invarianten Folgereglerentwurfs für Systeme mit Lie-Symmetrien zu leisten. Hierzu werden zunächst bekannte Ergebnisse, die insbesondere in Martin u. a. (2004) zusammengetragen worden sind, aufgegriffen und eine Erweiterung auf die populären Entwurfsansätze „Backstepping“ und „Sliding mode control“ (strukturvariable Regler mit Gleitregime) angegeben und in Beispielen angewandt. Darüber hinaus wird die gezielte Aufprägung von Symmetrieeigenschaften im Sinne des Regelungsproblems motiviert.

1.4. Gliederung der Arbeit

Die Arbeit gliedert sich in zwei Teile. Der erste Teil widmet sich der Entwicklung des Symmetriebegriffes gewöhnlicher Differentialgleichungssysteme sowie der Klärung der Beschaffenheit und Berechnung von Symmetrietransformationen. Hierzu werden in Kapitel 2 zunächst einige grundlegende Begriffe und Ergebnisse aus der Differentialgeometrie angegeben und erläutert, auf die im weiteren Verlauf der Arbeit zurückgegriffen wird. Obwohl sich bei der Betrachtung gewöhnlicher Differentialgleichungen endlichdimensionale geometrische Objekte ergeben, ist die Darstellung bewußt derart gehalten, daß eine unendlichdimensionale Verallgemeinerung möglich ist.

Der Beginn des 3. Kapitels widmet sich der Darstellung eines geometrischen Zugangs zu Differentialgleichungen, wobei zwei unterschiedliche Perspektiven behandelt werden. Während in der einen Betrachtungsweise eine Differentialgleichung als Teilmannigfaltigkeit einer geeigneten Mannigfaltigkeit verstanden wird (Vinogradov, 1981, 1984), kann die Einbettung durch eine Interpretation als eine spezielle differenzierbare Mannigfaltigkeit entfallen (Zharinov, 1992). Aus beiden Perspektiven lassen sich Symmetrien als Automorphismen geometrischer Objekte verstehen. Aufgrund der Allgemeinheit dieser Interpretation von Symmetrien ist die Berechnung *aller* Symmetrien einer Differentialgleichung zumeist wenig aussichtsreich, weshalb sich nachfolgend auf Lie-Symmetrien beschränkt wird. Die hierzu notwendigen Begriffe und Ergebnisse zur Theorie der Lie-Gruppen werden zu Beginn des Kapitel 4 angegeben. Anschließend wird der bereits erwähnte Normalisierungsalgorithmus nach Killing (1889) aufgegriffen, der es erlaubt, zu einer gegebenen Lie-Gruppe vollständige Sätze von funktional unabhängigen invarianten Funktionen zu konstruieren. Das Konstruktionsverfahren, welches mit Hilfe des Frobenius-Theorems geometrisch interpretiert wird, bildet den Kern der im zweiten Teil angegebenen invarianten Entwurfsverfahren.

Die Kapitel des zweiten Teils der Arbeit widmen sich regelungstechnischen Fragestellungen, die sich aus der Betrachtung von Symmetrien nichtlinearer Systeme in Zustandsdarstellung ergeben. Die Betrachtungen beschränken sich mit Ausnahme des Unterkapitels 6.6 zu differentiell flachen Systemen auf Lie-Symmetrien. Im 5. Kapitel, das sich an den ersten Veröffentlichungen zu Symmetrien von Systemen in Zustandsdarsellung von Grizzle u. Marcus (1983, 1985) orientiert, wird der Frage nachgegangen, welche strukturellen Rückschlüsse aus der Existenz von Lie-Symmetrien möglich sind. Die in den 1980er-Jahren formulierten Ergebnisse werden hinsichtlich der Struktur der Lie-Algebren der betrachteten Symmetriegruppen geringfügig verallgemeinert.

Das Kapitel 6 widmet sich dem Entwurf von Folgereglern, die eine vorhandene Symmetrie bewahren, so daß das um die Rückführung erweiterte System dieselben Symmetrieeigenschaften aufweist wie das System ohne Rückführung. Der hierbei verfolgte Ansatz basiert auf der in Rouchon u. Rudolph (1999) vorgeschlagenen Verwendung von invarianten Folgefehlern. Die Anwendung des in Abschnitt 4.3.1 dargestellten Normalisierungsalgorithmus führt unter gewissen Annahmen auf ein konstruktives Verfahren zur Berechnung geeigneter Folgefehler, welches bereits in Martin u. a. (2004) für den Entwurf von Folgereglern für Systeme mit wohldefinierten (vektoriellen) relativen Grad und Eingangs-Ausgangs-Linearisierung angegeben wurde. Im Anschluß an die Darstellung dieses Ergebnisses wird gezeigt, wie ein invarianter Entwurf auch mit Hilfe des sog. Integrator-Backsteppings, also der sukzessiven Berücksichtigung von Integratoren, und für strukturvariable Regelungen mit Gleitregime möglich ist. Eine in der Literatur nur wenig diskutierte Sicht auf Symmetrien ist die *Aufprägung* gewünschter Symmetrieeigenschaften durch den Entwurf geeigneter Rückführungen für die Stellgrößen. Dieser Ansatz der „Symmetrierung" durch einen gezielten Stellgrößeneinsatz, der zwar im Rahmen des Regelungsentwurf z. B. zur Kompensation von Störungen wie Gravitationseinflüssen häufig anzutreffen ist – in diesem Sinne werden derartige Symmetrien in Spong u. Bullo (2005) als „controlled symmetry" bezeichnet – läßt sich aus Sicht des Autors mitunter auch gezielt für den Reglerentwurf nutzen, wozu einige strukturelle Überlegungen angegeben werden.

Die Betrachtung sogenannter differentiell flacher Systeme hat seit der Einführung dieses Konzepts zu Beginn der 1990er-Jahren durch M. Fliess, J. Lévine, P. Martin und P. Rouchon (vgl. Fliess u. a., 1992) in der regelungstechnischen Literatur eine große Bedeutung erlangt. Hinsichtlich des Reglerentwurfs erlaubt die spezielle Struktur derartiger Modelle einen besonders einfachen Zugang zur Planung von Solltrajektorien und zur stabilisierenden Folgeregelung (siehe z. B. Fliess u. a., 1995b; Rothfuss, 1997; Rudolph, 2003a). Diese spezielle Struktur flacher Systeme hat Auswirkungen auf die Art und Zahl der Symmetrien, die flache Systeme aufweisen. Einer Diskussion dieser Besonderheit widmet sich der Abschnitt 6.6.

Da für die zuvor angegebenen (invarianten) Entwurfsverfahren zur Implementierung der Rückführung von der Kenntnis des gesamten Zustands ausgegangen wird, schließt sich das Rekonstruktionsproblem unmittelbar an den Reglerentwurf an, und es stellt sich ebenfalls die Frage nach einem Beobachterentwurf, der bestehende Symmetrien des betrachteten Systems respektiert. Der Abschnitt 6.7 bietet hierzu einen kurzen Exkurs zum invarianten Beobacherentwurf, der zunächst in Guillaume u. Rouchon (1998) für ein Beispiel und allgemein in Aghannan u. Rouchon (2002) vorgeschlagen wurde (siehe auch Bonnabel u. a., 2008).

Im Kapitel 7 werden zwei ausführlichere Beispiele für die Anwendung invarianter Folgeregelungen angegeben. Während das erste Beispiel einer Regelung für einen Bioreaktor der Illustration der Idee gewidmet ist, Symmetrien gezielt für Lösung eines Regelungsproblems einzusetzen, wird im zweiten Beispiel ein invarianter Folgeregler für das kinematische Fahrzeug auf der Grundlage eines geometrisch motivierten Folgefehlers entworfen, und dieser im Anschluß um einen invarianten Beobachter ergänzt.

Mathematischer Rahmen

2. Begriffe aus der Differentialgeometrie

In der vorliegenden Arbeit wird auf Begriffe und Werkzeuge der Differentialgeometrie zurückgegriffen. Detaillierte Darstellungen zur Geometrie von Differentialgleichungen findet man in Zharinov (1992) sowie bei Vinogradov (1981, 1984). Verweise auf den dort formulierten Rahmen finden sich in Arbeiten zu Symmetrien von Differentialgleichungen wie Olver (1993); Bocharov u. a. (1999) sowie im regelungstechnischen Kontext in Kanatnikov u. Krishchenko (1994); Fliess u. a. (1994); Pomet (1995); Fliess u. a. (1997, 1999); da Silva u. a. (2007), und einige Elemente finden auch hier Verwendung. Aus diesem Grund werden zunächst die notwendigen Begriffe den Darstellungen in Zharinov (1992) folgend eingeführt.

Hinsichtlich der Anwendung der endlichdimensionalen Differentialgeometrie in der regelungstechnischen Fragestellungen sei an dieser Stelle auf die Lehrbücher von Nijmeijer u. van der Schaft (1990) sowie von Isidori (1995) verwiesen. Darstellungen zur endlichdimensionalen Differentialgeometrie finden sich u.a. in Warner (1983); Abraham u. Marsden (1987); Boothby (2003) oder auch in Spivak (1999).

Obwohl sich diese Arbeit zumeist auf die Betrachtung endlichdimensionaler Objekte beschränkt, ist die folgende Darstellung bewußt derart gehalten, daß ein Übergang zu unendlichdimensionalen Mannigfaltigkeiten möglich ist. Dies ist zum einen der Tatsache geschuldet, daß die Theorie der Symmetrien von Differentialgleichungen wesentlich durch die Behandlung partieller Differentialgleichungen motiviert und geprägt ist, zum anderen ist der Autor der Ansicht, daß sich existierende Querverbindungen der verwendeten Theorie wie z. B. der Lie-Bäcklund-Äquivalenzen, die bei der Untersuchung differentiell flacher Systeme eine Rolle spielen, sowie der Hinweis auf die weiterführende Theorie der verallgemeinerten Symmetrien hierdurch erleichtert wird.

Bemerkungen zur verwendeten Notation

Mit der klaren regelungstechnischen Ausrichtung der vorliegenden Arbeit und der Anwendung differentialgeometrischer Methoden entsteht hinsichtlich der in der jeweiligen Literatur üblichen Schreibweisen ein gewisser Konflikt. Während die regelungstechnische Literatur sich eher an der Notation der linearen Algebra orientiert, d. h. Vektoren und vektorwertige Funktionen durch Fettdruck abhebt sowie Indizes von Komponenten von Vektoren etc. tiefstellt, kommt in differentialgeometrischen Darstellungen üblicherweise die Tensorschreibweise zur Anwendung. Diese Arbeit versucht sich auf milde Anleihen bei der Tensorschreibweise zu beschränken, um eine kompakte und gut lesbare Darstellung zu ermöglichen. Vorab seien folgende Vereinbarungen getroffen:

- *Indizes:* Koordinaten sowie Komponenten von Tupeln, Vektoren etc. erhalten einen hochgestellten Laufindex, tiefgestellte Indizes bei Komponenten werden zur Notation von Ableitungen bzw. Ableitungskoordinaten verwendet, d. h. z^i_j steht für die j-te Ableitung der i-ten Komponente des Vektors z. Tupel und Vektoren erhalten sofern notwendig eine Numerierung durch tiefgestellte Indizes, d. h. z_i steht für einen i-ten Vektor z. Eine Ausnahme bilden Kovektoren und Kovektorfelder, deren Komponenten als duale Objekte zu Tangentialvektoren und Vektorfeldern den Laufindex tiefgestellt führen.

- *Vektoren und vektorwertige Funktionen* werden *nicht* durch Fettdruck abgehoben, sondern im Kontext eingeführt. Hierzu wird häufig die Schreibweise $z = (z^i)$ verwandt, die für einen Vektor $z = (z^1, \dots, z^q)$ steht, wobei sich die Dimension q aus dem Kontext ergibt.

- *Summenkonvention:* In der gesamten Arbeit wird – sofern nicht anders angegeben – von der Summenkonvention Gebrauch gemacht, d. h., es wird über sich wiederholende Indizes summiert, $\boldsymbol{v}(z) = \phi^i(z)\,\partial_{z^i} = \sum_{i=1}^{q} \phi^i(z)\partial_{z^i}$.

- *Ableitungen* treten mitunter bis zu höheren Ordnungen auf, so daß zur kompakteren Notation eckige Klammern verwendet werden, d. h., $z^{[k]}$ steht für $\dot{z}, \ddot{z}, \dots, z^{(k)}$ der im Vektor z zusammengefaßten Größen bzw. $z^i_{[k]}$ steht für $z^i_1, \dots, z^i_k$.

Abweichungen von der beschriebenen Notation werden jeweils gesondert angegeben.

2.1. Glatte Mannigfaltigkeiten

Sei $\mathbb{I}$ eine endliche oder abzählbar unendliche Indexmenge, deren Kardinalität mit $\#\mathbb{I}$ bezeichnet wird, dann bezeichnet $\mathbb{R}^{\mathbb{I}}$ den Raum der reellen Funktionen $u = (u^i)$ auf $\mathbb{I}$, wobei die Elemente $u^i \in \mathbb{R}$, $i \in \mathbb{I}$, die Koordinaten von $\mathbb{R}^{\mathbb{I}}$ sind. Im Falle einer endlichen Dimension von $\mathbb{R}^{\mathbb{I}}$, d. h. $\#\mathbb{I} \in \mathbb{N}$, ist $\mathbb{R}^{\mathbb{I}}$ topologisch ein Euklidischer Raum. Im Falle einer abzählbar unendlichen Indexmenge trägt $\mathbb{R}^{\mathbb{I}}$ die sogenannte Fréchet-Topologie[1]. Der Dualraum von $\mathbb{R}^{\mathbb{I}}$, d. h. der Raum der linearen stetigen Funktionale auf $\mathbb{R}^{\mathbb{I}}$, wird mit $\mathbb{R}^{\mathbb{I}}_0$ bezeichnet. Er besteht aus reellen Funktionen auf $\mathbb{I}$, $\omega = (\omega_i)$, wobei nur für eine endliche Anzahl Komponenten $\omega_i \neq 0$, $i \in \mathbb{I}$, gilt.

Auf einer offenen Menge $U \subset \mathbb{R}^{\mathbb{I}}$ wird der Raum der glatten Funktionen, die von endlich vielen Koordinaten abhängen, mit $\mathcal{C}^\infty(U)$ bezeichnet. Eine Funktion f ist genau dann ein Element von $\mathcal{C}^\infty(U)$, wenn sie von Koordinaten u^i, $i \in K(f) \subset I$, $\#K(f) \in \mathbb{N}$, abhängt, und $f \in \mathcal{C}^\infty(U_K)$ mit der natürlichen Projektion $U_K \subset \mathbb{R}^K$ von U gilt.

Sei durch M ein Hausdorffraum[2] gegeben. Ein Tripel $\left(U, \varphi, \mathbb{R}^{\mathbb{I}}\right)$ bestehend aus einer offenen Teilmenge $U \subset M$ und einer bijektiven Abbildung $\varphi : U \to \varphi(U) \subset \mathbb{R}^{\mathbb{I}}$, $\varphi(U)$ offen, heißt Karte auf M. Zwei Karten $\left(U, \varphi, \mathbb{R}^{\mathbb{I}}\right)$ und $\left(V, \psi, \mathbb{R}^{\mathbb{J}}\right)$ heißen verträglich (kompatibel), wenn diese glatt wechseln, d. h. wenn das Bild von $\psi(U \cap V)$ eine offene Menge in $\mathbb{R}^{\mathbb{J}}$ ist und der Kartenwechsel $\varphi \circ \psi^{-1}$ glatte Koordinatenfunktionen $u^i = (\varphi \circ \psi^{-1})^i(v)$ auf $\psi(U \cap V)$ mit Koordinaten u^i und v^j auf $\mathbb{R}^{\mathbb{I}}$ bzw. $\mathbb{R}^{\mathbb{J}}$ hat (vgl. Abbildung 2.1). Es gilt $\#\mathbb{I} = \#\mathbb{J}$. Eine Familie paarweise glatt wechselnder Karten, die den gesamten Raum M abdeckt, heißt glatter Atlas[3] von M. Zwei glatte Atlanten heißen äquivalent, wenn ihre Vereinigung ein glatter Atlas von M ist. Eine Menge M zusammen mit einer Äquivalenzklasse glatter

[1]Benannt nach dem französischen Mathematiker Maurice René Fréchet, 1873-1973.
[2]D. h. ein topologischer Raum, für den das Hausdorffsche Trennungsaxiom erfüllt ist, vgl. Definition A.3.
[3]Man sagt auch der glatte Atlas vermittelt die differenzierbare Struktur auf M.

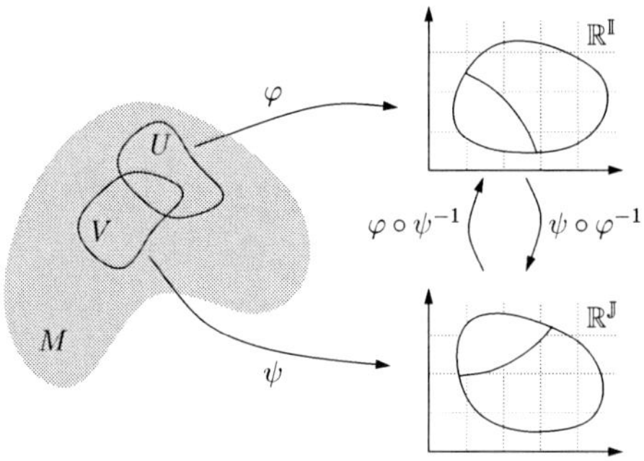

Abbildung 2.1.: Wechsel zwischen zwei Karten $\left(U, \varphi, \mathbb{R}^{\mathbb{I}}\right)$ und $\left(V, \psi, \mathbb{R}^{\mathbb{J}}\right)$ einer glatten Mannigfaltigkeit M

Atlanten heißt glatte Mannigfaltigkeit. Die Zahl $\dim M = \#\mathbb{I}$ heißt Dimension der glatten Mannigfaltigkeit M und ist unabhängig von der verwendeten Karte.

Sei $\mathcal{O}$ eine offene Teilmenge von M. Eine Funktion f auf $\mathcal{O}$ heißt glatt, wenn die zusammengesetzte Abbildung $f \circ \varphi^{-1}$ eine glatte Funktion auf $\varphi(\mathcal{O} \cap U)$ für jede Karte $\left(U, \varphi, \mathbb{R}^{\mathbb{I}}\right)$ ist. Die Menge aller glatten Funktionen auf $\mathcal{O}$ bildet eine assoziative Algebra erklärt durch punktweise Addition und Multiplikation und wird mit $\mathcal{C}^{\infty}(\mathcal{O})$ bezeichnet. Die Darstellung einer Funktion $f \in \mathcal{C}^{\infty}(U)$ bezüglich einer Karte $\left(U, \varphi, \mathbb{R}^{\mathbb{I}}\right)$ mit Koordinaten u^i, $i \in \mathbb{I}$, hat die Form

$$f(a) = \tilde{f}(\varphi(a)), \quad \forall a \in U,$$

mit $\tilde{f} \in \mathcal{C}^{\infty}(\varphi(U))$. In diesem Fall identifiziert man f mit $\tilde{f}$ und schreibt $f = f(u)$, $u \in U$.

Für zwei Mengen A und B ist das direkte Produkt $A \times B$ als die Menge der geordneten Paare (a, b), $a \in A$, $b \in B$ definiert. Seien M und N glatte Mannigfaltigkeiten mit Atlanten $\mathfrak{M}$ und $\mathfrak{N}$. Das direkte Produkt der Mannigfaltigkeiten $M \times N$ ist die glatte Mannigfaltigkeit mit dem Atlas $\mathfrak{M} \times \mathfrak{N}$, d. h. mit den Karten $\left(U \times V, \varphi \times \psi, \mathbb{R}^{\mathbb{I}+\mathbb{J}}\right)$ aus $\left(U, \varphi, \mathbb{R}^{\mathbb{I}}\right) \in \mathfrak{M}$ und $\left(V, \psi, \mathbb{R}^{\mathbb{J}}\right) \in \mathfrak{N}$, $\varphi \times \psi(a, b) = (\varphi(a), \psi(b))$ für $a \in U$, $b \in V$ und $\mathbb{R}^{\mathbb{I}+\mathbb{J}} = \mathbb{R}^{\mathbb{I}} \times \mathbb{R}^{\mathbb{J}}$.

2.2. Vektorfelder und Linearformen

Sei M eine glatte Mannigfaltigkeit und $p \in M$ ein Punkt. Die Menge aller glatten Funktion in einer Umgebung von p wird mit

$$\mathcal{C}^{\infty}(\{p\}) = \bigcup_{p \in \mathcal{O}} \mathcal{C}^{\infty}(\mathcal{O})$$

notiert. Eine lineare Abbildung $\tau : \mathcal{C}^\infty(\{p\}) \to \mathbb{R}$ heißt Tangentialvektor am Punkt p, wenn für alle $f, g \in \mathcal{C}^\infty(\{p\})$ gilt

$$\tau(fg) = \tau(f)g(p) + f(p)\tau(g).$$

Diese algebraische Definition eines Tangentialvektors ist gleichwertig zu der ebenfalls üblichen geometrischen Sicht, nach der ein Tangentialvektor in einem Punkt p eine Äquivalenzklasse glatter Kurven beschreibt, deren Tangenten in p übereinstimmen (Abraham u. Marsden, 1987). Der Vektorraum aller Tangentialvektoren im Punkt p heißt Tangentialraum von M in p und wird mit T_pM notiert. Man kann T_pM mit dem Raum $\mathbb{R}^\mathbb{I}$ identifizieren, sobald für $p \in U$ eine Karte $\left(U, \varphi, \mathbb{R}^\mathbb{I}\right)$ gegeben ist. Weiterhin führt man auf T_pM eine Standardbasis $\left(\frac{\partial}{\partial\varphi^1}\Big|_p, \frac{\partial}{\partial\varphi^2}\Big|_p, \ldots, \frac{\partial}{\partial\varphi^{\#\mathbb{I}}}\Big|_p\right) = \left(\partial_{\varphi^1}, \ldots, \partial_{\varphi^{\#\mathbb{I}}}\right)\Big|_p$ mit

$$\partial_{\varphi^i}\Big|_p(f) = \frac{\partial(f \circ \varphi^{-1})}{\partial u^i}\Bigg|_{\varphi(p)}, \quad i \in \mathbb{I},\ f \in \mathcal{C}^\infty(U),$$

ein. Die Menge aller Tangentialräume T_pM, $p \in M$, bildet das Tangentialbündel TM von M. Eine glatte Abbildung $\boldsymbol{v}$ von $\mathcal{O} \subset M$ nach TM heißt Vektorfeld auf M. Dabei gilt $\boldsymbol{v}(p) \in T_pM$ für alle $p \in \mathcal{O}$. Bezüglich der eingeführten Basis auf T_pM hat ein Vektorfeld die Darstellung

$$\boldsymbol{v} = \sum_{i\in\mathbb{I}} v^i(u)\partial_{u^i}, \quad v^i(u) \in \mathcal{C}^\infty(U), \quad \partial_{u^i} = \partial_{\varphi^i}\Big|_p.$$

Ist der Bezug auf die Koordinaten u^i klar, so wird anstelle von ∂_{u^i} einfach ∂_i geschrieben, woraus infolge der Summenkonvention die Schreibweise $\boldsymbol{v} = v^i(u)\,\partial_i$ erwächst. Manchmal kann es zudem nützlich sein, ein Vektorfeld bezüglich der durch eine Karte induzierten Standardbasis als Spaltenvektor $\boldsymbol{v} = (v^i)$, $i \in \mathbb{I}$ zu notieren.

Die Wirkung $\boldsymbol{v}(f)$ ist wohldefiniert für alle $f \in \mathcal{C}^\infty(U)$, da f per Definition nur von endlich vielen Koordinaten u^i, $i \in K(f)$, $\#K \in \mathbb{N}$, abhängt. Die Menge aller Vektorfelder auf M mit demselben Definitionsbereich $\mathcal{O}$ wird mit $\mathcal{T}(\mathcal{O})$ bezeichnet. Für Vektorfelder $\boldsymbol{v}, \boldsymbol{w} \in \mathcal{T}(\mathcal{O})$ ist die sogenannte Lie-Klammer erklärt:

$$[\boldsymbol{v}, \boldsymbol{w}](f) = \boldsymbol{v}(\boldsymbol{w}(f)) - \boldsymbol{w}(\boldsymbol{v}(f)) \in \mathcal{T}(\mathcal{O}), \quad f \in \mathcal{C}^\infty(\mathcal{O}).$$

Es gilt $[\boldsymbol{v}, \boldsymbol{w}] = -[\boldsymbol{w}, \boldsymbol{v}]$ sowie die Jacobi-Identität[4]

$$[\boldsymbol{u}, [\boldsymbol{v}, \boldsymbol{w}]] + [\boldsymbol{v}, [\boldsymbol{w}, \boldsymbol{u}]] + [\boldsymbol{w}, [\boldsymbol{u}, \boldsymbol{v}]] = 0, \quad \forall \boldsymbol{u}, \boldsymbol{v}, \boldsymbol{w} \in \mathcal{T}(\mathcal{O}).$$

Damit ist $\mathcal{T}(\mathcal{O})$ eine Lie-Algebra. In Koordinaten entspricht die Lie-Klammer zweier Vektorfelder $\boldsymbol{v}$, $\boldsymbol{w}$ der Beziehung

$$[\boldsymbol{v}, \boldsymbol{w}] = \frac{\partial \boldsymbol{w}}{\partial u^i}\boldsymbol{v} - \frac{\partial \boldsymbol{v}}{\partial u^i}\boldsymbol{w}, \quad i \in \mathbb{I}, \tag{2.1}$$

wobei die Darstellung der Vektorfelder als Spaltenvektoren genutzt wird.

[4]Carl Gustav Jacob Jacobi, deutscher Mathematiker, 1804-1851.

Sei M eine glatte Mannigfaltigkeit und $p \in M$ ein Punkt. Stetige, lineare Funktionale auf dem Tangentialraum T_pM heißen Kotangentialvektoren. Der Vektorraum aller Kotangentialvektoren in p heißt Kotangentialraum und wird mit T_p^*M bezeichnet. Er kann über eine Karte $\left(U, \varphi, \mathbb{R}^{\mathbb{I}}\right)$, $p \in U$, mit dem Dualraum $\mathbb{R}_0^{\mathbb{I}}$ identifiziert werden. Die Menge aller Kotangentialräume T_p^*M, $p \in M$, bildet das Kotangentialbündel T^*M. Glatte Abbildungen von $\mathcal{O} \subset M$ nach T^*M mit $\boldsymbol{\omega}(p) \in T_p^*M$ für alle $p \in \mathcal{O}$ heißen Linearformen (1-Formen). Der Vektorraum der Linearformen auf $\mathcal{O}$ wird mit $\Lambda(\mathcal{O})$ notiert.

Bezüglich einer Karte $\left(U, \varphi, \mathbb{R}^{\mathbb{I}}\right)$ von M hat eine Linearform $\boldsymbol{\omega} \in \Lambda(U)$ die Darstellung

$$\boldsymbol{\omega} = \sum_{i \in \mathbb{I}} \omega_i(u) du^i, \quad \omega_i(u) \in \mathcal{C}^\infty(U),$$

wobei nur eine endliche Anzahl der Koeffizientenfunktionen ω_i ungleich Null ist. Als duales Objekt zum Vektorfeld wird eine Linearform auch als Zeilenvektor $\boldsymbol{\omega} = (\omega_i)$, $i \in \mathbb{I}$, notiert. Die Wirkung einer Linearform auf Vektorfelder ist definiert als

$$\boldsymbol{\omega}(\boldsymbol{v})(u) = \sum_{i \in \mathbb{I}} \omega_i(u) v^i(u) = \langle\, \boldsymbol{\omega},\, \boldsymbol{v}\, \rangle, \quad \forall u \in U \text{ und } \boldsymbol{v} \in \mathcal{T}(U), \boldsymbol{\omega} \in \Lambda(U).$$

Neben der Lie-Klammer sind außerdem die Lie-Ableitungen einer Funktion $f \in \mathcal{C}^\infty(\mathcal{O})$ entlang eines Vektorfeldes $\boldsymbol{v} \in \mathcal{T}(\mathcal{O})$ sowie einer Linearform $\boldsymbol{\omega} \in \Lambda(\mathcal{O})$ entlang von $\boldsymbol{v}$ erklärt:

$$\begin{aligned} L_{\boldsymbol{v}} f &= \boldsymbol{v}(f) = \sum_{i \in \mathbb{I}} \frac{\partial f}{\partial u^i} v^i, \\ \Lambda(\mathcal{O}) \ni L_{\boldsymbol{v}} \boldsymbol{\omega}(\boldsymbol{w}) &= \boldsymbol{v}(\boldsymbol{\omega}(\boldsymbol{w})) - \boldsymbol{\omega}([\,\boldsymbol{v}, \boldsymbol{w}\,]) \\ &= \boldsymbol{v}^T \left(\frac{\partial \boldsymbol{\omega}^T}{\partial u^i} \right)^T + \boldsymbol{\omega} \frac{\partial \boldsymbol{v}}{\partial u^i}, \quad i \in \mathbb{I}, \boldsymbol{w} \in \mathcal{T}^\infty(\mathcal{O}). \end{aligned}$$

2.3. Abbildungen zwischen glatten Mannigfaltigkeiten

Seien M und N glatte Mannigfaltigkeiten. Eine Abbildung $f : M \to N$ heißt glatt, wenn die Abbildungen $\psi \circ f \circ \varphi^{-1} : \varphi(U) \to \psi(V)$ aus glatten Komponenten $v^j = (\psi \circ f \circ \varphi^{-1})^j(u)$, $j \in \mathbb{J}$, $u \in U$, für alle Karten $\left(U, \varphi, \mathbb{R}^{\mathbb{I}}\right)$ von M und $\left(V, \psi, \mathbb{R}^{\mathbb{J}}\right)$ von N mit $f(U) \subset V$ besteht:

$$\begin{array}{ccc} M & \xrightarrow{\quad f \quad} & N \\ \Big\downarrow \varphi & & \Big\downarrow \psi \\ \varphi(U) & \xrightarrow{\psi \circ f \circ \varphi^{-1}} & \psi(f(U)) \end{array} \qquad \text{mit } f(U) \subset V.$$

Eine injektive Abbildung $f : M \to N$ heißt Isomorphismus, wenn ihre Umkehrabbildung $f^{-1} : N \to M$ ebenfalls glatt ist.

Sei $f : M \to N$ eine glatte Abbildung. Dann bildet das Differential (Tangentialabbildung, Pushforward) $f_* : TM \to TN$ einen Tangentialvektor $\tau \in T_pM$, $p \in M$, auf den

Tangentialvektor $w = f_*\tau \in T_q N$, $q = f(p)$ ab. Des weiteren gilt $(f_*\tau)(\phi) = \tau(\phi \circ f)$ für alle Funktionen $\phi \in \mathcal{C}^\infty(\{q\})$.

Ebenso bildet die Pullback-Abbidung (Rücktransport entlang f) $f^* : T^*N \to T^*M$ einen Kovektor $\omega \in T_q^*N$ auf einen Kovektor $\theta = f^*\omega \in T_p^*M$ ab, wobei $(f^*\omega)(\tau) = \omega(f_*\tau)$ für $\tau \in T_pM$ gilt. Die Pullback-Abbildung ist auch für Linearformen definiert, d. h. $f^* : \Lambda(\mathcal{Q}) \to \Lambda(\mathcal{O})$, $\mathcal{O} \subset M$, $\mathcal{Q} \subset N$, offen, $f(\mathcal{O}) \subset \mathcal{Q}$

$$(f^*\boldsymbol{\omega})(\boldsymbol{v}) = \boldsymbol{\omega}(f_*\boldsymbol{v}), \quad \boldsymbol{\omega} \in \Lambda(\mathcal{Q}), \boldsymbol{v} \in \mathcal{T}(\mathcal{O}). \tag{2.2}$$

Eine glatte Abbildung $f : M \to N$ heißt Immersion, wenn für jeden Punkt $p \in M$ eine Karte $\left(U, \varphi, \mathbb{R}^{\mathbb{I}}\right)$ auf M, $p \in U$, mit Koordinaten u^i, $i \in \mathbb{I}$, und eine Karte $\left(W, \chi, \mathbb{R}^{\mathbb{I}+\mathbb{J}}\right)$ auf N, $f(U) \subset W$, mit Koordinaten (u^i, v^j), $i \in \mathbb{I}$, $j \in \mathbb{J}$, existieren, so daß

$$\left(\chi \circ f \circ \varphi^{-1}\right)(u) = (u^i, 0), \quad \text{für } i \in \mathbb{I},$$

gilt. Es gilt also $\chi \circ f = \nu_{\mathbb{I}} \circ \varphi$ auf U mit der natürlichen Einbettung $\nu_{\mathbb{I}}$ von $\mathbb{R}^{\mathbb{I}}$ in $\mathbb{R}^{\mathbb{I}} \times \mathbb{R}^{\mathbb{J}}$. Die Karten mit diesen Eigenschaften heißen definierende Karten (der Immersion).

Eine glatte Abbildung $f : M \to N$ heißt Submersion, wenn für jeden Punkt $p \in M$ eine Karte $\left(W, \chi, \mathbb{R}^{\mathbb{I}+\mathbb{J}}\right)$ auf M, $p \in W$, mit Koordinaten (u^i, v^j), $i \in \mathbb{I}$, $j \in \mathbb{J}$, und eine Karte $\left(V, \psi, \mathbb{R}^{\mathbb{J}}\right)$ auf N, $f(W) \subset V$, mit Koordinaten v^j, $j \in \mathbb{J}$, existieren, so daß

$$\left(\psi \circ f \circ \chi^{-1}\right)(u, v) = v^j, \quad j \in \mathbb{J},$$

gilt. Es gilt also $\psi \circ f = \pi_{\mathbb{J}} \circ \chi$ auf W mit der natürlichen Projektion $\pi_{\mathbb{J}} : \mathbb{R}^{\mathbb{I}} \times \mathbb{R}^{\mathbb{J}} \to \mathbb{R}^{\mathbb{J}}$. Die Karten mit diesen Eigenschaften heißen definierende Karten (der Submersion). Aufgrund dieser Projektionseigenschaft einer Submersion in geeigneten Karten wird diese mitunter auch als Projektion bezeichnet.

2.3.1. Lokale Einparameter-Gruppen auf glatten Mannigfaltigkeiten

Eine offene Menge $\mathcal{U} \subset \mathbb{R} \times M$ mit $\{0\} \times M \subset \mathcal{U}$ zusammen mit einer glatten Abbildung $\Phi : \mathcal{U} \to M$ bildet eine lokale Einparameter-(Transformations-)Gruppe G auf M, wenn

- es ein neutrales Element $a = 0$ mit $\Phi(0, u) = u$, $\forall u \in M$, gibt,
- jeweils das inverse Element $-a$ definiert ist, $(-a, \Phi(a, u)) \in \mathcal{U} \quad \forall (a, u) \in \mathcal{U}$,
- sowie es eine binäre Verknüpfung als Gruppenoperation gibt, für die $\Phi(a_1, \Phi(a_2, u)) = \Phi(a_1 + a_2, u)$ für $(a_2, u), (a_1, \Phi(a_2, u)), (a_1 + a_2, u) \in \mathcal{U}$, gilt.

Die Abbildung $\Phi(a, u)$ definiert ein Vektorfeld

$$\boldsymbol{v}_G(u) = \frac{d}{da}\Phi(a, u)\bigg|_{a=0} \partial_u = \sum_{i \in \mathbb{I}} \frac{d}{da}\Phi^i(a, u)\bigg|_{a=0} \partial_{u^i}, \quad \forall u \in M. \tag{2.3}$$

Auf einer endlichdimensionalen Mannigfaltikgeit M gilt auch die Umkehrung, d. h. jedes Vektorfeld $\boldsymbol{v}$ auf M erzeugt eine einparametrige Transformationsgruppe. Man nennt das Vektorfeld dann die infinitesimale Erzeugende bzw. das infinitesimal erzeugende Vektorfeld der Transformationsgruppe G und die maximale Integralkurve von $\boldsymbol{v}_G$ durch einen

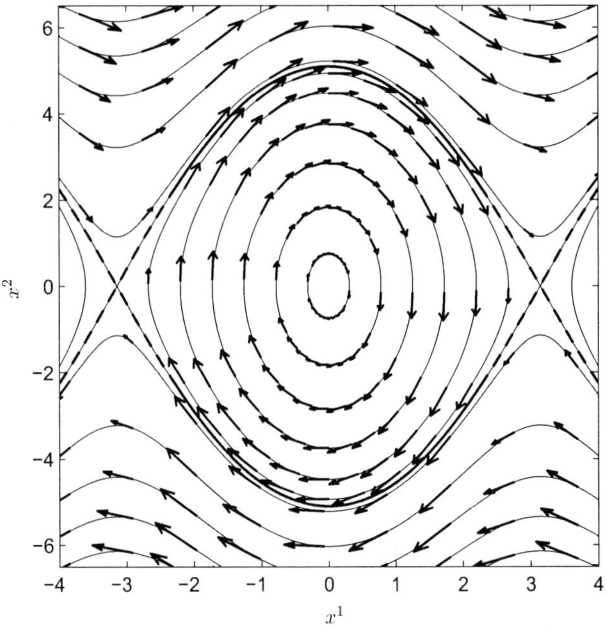

Abbildung 2.2.: Fluß des Vektorfeldes $\boldsymbol{v}(x^1, x^2) = x^2\partial_{x^1} + (\cos x^1 - \lambda)\sin x^1\partial_{x^2}$ auf einem Ausschnitt des $\mathbb{R}^2$ für $\lambda = 6.5$

Punkt $p \in M$ den Fluß des Vektorfeldes durch p (vgl. Abbildung 2.2). Die Abbildung $\exp(a\boldsymbol{v})p = \Gamma(a, p)$, die jedem Vektorfeld seinen Fluß in M durch p zuordnet (die Lösung des Differentialgleichungssystems), heißt Exponentiation des Vektorfeldes $\boldsymbol{v}$. Die Existenz einer Transformationsgruppe ist im unendlichdimensionalen Fall im allgemeinen nicht gesichert (Zharinov, 1992).

2.4. Untermannigfaltigkeiten

Sei M eine glatte Mannigfaltigkeit. Eine Teilmenge $S \subset M$ heißt Untermannigfaltigkeit von M, wenn es für jeden Punkt $p \in M$ eine (definierende) Karte $\left(W, \chi, \mathbb{R}^{\mathbb{I}+\mathbb{J}}\right)$ auf M mit $p \in W$ und Koordinaten (u^i, v^j), $i \in \mathbb{I}$, $j \in \mathbb{J}$, gibt, so daß bezüglich dieser Karte

$$\chi(S \cap W) = \left\{(u, v) \in \chi(W) \subset \mathbb{R}^{\mathbb{I}+\mathbb{J}} : v^j = 0,\ j \in \mathbb{J}\right\}, \tag{2.4}$$

oder kurz $S \cap W = \{(u, v) : v = 0\}$ gilt. Dann hat S dieselben Eigenschaften wie die glatte Mannigfaltigkeit M, wobei der definierende Atlas für S durch die Beschränkung der

Karten von M auf S gegeben ist: Mit jeder Karte $\left(W, \chi, \mathbb{R}^{\mathbb{I}+\mathbb{J}}\right)$ auf M korrespondiert eine Karte $\left(U, \varphi, \mathbb{R}^{\mathbb{I}}\right)$ auf S mit $U = S \cap W$, $\varphi = \pi_{\mathbb{I}} \circ \chi$.

Sei $f : S \to M$ eine Immersion, und seien $\left(U, \varphi, \mathbb{R}^{\mathbb{I}}\right)$ und $\left(W, \chi, \mathbb{R}^{\mathbb{I}+\mathbb{J}}\right)$ definierende Karten auf U mit $\chi \circ f = \nu_{\mathbb{I}} \circ \varphi$. Das Bild $f(U)$ ist dann eine Untermannigfaltigkeit von M, weshalb man S auch als Immersion einer Untermannigfaltigkeit von M bezeichnet.

Sei $f : M \to N$ eine Submersion. Durch $q \in N$ sei ein fester Punkt gegeben und es wird die Umkehrabbildung f^{-1} betrachtet, d. h. das Bild $f^{-1}(q) \subset M$. Dann existieren zu jedem Punkt $p \in f^{-1}(q)$ Karten $\left(W, \chi, \mathbb{R}^{\mathbb{I}+\mathbb{J}}\right)$ und $\left(V, \psi, \mathbb{R}^{\mathbb{J}}\right)$, so daß für $p \in W$ der Zusammenhang $\psi \circ f = \pi_{\mathbb{J}} \circ \chi$ auf W gilt.

Bemerkung 2.1 Der Begriff der Untermannigfaltigkeit wird in der Literatur unterschiedlich gehandhabt. Die oben angegebene Definition für eine Untermannigfaltigkeit ist der Spezialfall der regulären Untermannigfaltigkeit, d. h. einer Untermannigfaltigkeit, die tatsächlich auch Unterraum der Mannigfaltigkeit M ist, d. h. deren Topologie und differenzierbare Struktur nur durch M gegeben ist. Geht man von einer Immersion $f : S \to M$ aus, ohne die Existenz definierender Karten zu fordern, so hängen die Eigenschaften von S sowohl von M *als auch von* f ab. Für eine ausführliche Diskussion siehe z. B. Boothby (2003), Kapitel 5.

Betrachtet man eine Karte $\left(W, \chi, \mathbb{R}^{\mathbb{K}}\right)$ auf M mit Koordinaten $w = (u, v)$, $\mathbb{K} = \mathbb{I} + \mathbb{J}$ mit $\mathbb{I}, \mathbb{J} \subset \mathbb{K}$, $\mathbb{I} \cap \mathbb{J} = \emptyset$, $\mathbb{K} = \mathbb{I} \cup \mathbb{J}$, dann ist jede Menge

$$S = \{w : v = f(u)\} \subset W \tag{2.5}$$

mit glatten Funktionen $f^i(u)$ eine Untermannigfaltigkeit von M. Umgekehrt gilt, daß eine Menge $S \subset W$ mit der o.a. Karte genau dann eine n-dimensionale Untermannigfaltigkeit von M ist, wenn es eine Parametrierung

$$S = \{w = W(z), \quad z \in \mathcal{O}\} \tag{2.6}$$

mit glatten Funktionen $W^k(z)$, $W = (W^k)$, auf einer offenen Menge $\mathcal{O} \subset \mathbb{R}^m$ gibt und $\operatorname{Rg}\left[\frac{\partial W}{\partial z}\right] = m$ auf S gilt. Einen Beweis findet man bei Spivak (1999), S. 42.

Häufig parametriert man eine Untermannigfaltigkeit implizit bezüglich einer Karte $\left(W, \chi, \mathbb{R}^{\mathbb{K}}\right)$ in der Form

$$S = \left\{w \in \chi(W) \subset \mathbb{R}^{\mathbb{K}} : F^i(w) = 0, \quad i \in \mathbb{I}\right\} \tag{2.7}$$

mit glatten Funktionen F^i auf $\chi(W)$. Eine solche Menge ist eine Untermannigfaltigkeit, wenn sich das Gleichungssystem $F^i(w) = 0$ lokal, d. h. in einer Umgebung um einen Punkt $p \in W$, nach w auflösen läßt, man es also in die o.a. Form einer Untermannigfaltigkeit bringen kann. Für ein endlichdimensionales Gleichungssystem, d. h., wenn $\#\mathbb{I}$ eine natürliche Zahl ist, gelingt dies für den Fall

$$\operatorname{Rg}\left[\frac{\partial F^i}{\partial w^k}\right] = \#\mathbb{I}, \quad \text{für } S \cap W,\ k \in \mathbb{K}.$$

Für eine Untermannigfaltigkeit S von M existiert eine Einbettung $i : S \to M$. Für jede offene Teilmenge $\mathcal{Q} \subset M$ gibt es eine Restriktion $i^* : \mathcal{C}^\infty(\mathcal{Q}) \to \mathcal{C}^\infty(\mathcal{O})$ mit $\mathcal{O} = S \cap \mathcal{Q} \subset S$. Seien $\left(W, \chi, \mathbb{R}^{\mathbb{I}+\mathbb{J}}\right)$ eine definierende Karte auf M und $F(u,v) \in \mathcal{C}^\infty(W)$ eine Funktion auf M. Dann ist die Restriktion $f(u) = (i^*F)(u) = F(u,0) \in \mathcal{C}^\infty(U)$, $U = S \cap W$.

Sei S eine Untermannigfaltigkeit einer glatten Mannigfaltigkeit M. Dann bezeichnet T_SM die Menge

$$T_SM = \bigcup_{p \in S} T_pM.$$

Die Tangentialabbildung $i_* : TS \to TM$ ist injektiv und es gilt $i_*(TS) \subset T_SM$. Es gibt nun drei verschiedene Klassen von Vektorfeldern bezüglich der Untermannigfaltigkeit S: Vektorfelder $\boldsymbol{\tau} \in \mathcal{T}(\mathcal{O})$, die tangential zu S sind, Vektorfelder $\boldsymbol{\nu} \in \mathcal{N}(\mathcal{O})$, die normal zu S sind und Vektorfelder $\boldsymbol{v} \in \mathcal{V}(\mathcal{O})$, die aus Tangential- und Normalkomponenten bestehen. Dabei besitzt lediglich $\mathcal{T}(\mathcal{O})$ die Struktur einer Lie-Algebra. Bezüglich einer definierenden Karte $\left(W, \chi, \mathbb{R}^{\mathbb{I}+\mathbb{J}}\right)$ von M haben die Vektorfelder die Darstellungen

$$\boldsymbol{\tau} = \tau^i(u)\partial_{u^i}, \qquad \boldsymbol{\nu} = \nu^j(u)\partial_{v^j}, \qquad \boldsymbol{v} = \tau^i(u)\partial_{u^i} + \nu^j(u)\partial_{v^j} \tag{2.8}$$

mit glatten Funktionen τ^i, ν^j auf U.

Proposition 2.1 *Ein Vektorfeld $\boldsymbol{v} \in \mathcal{T}(M)$ ist tangential zu einer Untermannigfaltigkeit S, d. h. $\boldsymbol{v}|_S \in \mathcal{T}(S)$, genau dann wenn gilt $\boldsymbol{v} : \mathcal{T}(S) \to \mathcal{T}(S)$:*

$$\boldsymbol{v}(s)|_S = 0 \quad \textit{wenn} \quad s|_S = 0.$$

Beweis (Zharinov, 1992) Bei der gemachten Aussage handelt es sich um eine lokale Aussage, so daß in einer definierenden Karte $\left(W, \chi, \mathbb{R}^{\mathbb{I}+\mathbb{J}}\right)$ mit Koordinaten (u^i, v^j) für S gearbeitet wird: $S \cap W = \{(u,v) : v = 0\}$. Ein Vektorfeld $\boldsymbol{v} \in \mathcal{T}(M)$ hat die Darstellung (vgl. Gln. (2.8))

$$\boldsymbol{v} = \tau^i(u,v)\partial_{u^i} + \nu^j(u,v)\partial_{v^j}.$$

Dann ist $\boldsymbol{v}$ auf S Element von $\mathcal{T}(S)$ g.d.w. $\nu^j(u,0) = 0$, $j \in \mathbb{J}$ gilt. In der definierenden Karte gilt weiterhin $s(u,v) \in \mathcal{C}^\infty(M)$ und $s|_S = 0$ g.d.w. $s(u,0) = 0$. Somit ergibt die Anwendung des Vektorfelds auf s

$$\boldsymbol{v}(s)(u,0) = \tau^i(u,0)\frac{\partial s(u,0)}{\partial u^i} + \nu^j(u,0)\left.\frac{\partial s(u,v)}{\partial v^j}\right|_{v=0} = 0. \qquad \blacksquare$$

2.5. Glatte Distributionen und Kodistributionen

Sei M eine glatte Mannigfaltigkeit. Eine glatte Distribution Δ_M auf M ist eine Abbildung

$$\Delta_M : M \ni p \mapsto \Delta(p) \subset T_pM$$

mit den folgenden Eigenschaften:

- $\Delta(p)$ ist ein endlichdimensionaler Teilraum des Tangentialraumes T_pM der Dimension $\dim \Delta(p) = m$, die unabhängig vom Punkt $p \in M$ ist.
- Zu jedem Punkt $p \in M$ gibt es eine offene Menge $p \in \mathcal{O} \subset M$ und m Vektorfelder $\boldsymbol{v}_1, \boldsymbol{v}_2, \dots, \boldsymbol{v}_m \in \mathcal{T}(\mathcal{O})$, so daß die Tangentialvektoren $\boldsymbol{v}_1(p), \boldsymbol{v}_2(p), \dots, \boldsymbol{v}_m(p)$ eine Basis für $\Delta(p)$ für $p \in \mathcal{O}$ bilden.

Die Distribution hat die Dimension m und die Vektorfelder $\boldsymbol{v}_1, \boldsymbol{v}_2, \dots, \boldsymbol{v}_m$ heißen Basisfelder von Δ_M auf $\mathcal{O}$. Häufig werden Distributionen durch ihre Basisfelder eingeführt und man schreibt $\Delta(p) = \mathrm{span}\{\boldsymbol{v}_1(p), \dots, \boldsymbol{v}_n(p)\}$, wobei span für die lineare Hülle der Vektorfelder steht. Aufgrund der Basiseigenschaft ist jedes Vektorfeld $\boldsymbol{w} \in \Delta(\mathcal{O})$ ein Element der linearen Hülle der Basisfelder, d. h., es gibt eine eindeutige Darstellung

$$\boldsymbol{w}(p) = c_1(p)\boldsymbol{v}_1(p) + c_2(p)\boldsymbol{v}_2(p) + \cdots + c_m(p)\boldsymbol{v}_m(p), \quad c_i \in \mathcal{C}^\infty(\mathcal{O}).$$

Das duale Objekt zu einer glatten Distribution ist eine glatte Kodistribution Ω_M, d. h. eine Abbildung

$$\Omega_M : M \ni p \mapsto \Omega(p) \subset T_p^*M$$

mit den Eigenschaften:

- $\Omega(p)$ ist ein endlichdimensionaler Teilraum des Kotangentialraumes T_p^*M der Dimension $\dim \Omega(p) = n$, die unabhängig vom Punkt $p \in M$ ist.
- Zu jedem Punkt $p \in M$ gibt es eine Umgebung $p \in \mathcal{O} \subset M$ und n Linearformen $\boldsymbol{\omega}^1, \boldsymbol{\omega}^2, \dots, \boldsymbol{\omega}^n \in \Lambda(\mathcal{O})$ derart, daß die Kotangentialvektoren $\boldsymbol{\omega}^1(p), \boldsymbol{\omega}^2(p), \dots, \boldsymbol{\omega}^m(p)$ eine Basis für $\Omega(p)$ bilden[5].

Der Kern einer glatten Kodistribution Ω ist die glatte Distribution

$$\Omega^\perp(p) = \mathrm{span}\left\{\boldsymbol{v}(p) \in T_pM \,|\, \boldsymbol{\omega}(\boldsymbol{v})(p) = 0,\ \forall\, \boldsymbol{\omega} \in \Omega\right\}.$$

Auf diese Weise kann über ein System von Linearformen eine Distribution definiert werden. Der glatte Annihilator einer glatten Distribution Δ ist eine glatte Kodistribution

$$\Delta^\perp = \mathrm{span}\left\{\boldsymbol{\omega}(p) \in T_p^*M \,|\, \boldsymbol{\omega}(\boldsymbol{v})(p) = 0,\ \forall\, \boldsymbol{v} \in \Delta(p)\right\}.$$

Allgemein gilt $\Delta \subset \left(\Delta^\perp\right)^\perp$ und $\Omega \subset \left(\Omega^\perp\right)^\perp$. Im Falle konstanter Dimension gilt darüber hinaus $\Delta = \left(\Delta^\perp\right)^\perp$ bzw. $\Omega = \left(\Omega^\perp\right)^\perp$.

2.5.1. Integralmannigfaltigkeit einer Distribution

Eine Untermannigfaltigkeit S von M ist eine Integralmannigfaltigkeit der Distribution Δ_M, wenn $\Delta_M(p) = T_pS$ für jeden Punkt $p \in S$ gilt, $\dim S = m$. Seien durch $\boldsymbol{v}_1, \boldsymbol{v}_2, \dots, \boldsymbol{v}_m$ die Basisfelder der Distribution und durch $S = \{u : F^i(u) = 0,\ i \in \mathbb{I}\}$ eine Parametrierung

[5] Man beachte, daß dies eine Konsequenz daraus ist, daß die Kodistribution eine feste Dimension hat Nijmeijer u. van der Schaft (1990), S. 65.

der Untermannigfaltigkeit gegeben. Dann ist S eine Integralmannigfaltigkeit von Δ_M genau dann, wenn

$$\boldsymbol{v}_k\Big(F^i\Big) = 0, \quad u \in S,\ k = 1, 2, \ldots, m,\ i \in \mathbb{I}. \tag{2.9}$$

Für eine offene Teilmenge $\mathcal{O} \subset M$ bezeichnet

$$\mathcal{T}_\Delta(\mathcal{O}) = \{\boldsymbol{v} \in \mathcal{T}(\mathcal{O}) \,|\, \boldsymbol{v}(p) \in \Delta(p)\, \forall p \in \mathcal{O}\}$$

die Menge aller Vektorfelder aus $\Delta_M(\mathcal{O})$. Eine Distribution heißt involutiv, wenn $\mathcal{T}_\Delta(\mathcal{O})$ für jede offene Teilmenge $\mathcal{O} \subset M$ eine Lie-Algebra, d. h. abgeschlossen bezüglich der Lie-Klammer, ist:

$$[\,\boldsymbol{v}, \boldsymbol{w}\,] \in \mathcal{T}_\Delta(\mathcal{O}), \quad \forall \boldsymbol{v}, \boldsymbol{w} \in \mathcal{T}_\Delta(\mathcal{O}).$$

Aus dem Frobenius-Theorem[6] folgt, wenn eine Distribution Δ_M auf einer glatten, endlichdimensionalen Mannigfaltigkeit M involutiv ist, daß es zu jedem Punkt $p \in M$ genau eine Integralmannigfaltigkeit von $\Delta_M(p)$ gibt, in der p liegt (siehe Abschnitt A.2).

2.6. Differenzierbare Mannigfaltigkeiten

Eine differenzierbare Mannigfaltigkeit $\mathcal{M}$ ist ein Paar $\mathcal{M} = (M, \mathcal{C}_M)$, wobei M eine glatte Mannigfaltigkeit und $\mathcal{C}_M$ eine involutive Distribution, die sogenannte Cartan-Distribution ist. Die Dimension von $\mathcal{C}_M$ heißt Cartan-Dimension von $\mathcal{M}$ und ist endlich. Vektorfelder $\boldsymbol{v}$ mit $\boldsymbol{v}(p) \in \mathcal{C}_M$ für alle $p \in M$ heißen Cartan-Felder. Jede glatte Mannigfaltigkeit kann in diesem Sinne zu einer differenzierbaren Mannigfaltigkeit gemacht werden, wenn man ihr als Cartan-Distribution das Tangentialbündel zuordnet: $\mathcal{M} = (M, TM)$. Mit dieser impliziten Annahme werden üblicherweise glatte Mannigfaltigkeiten als differenzierbare Mannigfaltigkeiten eingeführt.

Beispiel 2.1: Betrachtet wird eine gewöhnliche Differentialgleichung

$$\dot{z} = f(t, z), \quad (t, z) \in \mathcal{O} \subset \mathbb{R}^2,\ f \in \mathcal{C}^\infty(\mathcal{O}),$$

wobei t die unabhängige Variable und $\frac{d}{dt}z(t) = \dot{z}$ die Zeitableitung der abhängigen Variable z bezeichnen. Zu der Differentialgleichung gehört das Vektorfeld

$$\boldsymbol{v}_f = \partial_t + f(t, z)\partial_z,$$

welches an jedem Punkt einer Lösung den Tangentialraum aufspannt. Zu der Differentialgleichung gehört also die differenzierbare Mannigfaltigkeit $\mathcal{M} = (\mathcal{O}, \operatorname{span}\{\boldsymbol{v}_f\})$. Sei durch $\ell = \{z = F(t)\} \subset \mathcal{O}$ eine Kurve mit glatter Funktion F gegeben. Diese ist eine Integralkurve von $\boldsymbol{v}_f$, genau dann wenn

$$\boldsymbol{v}_f(z - F(t)) = 0 \quad \text{für } z \in \ell$$

gilt, d. h., wenn $f(t, F(t)) = \dot{F}(t)$ für alle t im gemeinsamen Definitionsgebiet erfüllt ist. Dies ist gleichbedeutend damit, daß ℓ eine Lösung der Differentialgleichung ist.

◁

[6] Ferdinand Georg Frobenius, 1849-1917, deutscher Mathematiker.

Sei $\mathcal{M} = (M, \mathcal{C}_M)$ eine differenzierbare Mannigfaltigkeit. Eine Karte $\left(U, \varphi, \mathbb{R}^{\mathbb{I}}\right)$ für M und eine Basis $\mathfrak{d} = (\boldsymbol{\partial}_1, \boldsymbol{\partial}_2, \dots, \boldsymbol{\partial}_m)$ für $\mathcal{C}_M$ auf U bilden eine Karte $\left(U, \varphi, \mathbb{R}^{\mathbb{I}}, \mathfrak{d}\right)$ von $\mathcal{M}$. Eine Karte $\left(U, \varphi, \mathbb{R}^{m+\mathbb{I}}, \mathfrak{d}\right)$ mit den Koordinaten (x^μ, u^i), $\mu = 1, 2, \dots, m$, $i \in \mathbb{I}$, heißt Standardkarte, wenn die Basisvektorfelder $\boldsymbol{\partial}_\mu$ die Form

$$\boldsymbol{\partial}_\mu = \partial_{x^\mu} + \sum_{i\in\mathbb{I}} A^i_\mu(x, u)\partial_{u^i}, \quad \mu = 1, 2, \dots, m, \tag{2.10}$$

haben. Die Distribution $\mathcal{C}_M$ ist involutiv, genau dann wenn gilt

$$[\boldsymbol{\partial}_\mu, \boldsymbol{\partial}_\nu] = 0, \quad \mu, \nu = 1, 2, \dots, m,$$

d. h., wenn die Gleichungen

$$\boldsymbol{\partial}_\mu(A^i_\nu) = \boldsymbol{\partial}_\nu(A^i_\mu), \quad \mu, \nu = 1, 2, \dots, m,\ i \in \mathbb{I},$$

erfüllt sind. Es gibt zu jeder differenzierbaren Mannigfaltigkeit einen Atlas, der nur aus Standardkarten besteht.

Theorem 2.1 *Eine m-dimensionale glatte Untermannigfaltigkeit $S \subset U$ ist eine Integralmannigfaltigkeit, genau dann wenn es eine lokale Parametrierung*

$$S = \left\{(x, u) \,|\, u^i = s^i(x), \quad i \in \mathbb{I}\right\} \tag{2.11}$$

mit glatten Funktionen $s^i(x)$ gibt, die die Berührungsgleichungen

$$\frac{\partial s^i}{\partial x^\mu} = A^i_\mu(x, s), \quad \mu = 1, 2, \dots, m,\ i \in \mathbb{I},$$

erfüllen.

Beweis (Zharinov, 1992) Sei S eine m-dimensionale Untermannigfaltigkeit von M, $S \subset U$, $p \in S$. Dann gibt es auf einer offenen Menge $p \in V \subset U$ eine Parametrierung

$$S = \left\{x^\mu = X^\mu(t),\ u^i = U^i(t), \quad \mu = 1, 2, \dots, m,\ i \in \mathbb{I}\right\}$$

mit glatten Koordinatenfunktionen und $t \in \mathcal{O} \subset \mathbb{R}^m$ so, daß

$$\operatorname{Rg}\left[\frac{\partial X^\mu}{\partial t^\nu}, \frac{\partial U^i}{\partial t^\nu}\right] = m \quad \text{für } t \in \mathcal{O}$$

gilt. Die Untermannigfaltigkeit ist eine Integralmannigfaltigkeit, g.d.w. die Parametrierung verträglich mit der Cartan-Distribution ist (d. h. alle Tangentialvektoren der Untermannigfaltigkeit in der Cartan-Distribution liegen):

$$\frac{\partial X^\mu}{\partial t^\nu}\partial_{x^\mu} + \frac{\partial U^i}{\partial t^\nu}\partial_{u^i} = \lambda^\mu_\nu \boldsymbol{\partial}_\mu, \quad \nu = 1, 2, \dots, m,\ \lambda^\mu_\nu \in \mathcal{C}^\infty(\mathcal{O}).$$

Ein Koeffizientenvergleich mit

$$\boldsymbol{\partial}_\mu = \partial_{x^\mu} + A^i_\mu(x,u)\partial_{u^i}, \quad \mu = 1,2,\ldots,m,$$

liefert $\frac{\partial X^\mu}{\partial t^\nu} = \lambda^\nu_\mu$, $\mu,\nu = 1,2,\ldots,m$. Wählt man $t^\nu = x^\nu$, so erhält man die zuvor in Gleichung (2.11) angegebene Parametrierung. Diese Untermannigfaltigkeit ist eine Integralmannigfaltigkeit, genau dann wenn

$$\boldsymbol{\partial}_\mu \left(u^i - s^i(x)\right) = 0 \text{ auf } S,\ \mu = 1,2,\ldots,m,\ i \in \mathbb{I},$$

gilt (vgl. (2.9)), also genau dann, wenn die Gleichungen

$$A^i_\mu(x,u)\Big|_{u=s(x)} = \frac{\partial s^i(x)}{\partial x^\mu}, \quad \mu = 1,2,\ldots,m,\ i \in \mathbb{I},$$

erfüllt sind.

■

Für eine beliebige glatte Funktion ϕ auf U gilt dann

$$\frac{\partial}{\partial x^\mu}\left(\phi(x,u)|_{u=s(x)}\right) = \boldsymbol{\partial}_\mu(\phi(x,u))|_{u=s(x)}, \quad \mu = 1,2,\ldots,m.$$

Aufgrund dieser Eigenschaft interpretiert man die Basisfelder auch als totale Ableitungsoperatoren nach x^μ.

Bemerkung 2.2 Im Rahmen dieser Arbeit wird ausschließlich der Fall einer unabhängigen Variablen t betrachtet, d. h. $m = 1$. Folglich existiert nur ein Basisfeld, das Cartan-Vektorfeld $\boldsymbol{\partial}_t$, und die Dimension der betrachteten Integralmannigfaltigkeiten ist eins (Lösungskurven eines gewöhnlichen Differentialgleichungssystems). Die Cartan-Distribution ist in diesem Falle immer involutiv und jede Untermannigfaltigkeit S läßt sich als Graph einer Funktion parametrieren: $S = \left\{(t,u)\,|\,u^i = s^i(t),\ i \in \mathbb{I}\right\}$.

2.6.1. Lie-Bäcklund-Abbildungen zwischen differenzierbaren Mannigfaltigkeiten

Bei der Frage nach der Äquivalenz von Differentialgleichungen spielen die sogenannten Lie-Bäcklund[7]-Abbildungen eine wichtige Rolle. Die wesentliche an dieser Stelle interessierende Eigenschaft ist, daß diese Abbildungen verträglich mit der Cartan-Distribution sind.

Eine glatte Abbildung $f : M \to N$ heißt Lie-Bäcklund-Abbildung von einer differenzierbaren Mannigfaltigkeit $\mathcal{M} = (M, \mathcal{C}_M)$ auf eine differenzierbare Mannigfaltigkeit $\mathcal{N} = (N, \mathcal{C}_N)$, wenn sie verträglich mit den Cartan-Distributionen ist, d. h., wenn $f_*(\mathcal{C}_M) \subset \mathcal{C}_N$ gilt. Ist die Abbildung eine Transformation $\mathcal{M} \to \mathcal{M}$, so wird entsprechend die Bezeichnung Lie-Bäcklund-Transformation verwendet[8].

[7] Albert Victor Bäcklund, schwedischer Mathematiker, 1845-1922.

[8] In der Literatur findet sich auch die Bezeichnung $\mathcal{C}$-Transformation als Verallgemeinerung der Berührungstransformation (contact transformation) (vgl. Vinogradov, 1981, 1984).

Proposition 2.2 (Zharinov, 1992) *Seien $\mathcal{M} = (M, \mathcal{C}_M)$ und $\mathcal{N} = (N, \mathcal{C}_N)$ zwei differenzierbare Mannigfaltigkeiten mit den Standard-Karten $(U, \varphi, \mathbb{R}^{m+\mathbb{I}}, \mathfrak{d}_x)$ und $(N, \psi, \mathbb{R}^{n+\mathbb{J}}, \mathfrak{d}_y)$ auf $\mathcal{M}$ und $\mathcal{N}$ mit den Koordinaten (x,u), (y,v) und den Cartan-Feldern*

$$\begin{aligned} \boldsymbol{\partial}_{x^\mu} &= \partial_{x^\mu} + A^i_\mu(x,u)\partial_{u^i}, \quad \mu = 1,2,\ldots,m, \\ \boldsymbol{\partial}_{y^\nu} &= \partial_{y^\nu} + B^j_\nu(y,v)\partial_{v^j}, \quad \nu = 1,2,\ldots,n. \end{aligned}$$

Eine glatte Abbildung $f : U \to V$

$$y^\nu = Y^\nu(x,u),\ v^j = V^j(x,u), \quad \nu = 1,2,\ldots,n,\ j \in \mathbb{J},$$

ist eine Lie-Bäcklund-Abbildung genau dann, wenn für die Koordinatenfunktionen die (definierenden) Gleichungen

$$\boldsymbol{\partial}_{x^\mu}(V_j) - B^j_\nu(Y,V)\boldsymbol{\partial}_{x^\mu}Y^\nu = 0, \quad \mu = 1,2,\ldots,m,\ j \in \mathbb{J}, \tag{2.12}$$

erfüllt sind.

Beweis Die Abbildung f ist veträglich mit den Cartan-Distributionen, wenn die Cartan-Felder von $\mathcal{M}$ in die Cartan-Distribution von $\mathcal{N}$ abgebildet werden, d. h., wenn es Koeffizientenfunktionen $\lambda_{\mu,\nu} \in \mathcal{C}^\infty(N)$ gibt, die den Beziehungen

$$f_*(\boldsymbol{\partial}_{x^\mu}) = \lambda^\nu_\mu \boldsymbol{\partial}_{y^\nu}, \quad \mu = 1,2,\ldots,m,$$

genügen. Einsetzen des Differentials von f und der Cartan-Felder von $\mathcal{N}$ liefert

$$\begin{aligned} f_*(\boldsymbol{\partial}_{x^\mu}) &= \boldsymbol{\partial}_{x^\mu}(Y^\nu)\partial_{y^\nu} + \sum_{j\in\mathbb{J}} \boldsymbol{\partial}_{x^\mu}(V_j)\partial_{v^j} \\ &= \boldsymbol{\partial}_{x^\mu}(Y^\nu)\boldsymbol{\partial}_{y^\nu} + \sum_{j\in\mathbb{J}} \left(\boldsymbol{\partial}_{x^\mu}(V_j) - B^j_\nu(Y,V)\boldsymbol{\partial}_{x^\mu}(Y^\nu)\right)\partial_{v^j}. \end{aligned}$$

Man erkennt, daß f genau dann eine Lie-Bäcklund-Abbildung zwischen $\mathcal{M}$ und $\mathcal{N}$ ist, wenn die Gleichungen (2.12) erfüllt sind. ∎

Eine Lie-Bäcklund-Abbildung $f : \mathcal{M} \to \mathcal{N}$ heißt Lie-Bäcklund-Isomorphismus im Punktepaar (p,q), $p \in M$, $q = f(p) \in N$, wenn $f_*(\mathcal{C}_M) = \mathcal{C}_N$ gilt und f in einer Umgebung (U_p, U_q) eine glatte Umkehrabbildung g besitzt, für die $g_*(\mathcal{C}_N) = \mathcal{C}_M$ erfüllt ist. Existiert ein solcher Lie-Bäcklund-Isomorphismus, so heißen die beiden differenzierbaren Mannigfaltigkeiten äquivalent in (p,q). Gilt dies nicht nur für eine Umgebung, sondern für eine offene dichte Teilmenge $U \subset M$, so heißen die Mannigfaltigkeiten äquivalent.

Beispiel 2.2: Betrachtet werde ein System gewöhnlicher Differentialgleichungen erster Ordnung

$$\dot{z}^k = f^k(t,z), \qquad k = 1,2,\ldots,q, \quad z \in Z \subset \mathbb{R}^q,\ t \in I \subset \mathbb{R}, \tag{2.13}$$

und die zugehörige differenzierbare Mannigfaltigkeit $\mathcal{M}$ mit globalen Koordinaten (t,z) und dem Cartan-Feld $\boldsymbol{\partial}_t = \partial_t + f^k(t,z)\partial_{z^k}$. Ein Automorphismus $g : \mathcal{M} \to \mathcal{M}$

$$g : (t,z) \mapsto (\tilde{t}, \tilde{z}) = (\theta(t,z), \zeta(t,z)), \quad (t,z), (\tilde{t}, \tilde{z}) \in I \times Z,$$

ist eine Lie-Bäcklund-Abbildung, genau dann wenn die glatten Funktionen θ und ζ die definierenden Gleichungen (2.12) erfüllen:

$$\partial_t \zeta^k - f^k(\tilde{t}, \tilde{z}) \partial_t \theta(t, z) = 0, \quad k = 1, 2, \ldots, q.$$

Das ist gleichbedeutend mit der Forderung

$$f^k(\tilde{t}, \tilde{z}) = \frac{\frac{\partial \zeta^k}{\partial t} + \frac{\partial \zeta^k}{\partial z^i} f^i(t, z)}{\frac{\partial \theta}{\partial t} + \frac{\partial \theta}{\partial z^i} f^i(t, z)} = \frac{\mathrm{d}\tilde{z}_k}{\mathrm{d}\tilde{t}} = \tilde{z}'_k, \quad k = 1, 2, \ldots, q,$$

d. h., die Differentialgleichung ist forminvariant unter der Wirkung einer Lie-Bäcklund-Abbildung auf $\mathcal{M}$. ◁

2.7. Gefaserte Mannigfaltigkeit, Bündel, Jets

Für die geometrische Betrachtung von Differentialgleichungen werden einige Grundbegriffe angegeben. Eine ausführliche, weit über den hier benötigten Rahmen hinausgehende Darstellung findet man in Saunders (1989).

Betrachtet man zu einer Lösung $\ell : I \to Z$, $t \mapsto (\ell^i(t))$, eines gewöhnlichen Differentialgleichungssystems (2.13) die Abbildung, die durch den Graphen $\mathrm{gr}(\ell) : I \to I \times Z$, $t \mapsto (t, \ell(t))$, gegeben ist, so erkennt man eine natürliche Trennung der unabhängigen Variable t, der Zeit, von den q abhängigen Variablen (z^i). Für $\mathrm{gr}(\ell)$ gilt $\mathrm{proj}_1 \circ \mathrm{gr}(\ell(t)) = t$, wobei proj_1 für die Projektion auf das erste Argument steht. Eine weitgehende Verallgemeinerung dieser Konstruktion stellt die gefaserte Mannigfaltigkeit dar (vgl. Abbildung 2.3).

Definition 2.1 (gefaserte Mannigfaltigkeit) Ein Tripel $(\mathcal{E}, \pi, \mathcal{B})$ mit den Mannigfaltigkeiten $\mathcal{E}$ und $\mathcal{B}$ sowie der surjektiven Submersion $\pi : \mathcal{E} \to \mathcal{B}$ ist eine gefaserte Mannigfaltigkeit. Die Mannigfaltigkeit $\mathcal{E}$ wird als totale Mannigfaltigkeit, π als Projektion[9] und $\mathcal{B}$ als Basismannigfaltigkeit bezeichnet. Für jeden Punkt $p \in \mathcal{B}$ wird die Teilmenge $\pi^{-1}(p) \subset \mathcal{E}$ als Faser über p mit $\mathcal{E}_p$ notiert.

Üblicherweise wird anstelle des Tripels $(\mathcal{E}, \pi, \mathcal{B})$ verkürzend π geschrieben. Auch der zuvor betrachtete Graph einer Funktion kann in diesem Kontext verallgemeinert werden.

Definition 2.2 (Schnitt) Sei $(\mathcal{E}, \pi, \mathcal{B})$ eine gefaserte Mannigfaltigkeit. Ein C^r-Schnitt von π ist eine C^r-Abbildung $\sigma : \mathcal{B} \to \mathcal{E}$ mit der Eigenschaft, daß für jedes $p \in \mathcal{B}$ gilt $\pi(\sigma(p)) = p$. Weiterhin bezeichnet $\Gamma^r(\pi)$ die Menge aller C^r-Schnitte von π. Allgemein bezeichnet $\Gamma(\pi)$ die Menge aller Schnitte von π.

Für ein triviales Bündel der Form $(\mathcal{B} \times F, \mathrm{proj}_1, \mathcal{B})$ ist ein C^r-Schnitt ein Graph einer C^r-Funktion (Abbildung 2.3 links).

Sei durch $(\mathcal{E}, \pi, \mathcal{B})$ eine gefaserte Mannigfaltigkeit mit $\dim \mathcal{B} = m$ und $\dim \mathcal{E} = m + n$ gegeben. Zudem definiere auf einer offenen Teilmenge $U \subset \mathcal{E}$ die Abbildung $\varphi : U \to \mathbb{R}^{m+n}$ ein Koordinatensystem. Das Koordinatensystem heißt adaptiertes Koordinatensystem, wenn für $a, b \in U$ mit $\pi(a) = \pi(b) = p$ folgt, daß auch $\mathrm{proj}_1(\varphi(a)) = \mathrm{proj}_1(\varphi(b))$ mit

[9] Auch hier gilt, daß π als Projektion bezeichnet wird, da π in adaptierten Koordinaten die Form einer Projektion auf die Koordinaten der Basismannigfaltigkeit annimmt.

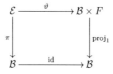

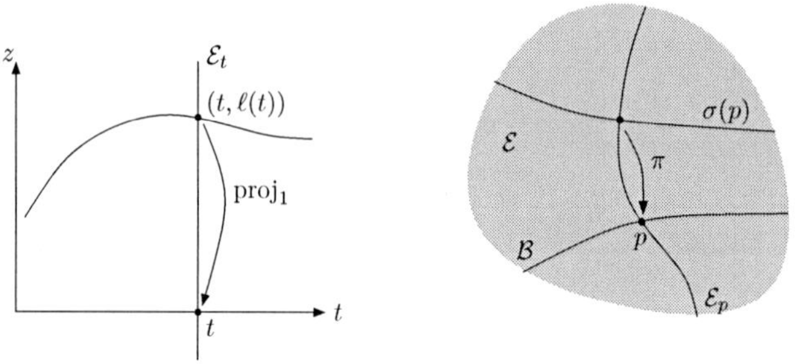

Abbildung 2.3.: Links: Graph einer Lösung φ einer gewöhnlichen Differentialgleichung (2.13), rechts: Verallgemeinerung durch eine gefaserte Mannigfaltigkeit $(\mathcal{E}, \pi, \mathcal{B})$ mit Faser $\mathcal{E}_p$ über $p \in \mathcal{B}$ und Schnitt σ

der Projektion auf das erste Argument $\mathrm{proj}_1 : \mathbb{R}^{m+n} \to \mathbb{R}^m$ gilt. In einem adaptierten Koordinatensystem unterscheiden sich Punkte derselben Faser $\mathcal{E}_p$ nur in den letzten n Koordinaten. Üblicherweise wird bei komponentenweiser Betrachtung von Ausdrücken von adaptierten Koordinaten ausgegangen und man nutzt die Schreibweise (x^i, u^α) mit $i = 1, \ldots, m$, $\alpha = 1, \ldots, n$, bzw. (x, u), um die Koordinaten eines Punktes anzugeben, wobei zur Unterscheidung der Indizes der abhängigen Variablen u^α kleine griechische Buchstaben verwendet werden.

Eine gefaserte Mannigfaltigkeit kann Fasern unterschiedlicher Topologie besitzen. In Zusammenhang mit der Betrachtung von Differentialgleichungen ist es jedoch sinnvoll davon auszugehen (bzw. zu verlangen), daß alle Fasern dieselbe Topologie aufweisen und dahingehend einer ausgezeichneten, der sogenannten typischen Faser F, gleichen. Sei $(\mathcal{E}, \pi, \mathcal{B})$ eine gefaserte Mannigfaltigkeit. Das Paar (F, ϑ) ist eine (globale) Trivialisierung von π, wenn sich zu einer Mannigfaltigkeit F, der typischen Faser, ein Diffeomorphismus $\vartheta : \mathcal{E} \to \mathcal{B} \times F$ mit der Eigenschaft $\mathrm{proj}_1 \circ \vartheta = \pi$ angeben läßt. Eine gefaserte Mannigfaltigkeit, für die mindestens eine globale Trivialisierung angegeben werden kann, heißt trivial. Es ergibt sich folgendes kommutatives Diagramm:

$$\begin{array}{ccc} \mathcal{E} & \xrightarrow{\vartheta} & \mathcal{B} \times F \\ {\scriptstyle \pi}\downarrow & & \downarrow{\scriptstyle \mathrm{proj}_1} \\ \mathcal{B} & \xrightarrow{\mathrm{id}} & \mathcal{B} \end{array}$$

Geht man davon aus, daß sich für jeden Punkt eine lokale Trivialisierung angeben läßt, so erhält man ein Bündel.

Definition 2.3 (Bündel) Sei $(\mathcal{E}, \pi, \mathcal{B})$ eine gefaserte Mannigfaltigkeit. Eine lokale Trivialisierung von π in einer Umgebung U_p von $p \in \mathcal{B}$ ist durch ein Tripel (U_p, F_p, ϑ_p) mit einer Mannigfaltigkeit F_p und einem Diffeomorphismus $\vartheta_p : \pi^{-1}(U_p) \to U_p \times F_p$ mit $\mathrm{proj}_1 \circ \vartheta_p = \pi|_{\pi^{-1}(U_p)}$ gegeben. Eine gefaserte Mannigfaltigkeit, welche an jedem Punkt ihrer Basismannigfaltigkeit mindestens eine lokale Trivialisierung besitzt, heißt lokal trivial und wird als Bündel bezeichnet. Die Zusammenhänge sind im folgenden kommutativen Diagramm zusammengefaßt.

$$\begin{array}{ccc} \pi^{-1}(U_p) & \xrightarrow{\vartheta_p} & U_p \times F_p \\ {\scriptstyle \pi|_{\pi^{-1}(U_p)}}\downarrow & & \downarrow{\scriptstyle \mathsf{proj}_1} \\ U_p & \xrightarrow{\mathrm{id}} & U_p \end{array}$$

Bemerkung 2.3 Eine triviale gefaserte Mannigfaltigkeit ist gleichzeitig ein Bündel, welches global ein Produktraum ist. Ein Bündel mit globaler Trivialisierung heißt triviales Bündel.

Bemerkung 2.4 Zuvor war bereits in Abschnitt 2.2 das Tangentialbündel einer Mannigfaltigkeit eingeführt worden, welches bezüglich einer Karte $\left(U, \varphi, \mathbb{R}^{\mathbb{I}}\right)$ diffeomorph zu dem Produktraum $\mathbb{R}^{\mathbb{I}} \times \mathbb{R}^{\mathbb{I}}$ ist.

Zu einer Mannigfaltigkeit M bildet die Menge der Tangentialräume das Tangentialbündel (TM, τ_M, M) (vgl. S. 18). Ein Schnitt $\boldsymbol{v} : M \to TM$ ist gerade ein Vektorfeld auf M. Analog hierzu ist durch einen Schnitt $\boldsymbol{\omega} : M \to T^*M$ im Kontangentialbündel (T^*M, τ_M^*, M) eine Linearform $\boldsymbol{\omega} = (\omega_i)$ auf M gegeben.

Bei der Betrachtung unterschiedlicher Bündel entsteht in natürlicher Weise Interesse an Abbildungen, die die Bündelstruktur erhalten. Für zwei Bündel $(\mathcal{E}_1, \pi, \mathcal{B}_1)$ und $(\mathcal{E}_2, \rho, \mathcal{B}_2)$ ist eine Paar von Abbildungen $f = (f_{\mathcal{E}_1}, f_{\mathcal{B}_1})$, $f_{\mathcal{E}_1} : \mathcal{E}_1 \to \mathcal{E}_2$, $f_{\mathcal{B}_1} : \mathcal{B}_1 \to \mathcal{B}_2$, ein Bündelmorphismus, wenn auf ihren Definitionsgebieten die Bedingung

$$\rho \circ f_{\mathcal{E}_1} = f_{\mathcal{B}_1} \circ \pi, \qquad \begin{array}{ccc} \mathcal{E}_1 & \xrightarrow{f_{\mathcal{E}_1}} & \mathcal{E}_2 \\ {\scriptstyle \pi}\downarrow & & \downarrow{\scriptstyle \rho} \\ \mathcal{B}_1 & \xrightarrow{f_{\mathcal{B}_1}} & \mathcal{B}_2 \end{array}$$

erfüllt ist (vgl. nebenstehendes kommutatives Diagramm). Die Abbildung $f_{\mathcal{B}_1}$ heißt die Projektion von f. Für einen Schnitt $\sigma : \mathcal{B} \to \mathcal{E}$ auf einem Bündel π erkennt man mit $f_{\mathcal{B}} = \mathrm{id}_{\mathcal{B}}$ und $f_{\mathcal{E}} = \sigma$ die Eigenschaft eines Bündelmorphismus. In lokalen adaptierten Koordinaten (x_k, u_k), $k = 1, 2$, haben Bündelmorphismen, die auch als fasertreue Abbildungen bezeichnet werden, die Form

$$(x_2, u_2) = f_{\mathcal{E}_1}(x_1, u_1), \qquad u_2 = f_{\mathcal{B}_1}(u_1). \tag{2.14}$$

Aus zwei Bündeln $(\mathcal{E}_1, \pi, \mathcal{B}_1)$ und $(\mathcal{E}_2, \rho, \mathcal{B}_2)$ läßt sich das Produktbündel $(\mathcal{E}_1 \times \mathcal{E}_2, \pi \times \rho, \mathcal{B}_1 \times \mathcal{B}_2)$ bilden. Sind beide Bündel über derselben Basismannigfaltigkeit $\mathcal{B}$ definiert, so erhält man ein gefastertes Produktbündel.

Definition 2.4 (gefasertes Produktbündel) Für zwei Bündel $(\mathcal{E}_1, \pi, \mathcal{B})$ und $(\mathcal{E}_2, \rho, \mathcal{B})$ über derselben Basismannigfaltigkeit $\mathcal{B}$ ist durch das Tripel $(\mathcal{E}_1 \times_{\mathcal{B}} \mathcal{E}_2, \pi \times_{\mathcal{B}} \rho, \mathcal{B})$ das gefaserte Produktbündel mit der totalen Mannigfaltigkeit

$$\mathcal{E}_1 \times_{\mathcal{B}} \mathcal{E}_2 = \{(p, q) \in \mathcal{E}_1 \times \mathcal{E}_2 : \pi(p) = \rho(q)\}$$

und der Projektion

$$\pi \times_{\mathcal{B}} \rho : \; (\pi \times_{\mathcal{B}} \rho)\,(p, q) = \pi(p) = \rho(q)$$

definiert.

Für zwei lokale Schnitte ϕ und ψ in π bzw. ρ läßt sich ein Faserprodukt bilden, sofern sich ihre Definitionsbereiche überschneiden: $\phi \in \Gamma_V(\pi)$, $\psi \in \Gamma_W(\rho)$, $V \subset \mathcal{E}_1$, $W \subset \mathcal{E}_2$, dann ist $\phi \times_{\mathcal{B}} \psi \in \Gamma_{V \cap W}(\pi \times_{\mathcal{B}} \rho)$, $(\phi \times_{\mathcal{B}} \psi)\,(q) = (\phi(q), \psi(q))$.

Über die Restriktion der Projektionen auf $\mathcal{E}_1$ bzw. $\mathcal{E}_2$ erhält man die Abbildungen $\pi^*(\rho) : \mathcal{E}_1 \times_{\mathcal{B}} \mathcal{E}_2 \to \mathcal{E}_1$ und $\rho^*(\pi) : \mathcal{E}_1 \times_{\mathcal{B}} \mathcal{E}_2 \to \mathcal{E}_2$, welche wiederum die Bündel $(\mathcal{E}_1 \times_{\mathcal{B}} \mathcal{E}_2, \pi^*(\rho), \mathcal{E}_1)$ und $(\mathcal{E}_1 \times_{\mathcal{B}} \mathcal{E}_2, \rho^*(\pi), \mathcal{E}_2)$ definieren (siehe rechts). Eine Verallgemeinerung hierzu ergibt sich, wenn ρ eine (beliebige) glatte Abbildung ist. Dann ist durch $\rho^*(\pi)$ wieder ein Bündel gegeben, das sogenannte zurückgezogene oder Pullback-Bündel.

$$\begin{array}{ccc} \mathcal{E}_1 \times_{\mathcal{B}} \mathcal{E}_2 & \xrightarrow{\pi^*(\rho)} & \mathcal{E}_1 \\ {\scriptstyle \rho^*(\pi)}\downarrow & & \downarrow{\scriptstyle \pi} \\ \mathcal{E}_2 & \xrightarrow{\rho} & \mathcal{B} \end{array}$$

Definition 2.5 (zurückgezogenes Bündel (Pullback-Bündel))
Seien $(\mathcal{E}, \pi, \mathcal{B})$ ein Bündel und $\rho : \mathcal{F} \to \mathcal{B}$ eine Abbildung. Dann ist der Pullback von π durch ρ das Bündel $(\rho^*(\mathcal{E}), \rho^*(\pi), \mathcal{F})$, wobei die totale Mannigfaltigkeit und die Projektion wie folgt definiert sind:

$$\rho^*(\mathcal{E}) = \{(p, q) \in \mathcal{E} \times \mathcal{F} : \pi(p) = \rho(q)\}\,, \qquad \rho^*(\pi)\,(p, q) = q.$$

Auch ein lokaler Schnitt $\phi \in \Gamma_W(\pi)$ kann nach ρ zurückgezogen werden:

$$\Gamma_{\rho^{-1}(W)}\,(\rho^*(\pi)) \ni \rho^*(\phi) : \; \rho^*(\phi)(q) = (\phi(\rho(q)), q)\,.$$

Beispiel 2.3: Für eine glatte Abbildung $f : M \to N$ zwischen zwei Mannigfaltigkeiten ergibt das Zurückziehen des Tangentialbündels (TN, τ_N, N) das neue Bündel $(f^*\,(TN)\,, f^*(\tau_N), M)$, und ein Schnitt in diesem Bündel ist ein Vektorfeld entlang von f. ◁

2.7.1. Jet und Jet-Mannigfaltigkeit

Bei der Betrachtung von Differentialgleichungen treten neben den Lösungen, die lokal als Graphen glatter Funktionen interpretiert werden, in jedem Punkt die Ableitungen dieser Funktionen zur vollständigen Beschreibung hinzu. Eine geeignete Erweiterung der gefaserten Mannigfaltigkeit zur Beschreibung der Ableitungen führt auf Mannigfaltigkeiten von Jets (Strahlen). Bei den nachfolgenden Definitionen wird sich auf den für gewöhnliche Differentialgleichungen ausreichenden Spezialfall einer unabhängigen Variable $x^1 = t$ beschränkt. Der allgemeine Fall wird z. B. in der Monographie Saunders (1989) betrachtet, der die nachfolgende Darstellung folgt.

Definition 2.6 (k-Jet, Mannigfaltigkeit der k-Jets) Sei durch $(\mathcal{E}, \pi, \mathcal{B})$ ein Bündel gegeben. Für $p \in \mathcal{B}$ heißen die lokalen Schnitte $\phi, \psi \in \Gamma_p(\pi)$ äquivalent bis zur Ordnung k (k-äquivalent) in p, wenn neben $\phi(p) = \psi(p)$ in einem (und damit jedem) Koordinatensystem (t, u^α) um $\phi(p)$ gilt $\phi^{(j)}\Big|_p = \psi^{(j)}\Big|_p$, $j = 1, \ldots, n$. Diejenige Äquivalenzklasse, deren

Element ϕ ist, wird als k-Jet von ϕ in p bezeichnet und zu $j_p^k\phi$ notiert.
Die Menge

$$J^k\pi = \left\{ j_p^k\phi : p \in \mathcal{B},\ \phi \in \Gamma_p(\pi) \right\}$$

heißt Mannigfaltigkeit der k-Jets (k-Jet-Mannigfaltigkeit) von π. Die Projektionen

$$\begin{array}{rl} \pi_k : & J^k\pi \to \mathcal{B} \\ & j_p^k\phi \mapsto p \end{array} \quad \text{und} \quad \begin{array}{rl} \pi_{k,0} : & J^k\pi \to \mathcal{E} \\ & j_p^n\phi \mapsto \phi(p) \end{array}$$

heißen Quell- und Zielprojektion. Analog definiert man für $1 \leq l \leq k$ die l-Projektionen als Abbildungen $\pi_{k,l} : J^k\pi \to J^l\pi$ und $j_p^k\phi \mapsto j_p^l\phi$.

Die unterschiedlichen Projektionen sind in folgendem kommutativen Diagramm zusammengefaßt:

$$\begin{array}{ccccccccc} J^k\pi & \xrightarrow{\pi_{k,k-1}} & J^{k-1}\pi & \xrightarrow{\pi_{k-1,k-2}} & \cdots & \xrightarrow{\pi_{2,1}} & J^1\pi & \xrightarrow{\pi_{1,0}} & \mathcal{E} \\ {\scriptstyle \pi_k}\downarrow & & {\scriptstyle \pi_{k-1}}\downarrow & & & & {\scriptstyle \pi_1}\downarrow & & {\scriptstyle \pi}\downarrow \\ \mathcal{B} & \xrightarrow{\mathrm{id}_{\mathcal{B}}} & \mathcal{B} & \xrightarrow{\mathrm{id}_{\mathcal{B}}} & \cdots & \xrightarrow{\mathrm{id}_{\mathcal{B}}} & \mathcal{B} & \xrightarrow{\mathrm{id}_{\mathcal{B}}} & \mathcal{B} \end{array}$$

Für ein Bündel $(\mathcal{E}, \pi, \mathcal{B})$ mit einem adaptierten Koordinatensystem (U, u) auf $\mathcal{E}$ mit $u = (t, u^\alpha)$ wird auf $J^k\pi$ ein Koordinatensystem $\left(U^k, u^k\right)$ induziert,

$$U^k = \left\{ j_p^k\phi : \phi(p) \in U \right\}, \qquad u^k = \left(x^1, u^\alpha, u_i^\alpha\right),$$

wobei $x^1\left(j_p^k\phi\right) = t(p)$, $u^\alpha\left(j_p^k\phi\right) = u^\alpha(p)$ und die (nk) Funktionen $u_i^\alpha : U^k \to \mathbb{R}$, $u_i^\alpha\left(j_p^k\phi\right) = \left.\frac{\partial^i\phi^\alpha}{\partial x^i}\right|_p$, $i = 1, 2, \ldots, k$, die Ableitungskoordinaten sind. Es läßt sich zeigen, daß durch die Projektionen $\pi_{k,l}$, $0 \leq l < k$, weitere Bündel $\left(J^k\pi, \pi_{k,l}, J^l\pi\right)$ entstehen.

Definition 2.7 (Prolongation eines Schnittes) Sei ϕ ein lokaler Schnitt von π auf einem Gebiet $W \subset \mathcal{B}$. Die k-te Prolongation von ϕ ist die Abbildung $j^k\phi : W \to J^k\pi$, die durch $j^k\phi(p) = j_p^k\phi$ definiert wird.

Für eine fasertreue Abbildung $f : \pi \to \rho$ zwischen zwei Bündeln $(\mathcal{E}_1, \pi, \mathcal{B}_1)$ und $(\mathcal{E}_2, \rho, \mathcal{B}_2)$ ist die k-te Prolongation durch

$$j^k f : J^k\pi \to J^k\rho, \quad j^k(f_{\mathcal{E}_1}, f_{\mathcal{B}_1})(j_p^k\phi) = j^k_{f_{\mathcal{B}_1}(p)}\tilde{f}_{\mathcal{E}_1}(\phi) \tag{2.15}$$

$$\begin{array}{ccccc} J^k\pi & \xrightarrow{\pi_{k,0}} & \mathcal{E}_1 & \xrightarrow{\pi} & \mathcal{B}_1 \\ {\scriptstyle j^k f}\downarrow & & {\scriptstyle f_{\mathcal{E}_1}}\downarrow & & {\scriptstyle f_{\mathcal{B}_1}}\downarrow \\ J^k\rho & \xrightarrow{\rho_{k,0}} & \mathcal{E}_2 & \xrightarrow{\rho} & \mathcal{B}_2 \end{array}$$

gegeben, wobei $\tilde{f}_{\mathcal{E}_1}(\phi) : \mathcal{B}_2 \to \mathcal{E}_2$, $\tilde{f}_{\mathcal{E}_1}(\phi) = f_{\mathcal{E}_1} \circ \phi \circ \left. f_{\mathcal{B}_1}^{-1} \right|_{\phi(W)}$ gesetzt wird und W den Definitionsbereich eines Schnittes ϕ in π bezeichnet.

Bemerkung 2.5 Die Äquivalenzklasse $j_p^k\phi$ enthält immer einen lokalen Schnitt, der in den Koordinaten (t, u^α) ein Polynom vom Grad nicht höher als k ist – dies entspricht dem Taylor-Polynom von ϕ um p vom Grad k. Somit läßt sich das Taylor-Polynom als lokaler Repräsentant eines Schnittes φ nutzen und man hat in einer Umgebung U_p um p als lokale Darstellung der k-ten Prolongation $j_t^k\phi : t \mapsto \left(t, \varphi(t), \dot\varphi(t), \ddot\varphi(t), \ldots, \varphi^{(k)}(t)\right)$, $t \in U_p$, wobei der Punkt für die Ableitung nach der Zeit t steht.

Bemerkung 2.6 Neben der Schreibweise $j^k\varphi$ für die Prolongation eines Schnittes findet auch die Schreibweise $\mathrm{pr}^{(k)}\varphi$ Verwendung, die später im Zusammenhang mit Transformationen, die im allgemeinen keine Bündelmorphismen sind, aufgegriffen wird.

Hinsichtlich der Elemente, die in einer Jet-Mannigfaltigkeit $J^k\pi$ enthalten sind, bleibt festzustellen, daß diese nicht nur Prolongationen von Schnitten in π umfassen, wie es für die spätere Betrachtung von Differentialgleichungen wünschenswert ist. Dies macht man sich anhand der lokalen Koordinatendarstellung der Prolongation eines Schnittes ϕ klar. Diese hat in adaptierten Koordinaten die Form $\left(\phi, \dot\phi, \ldots, \phi^{(k)}\right)$, wohingegen ein allgemeiner Schnitt $\psi \in \Gamma_W(\pi_k)$ die Form $(\psi_0, \psi_1, \ldots, \psi_k)$ hat, wobei die Funktionen ψ_i in keiner Relation zueinander stehen müssen. Folglich ist ψ die Prolongation eines Schnittes ϕ in π, wenn $\psi_i = \phi^{(i)}$, $\phi^{(0)} = \phi$, gilt. Eine geometrische Fassung dieses Ergebnisses lautet:

Proposition 2.3 (Saunders, 1989) *Ein lokaler Schnitt $\psi \in \Gamma_W(\pi_k)$ ist die k-te Prolongation eines lokalen Schnittes $\phi \in \Gamma_W(\pi)$, dann und nur dann, wenn $j^k(\pi_{k,0} \circ \psi) = \psi$ gilt.*

Wie bereits erwähnt wird es für die ausschließliche Betrachtung von Lösungen von Differentialgleichungen, die als Prolongationen von Schnitten auf π verstanden werden, nützlich sein, aus Jet-Mannigfaltigkeiten ebendiese Elemente als eine Teilmannigfaltigkeit zu begreifen. Dies gelingt durch die Restriktion des Tangentialbündels $T(J^k\pi)$ über die Cartan-Distribution $\mathcal{C}^k$ (auch Kontaktdistribution) im Sinne des Abschnitt 2.6, die z. B. durch nk sogenannte Kontaktformen

$$T(J^k\pi) \supset \mathcal{C}^k : \qquad \omega_\alpha^i = du_{i-1}^\alpha + u_i^\alpha dt = 0, \qquad \text{für } i = 1, 2, \ldots, k, \tag{2.16}$$

in durch adaptierte Koordinaten (t, u^α) induzierten Koordinaten auf $J^k\pi$ angegeben werden kann. Ihre Dimension $\dim \mathcal{C}^k$ ist $1 + (k+1)n - nk = n + 1$. Die Cartan-Distribution $\mathcal{C}^k$ ist nicht involutiv, folglich ist die Dimension ihrer maximalen Integralkurven geringer als $\dim \mathcal{C}^k$ (vgl. Bocharov u. a., 1999). Ein lokaler Schnitt in der Mannigfaltigkeit $\left(J^k\pi, \mathcal{C}^k\right) \subset J^k\pi$ ist aufgrund der durch die Kontaktformen gegebenen Struktur des Tangentialbündels immer eine Prolongation eines Schnittes ϕ in π.

Bemerkung 2.7 Unter der Cartan-Distribution wird in der Literatur überwiegend die durch die Kontaktformen (2.16) gegebene Kontaktdistribution auf einem Jet-Bündel verstanden. In Zharinov (1992) wird dieser Ansatz in der Art verallgemeinert, als daß sich durch die Betrachtung einer (i. allg. partiellen) Differentialgleichung die Lösungen als Integralkurven einer speziellen, durch die Differentialgleichung induzierten, involutiven Cartan-Distribution auf $J^{k-1}\pi$ ergeben (vgl. Abschnitte 2.6 und 3.2), wobei diese Distribution ebenfalls als Cartan-Distribution der differenzierbaren Mannigfaltigkeit bezeichnet wird.

In gleicher Weise handelt es sich bei den in Abschnitt 2.6.1 definierten Lie-Bäcklund-Transformationen um eine Verallgemeinerung der sogenannten Berührungstransformationen (hierzu mehr in Abschnitt 3.3.1), d. h. von Transformationen, die verträglich mit den Kontaktdistributionen zweier Mannigfaltigkeiten sind. Da die Involutivität der Distributionen jedoch für die Transformationen keine Rolle spielen, kann diese Einschränkung fallen gelassen werden und man betrachtet lediglich die in (2.16) angegebene Kontaktdistribution als Spezialfall einer allgemeinen Cartan-Distribution.

Die Bezeichnungen Lie-Bäcklund-Transformation (Anderson u. Ibragimov, 1979), Bäcklund-Transformation (Olver, 1993) und Lie-Transformation (Bocharov u. a., 1999) sind hierbei in der Literatur uneinheitlich. Eine Diskussion hierzu findet man in Olver (1993), Kapitel 5.

2.7.2. Jets unendlicher Ordnung

Betrachtet man zu einer Differentialgleichung auch alle differentiellen Konsequenzen (Prolongationen des Gleichungssystems), so führt dies im geometrischen Rahmen auf die Notwendigkeit von Jets unendlicher Ordnung, die Elemente einer unendlichdimensionalen Mannigfaltigkeit $J^\infty\pi$ sind. Auf dieser lassen sich wiederum lokal Karten einführen, die auf offenen Teilmengen eines unendlichdimensionalen Raumes $\mathbb{R}_\infty$ definiert sind. Der unendlichdimensionale Fall, der zwangsläufig bei der Betrachtung sogenannter verallgemeinerter Symmetrien auftritt, wird in der vorliegenden Arbeit nur nachrangig z. B. zur Einordnung differentiell flacher Systeme innerhalb des geometrischen Zugangs betrachtet. Trotzdem seien nachfolgend einige hierzu notwendige Definitionen angegeben, zu denen man wieder in Saunders (1989) detaillierte Ausführungen findet.

Im endlichdimensionalen Fall gibt es zu einer Jet-Mannigfaltigkeit $J^k\pi$ eine Kette von Projektionen

$$J^k\pi \xrightarrow{\pi_{k,k-1}} J^{k-1}\pi \xrightarrow{\pi_{k-1,k-2}} \cdots \xrightarrow{\pi_{2,1}} J^1\pi \xrightarrow{\pi_{1,0}} J^0\pi = \mathcal{E}.$$

Gelänge der Übergang $k \to \infty$ so ergäbe sich am „Ende" der unendlich rückwärts fortgesetzten Kette von Projektionen die Jet-Mannigfaltigkeit unendlicher Ordnung. Die für den Übergang notwendige Konstruktion ist der indirekte Limes.

Definition 2.8 (projektiver/indirekter Limes) Die Familie $(V, f_{\infty,k})$ wird als projektiver Limes der Familie $(V, f_{k+1,k})$ bezeichnet, wenn folgendes gilt:

1. Durch V ist ein topologischer Vektorraum und durch jedes $f_{\infty,n} : V \to V_n$ ist eine stetige lineare Abbildung mit der Eigenschaft $f_{k+1,k} \circ f_{\infty,k+1} = f_{\infty,k}$ für jedes $k \in \mathbb{N}$ gegeben.

2. Seien durch W ein anderer topologischer Vektorraum und durch $g_{\infty,k} : W \to V_k$ stetige lineare Abbildungen jeweils mit der Eigenschaft $f_{k+1,k} \circ g_{\infty,k+1} = g_{\infty,k}$, $k \in \mathbb{N}$, gegeben. Dann existiert eine eindeutige lineare Abbildung $g : W \to V$, für die $g_{\infty,k} = f_{\infty,k} \circ g$, $k \in \mathbb{N}$, gilt.

Bemerkung 2.8 Die erste Eigenschaft besagt, daß die Projektionen untereinander verträglich sind – man kann den „Umweg" über $k+1$ nehmen. Die zweite Eigenschaft besagt, daß das Paar $(V, f_{\infty,k})$ insofern universeller Natur ist, d. h. die Eigenschaften von V beschreibt,

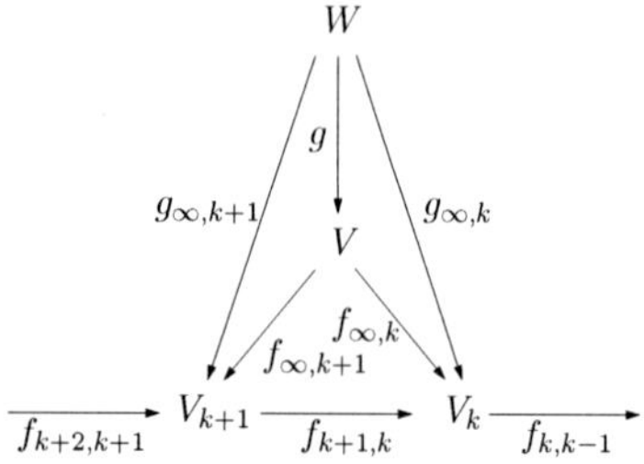

Abbildung 2.4.: Kommutatives Diagramm für den projektiven Limes einer Familie $(V, f_{k+1,k})$

als daß es, sofern es ein anderes Paar $(W, g_{\infty,k})$ gibt, dieses über eine eindeutige Abbildung mit V verknüpft ist (vgl. auch Abbildung 2.4).

Durch $\mathbb{R}^q_k$ wird nachfolgend das k-fache kartesische Produkt $(\mathbb{R}^q)^k$ bezeichnet. Mittels der Projektion auf die ersten k q-dimensionalen Vektoren $p_{k+1,k} : \mathbb{R}^q_{k+1} \to \mathbb{R}^q_k$ erhält die Familie $(\mathbb{R}^q_k, p_{k+1,k})$ den projektiven Limes $(\mathbb{R}^q_\infty, p_{\infty,k})$, wobei $\mathbb{R}^q_\infty$ der Vektorraum aller unendlichen Vektor-Folgen $\{x_i\}$, $x_i \in \mathbb{R}^q$, ist. Die Abbildung $p_{\infty,k} : \mathbb{R}^q_\infty \to \mathbb{R}^q_k$ projiziert die ersten k Vektoren. Diese Abbildungen sind linear und stetig, und es gilt für alle k die Gleichung $p_{k+1,k} \circ p_{\infty,k+1} = p_{\infty,k}$. Die Topologie auf $\mathbb{R}^q_\infty$ ist durch Urbilder der Form $p^{-1}_{\infty,k}(\mathcal{O}_k)$ offener Teilmengen $\mathcal{O}_k \subset \mathbb{R}^q_k$ gegeben, die eine Basis für offene Mengen in $\mathbb{R}^q_\infty$ bilden. Sei W ein topologischer Vektorraum, dann erhält man durch $g_{\infty,k} : W \to \mathbb{R}^q_k$ mit $(g(x))_k = (g_{\infty,k}(x)_k)$, d. h., der k-te Vektor von $g(x) \in \mathbb{R}^q_\infty$ ist gleich dem k-ten Vektor von $g_{\infty,k}(x) \in \mathbb{R}^q_k$, eine lineare stetige Abbildung mit der Eigenschaft $g_{\infty,k} = p_{\infty,k} \circ g$.

Auf dem Raum $\mathbb{R}^q_\infty$ ist keine Norm definiert. Er ist daher kein Banach-Raum, sondern ein Fréchet-Raum. Für $q = 1$ erhält man den Raum $\mathbb{R}_\infty$, den Raum aller unendlichen reellen Folgen $\{x^i\}$, $x^i \in \mathbb{R}$, zu dem sich alle anderen Räume mit $q > 1$ durch Umnumerieren der Koordinaten umformen lassen.

Man kann in gleicher Weise wie zuvor für $\mathbb{R}^q_k$ vorgehen und eine Mannigfaltigkeit der Jets unendlicher Ordnung $J^\infty\pi$ mit der Projektionen $\pi_{\infty,k}$ als projektiven Limes der Familie $\left(J^k\pi, \pi_{k+1,k}\right)$ einführen. Die Definitionen unterscheiden sich formal kaum von denen für endliche Ordnungen.

Definition 2.9 (Jet unendlicher Ordnung) Sei durch $(\mathcal{E}, \pi, \mathcal{B})$ ein Bündel gegeben. Am Punkt $p \in \mathcal{B}$ gebe es zudem zwei Schnitte ϕ, $\psi \in \Gamma_p(\pi)$ mit $\phi(p) = \psi(p)$. Die beiden Schnitte heißen ∞-äquivalent in p, falls in einem adaptierten Koordinatensystem (t, u^α) in einer Umgebung von p alle Ableitungen nach t übereinstimmen. Diejenige Äquivalenzklasse, die ϕ enthält, heißt Jet unendlicher Ordnung von ϕ in t (∞-Jet) und wird mit $j^\infty_p\phi$ notiert.

Definition 2.10 Die Menge

$$J^\infty\pi = \left\{ j^\infty_p\phi : p \in \mathcal{B},\, \phi \in \Gamma_p(\pi) \right\}$$

heißt Mannigfaltigkeit der Jets unendlicher Ordnung von π. Auf ihr sind die Quell- und Zielprojektion

$$\begin{array}{rcl} \pi_\infty : J^\infty\pi & \to & \mathcal{B} \\ j_p^\infty\phi & \mapsto & p \end{array} \quad \text{und} \quad \begin{array}{rcl} \pi_{\infty,0} : J^\infty\pi & \to & \mathcal{E} \\ j_p^\infty\phi & \mapsto & \phi(p) \end{array}$$

definiert. Für $l \geq 1$ sind zudem die l-Projektionen $\pi_{\infty,l} : J^\infty\pi \to J^l\pi$, $j_p^\infty\phi \mapsto j_p^l\phi$ erklärt.

Durch die Einführung eines adaptierten Koordinatensystems (U, u), $U \subset \mathcal{E}$, mit $u = (t, u^\alpha)$ wird auf $J^\infty\pi$ ein Koordinatensystem (U^∞, u^∞) induziert:

$$U^\infty = \left\{ j_p^\infty\phi : \phi(p) \in U \right\}, \quad u^\infty : U^\infty \to \mathbb{R}^\infty,\, u^\infty = (t, u^\alpha, u_i^\alpha)\,,\, i = 1, 2, 3, \ldots .$$

Definition 2.11 (unendliche Prolongation) Sei durch ϕ ein lokaler Schnitt von π auf $W \subset \mathcal{B}$ gegeben. Dann ist die unendliche Prolongation von ϕ durch die Abbildung $j^\infty\phi : W \to J^\infty\pi$, $j^\infty\phi(p) = j_p^\infty\phi$ definiert.

Für einen Schnitt φ ist in einer Umgebung U_p die Taylor-Reihe ein lokaler Repräsentant der unendlichen Prolongation bezüglich einer Karte: $j^\infty\varphi : t \mapsto (t, \varphi(t), \dot{\varphi}(t), \ddot{\varphi}(t), \ldots)$, $t \in U_p$.

3. Geometrischer Zugang zu Symmetrien gewöhnlicher Differentialgleichungen

Für die Betrachtung zahlreicher (nicht nur) technischer Probleme bzw. Prozesse stellen Systeme gewöhnlicher Differentialgleichungen geeignete Modelle dar. Während die Berechnung expliziter geschlossener Lösungen für die Differentialgleichungssysteme zwar für „einfache"[1] Probleme gelingt (siehe hierzu z. B. die umfangreiche Sammlung in Kamke, 1983), sind die meisten Differentialgleichungssysteme lediglich durch numerische Verfahren näherungsweise zu lösen. Im Hinblick auf den Entwurf von (Folge-)Reglern ist die Berechnung konkreter Lösungen der (Modell-)Differentialgleichungen von nachrangigem Interesse. Vielmehr geht es zunächst um die Analyse der Systemeigenschaften und anschließend um den systematischen Entwurf einer Systemerweiterung, den Regler, zur gezielten Beeinflussung der analysierten Eigenschaften. Gängige interessierende Eigenschaften, die dazu genutzt werden, das dynamische Verhalten zu beschreiben, sind z. B. die Lage und Art von Gleichgewichtslagen, die Stabilität oder Periodizität von Lösungen oder die gegebenenfalls nach Hinzufügen einer stabilisierenden Rückführung verbleibende am interessierenden Systemausgang unsichtbare Nulldynamik (interne Dynamik).

Obwohl die beschriebenen Untersuchungen von Systemeigenschaften anhand der in (geeignet) gewählten Koordinaten niedergeschriebenen Gleichungen erfolgen, zeichnen sich die charakteristischen Systemeigenschaften gerade dadurch aus, daß diese nicht von der Wahl spezieller Koordinatensysteme abhängen, sondern invariant bezüglich der Wahl einer speziellen Darstellung sind. Diese natürliche Forderung nach Koordinatenunabhängigkeit von Systemeigenschaften motiviert die Verwendung grundsätzlich koordinatenfreier Zugänge für die Analyse. Im Fall der nichtlinearen gewöhnlichen Differentialgleichungen hat sich hierbei u.a. der Apparat der Differentialgeometrie sowohl für die Untersuchung von Symmetrien als auch in der Regelungstechnik als hilfreich erwiesen (siehe z. B. Olver, 1995; Isidori, 1995; Nijmeijer u. van der Schaft, 1990).

In der nachfolgenden Darstellung steht zunächst der Begriff der Symmetrie im Mittelpunkt. Nach einem kurzen einleitenden Beispiel zur Illustration des geometrischen Zugangs zu gewöhnlichen Differentialgleichungen, wird der in dieser Arbeit angewandte Symmetriebegriff definiert. Die sich anschließende Diskussion der Eigenschaften in Frage kommender Symmetrietransformationen zielt bereits auf das Problem der Berechung von Symmetrien zu gegebenen Differentialgleichungssystemen ab, aus der die Motivation für Lie-Transformationsgruppen erwächst, denen das Kapitel 4 gewidmet ist.

Aus der umfangreichen Theorie zu Symmetrien von gewöhnlichen und partiellen Differentialgleichungen werden hierbei lediglich die an dieser Stelle notwendigen Aspekte aufgegriffen. Hinweise zu Literaturstellen für umfangreichere Darstellungen finden sich am Ende des Kapitels.

[1] Dies soll in keiner Weise über die Schwierigkeit der Aufgabe hinwegtäuschen!

3.1. Ein einfaches Beispiel

Ein häufig diskutiertes Einführungsbeispiel bei der Diskussion gewöhnlicher Differentialgleichungen ist das mathematische Pendel, das auch an dieser Stelle aufgegriffen werden soll. Dabei wird von einer idealisierten Pendelanordnung bestehend aus einer am freien Ende eines masselosen Stabes der Länge l angebrachten Punktmasse m ausgegangen (vgl. nebenstehende Abbildung). Das verbleibende Ende des Stabes ist drehbar in einem reibungsfreien Lager befestigt, so daß der Stab mit der Punktmasse eine Drehbewegung in der Zeichenebene um den Aufhängepunkt beschreiben kann. Die Auslenkung des Pendels bezüglich der Richtung des Schwerefelds g wird durch den Pendelwinkel φ beschrieben.

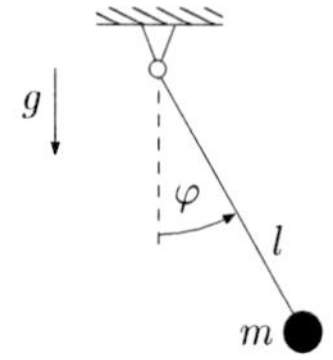

Abb. 3.1.: Punktmasse an masselosen Stab

Bei der Beschreibung der Konfiguration des Pendels nimmt der Winkel φ Werte aus $\mathbb{R}$ mod 2π an, so daß zur Darstellung der Pendelkonfiguration zu jedem Zeitpunkt $t \in I \subset \mathbb{R}$ das triviale Bündel (M, π, I), $M = \mathbb{R} \times S^1$, $\pi = \mathrm{proj}_1$, mit adaptierten Koordinaten (t, φ) herangezogen werden kann, wobei S^1 den Kreis bezeichnet (vgl. Abb. 3.2). Die wohlbekannte Bewegungsgleichung für die Pendelbewegung lautet

$$\ddot{\varphi}(t) = -\frac{g}{l} \sin \varphi(t), \quad t \in I \subset \mathbb{R}. \tag{3.1}$$

Eine glatte Funktion $\ell : I \to S^1$ ist eine Lösung, wenn sie in jedem Punkt die Differentialgleichung erfüllt, d. h., zur vollständigen Beschreibung einer Lösung als Graph einer Funktion benötigt man zusätzlich die ersten beiden Ableitungen von ℓ. Dies führt auf den Graphen der Prolongation $j^2\ell$ auf der Jet-Mannigfaltigkeit $J^2\pi$ mit adaptierten Koordinaten $(t, \varphi, \dot{\varphi}, \ddot{\varphi})$, der genau dann eine Lösung von (3.1) ist, wenn dieser als Teilmannigfaltigkeit L von $J^2\pi$ die Darstellung

$$J^2\pi \ni L = \left\{ (t, \varphi, \dot{\varphi}, \ddot{\varphi}) \in J^2\pi \, : \ddot{\varphi} + \frac{g}{l} \sin \varphi = 0 \right\} \tag{3.2}$$

erlaubt. Identifiziert man die Differentialgleichung mit der Gesamtheit ihrer Lösungen, so stellt die durch (3.2) definierte Teilmannigfaltigkeit einen geometrischen Repräsentanten der Differentialgleichung dar.

Ein etwas anderes Bild ergibt sich, wenn man zunächst von der klassischen Betrachtung des Phasenportraits in φ-$\dot{\varphi}$-Ebene ausgeht (siehe Abbildung 3.3, oben), wobei sich die Projektion des Flusses des Vektorfeldes $\boldsymbol{v} = -\frac{g}{l} \sin \varphi \partial_2$ auf $J^2\pi$ in die Phasenebene für die Bereiche $|\varphi| > \pi$ als periodische Fortsetzung der Verläufe auf dem Intervall $[-\pi, \pi)$ ergibt. Identifiziert man die Schnittlinien A-B und C-D miteinander und fügt diese aneinander, so erhält man einen Zylinder, auf dessen Fläche die Flußlinien verlaufen[2]. Aufgrund der Zeitinvarianz der Differentialgleichung kann die Gesamt-

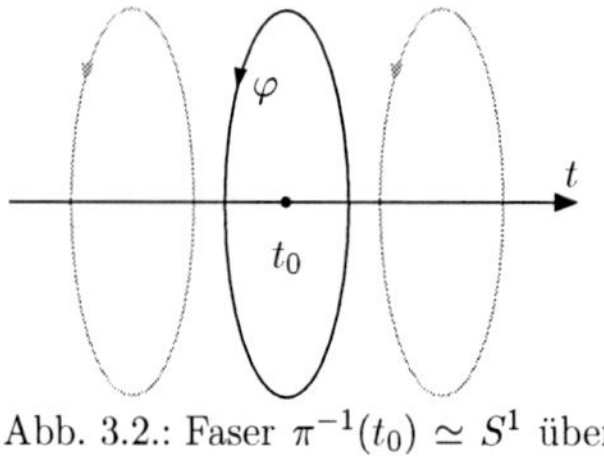

Abb. 3.2.: Faser $\pi^{-1}(t_0) \simeq S^1$ über t_0

[2] Diese Konstruktion ist unabhängig von der speziellen Wahl der Lage der einen Schnittlinie, die zweiter ergibt sich aus der Periodizität.

heit aller Lösungen mit dem Fluß auf der Zylinderfläche identifiziert werden.

Betrachtet man die Zylinderfläche als glatte Mannigfaltigkeit, so sind auf dieser auch Kurven enthalten, die keine Lösungen der Pendeldifferentialgleichung sind. Um die Mannigfaltigkeit als Ganzes mit der Differentialgleichung zu identifizieren, ist es folglich notwendig, diese auf die Lösungsmannigfaltigkeit zu beschränken. Dies gelingt durch Hinzuziehen des Tangentialbündels zur Charakterisierung der Mannigfaltigkeit, genauer, durch eine geeignete Restriktion des Tangentialraums in jedem Punkt einer Kurve, in der Art, daß die Kurve die Differentialgleichung erfüllt. Als Ergebnis erhält man eine differenzierbare Mannigfaltigkeit gemäß der in Abschnitt 2.6 angegebenen Definition: In jedem Punkt wird der Tangentialraum einer Lösungskurve von dem durch das Vektorfeld

$$\boldsymbol{v} = \partial_t - \frac{g}{l} \sin\varphi\, \partial_2, \qquad \boldsymbol{v} \in \Gamma\left(T(J^1\pi)\right),$$

gegebenen Tangentialvektor aufgespannt. Die Distribution $\Delta = \operatorname{span}\{\boldsymbol{v}\}$ ist per Definition involutiv und ihre Integralmannigfaltigkeiten sind gerade die Lösungen der Pendeldifferentialgleichung. Die Gesamtheit aller Lösungen wird daher durch die differenzierbare Mannigfaltigkeit $\mathcal{M} = (J^1\pi, \operatorname{span}\{\boldsymbol{v}\})$ beschrieben. Durch diesen Übergang zu einer differenzierbaren Mannigfaltigkeit erhält man ein geometrisches Objekt, das als Repräsentant der Differentialgleichung anders als die zuvor betrachtete Teilmannigfaltigkeit ohne Einbettung in eine größere Mannigfaltigkeit auskommt.

3.2. Differentialgleichungssystem als (Teil-)Mannigfaltigkeit

Im folgenden wird von einem Bündel $(\mathcal{E}, \pi, \mathcal{B})$ mit adaptierten Koordinaten $(t, z) = (t, z^1, z^2, \ldots, z^q)$ und (t) für $\mathcal{E}$ bzw. $\mathcal{B}$ ausgegangen. Auf diesem sei durch q in ihren Argumenten glatte Funktionen $F = (F^i)$, $F^i : J^k\pi \to \mathbb{R}$, $i = 1, 2, \ldots, q$, ein reguläres implizites Gleichungssystem

$$F\left(t, z, \dot{z}, \ddot{z}, \ldots, z^{(k)}\right) = 0, \qquad \operatorname{Rg}\left[\frac{\partial F}{\partial z^{[k]}}\right]_{F=0} = q, \tag{3.3}$$

gegeben, wobei die adaptierten Koordinaten für π die Koordinaten $\left(t, z, \dot{z}, \ldots, z^{(k)}\right) = \left(t, z^{[k]}\right)$ auf $J^k\pi$ induzieren (vgl. Abschnitt 2.7.1, S. 33). Das Gleichungssystem (3.3) auf $J^k\pi$ entspricht einem System impliziter Differentialgleichungen k-ter Ordnung auf $\mathcal{E}$. Ein Vergleich von (3.3) mit der in Abschnitt (2.7) angegebenen Form einer implizit definierten Teilmannigfaltigkeit zeigt, daß das Gleichungssystem $F = 0$ auf $J^k\pi$ zudem eine reguläre Teilmannigfaltigkeit definiert:

$$J^k\pi \supset \mathcal{S} = \left\{p \in J^k\pi,\ F \circ p = 0\right\}. \tag{3.4}$$

Dies motiviert die folgende geometrische Definition einer Differentialgleichung.

Definition 3.1 (Differentialgleichung, Saunders, 1989) Sei durch $(\mathcal{E}, \pi, \mathcal{B})$ ein Bündel gegeben. Eine Differentialgleichung auf π ist eine abgeschlossene, eingebettete Teilmannigfaltigkeit $\mathcal{S}$ der Jet-Mannigfaltigkeit $J^r\pi$. Die Ordnung der Differentialgleichung ist diejenige größte natürliche Zahl k, für die die Bedingung $\pi_{k,k-1}^{-1}(\pi_{r,k-1}\mathcal{S}) \neq \pi_{r,k}\mathcal{S}$ gilt.

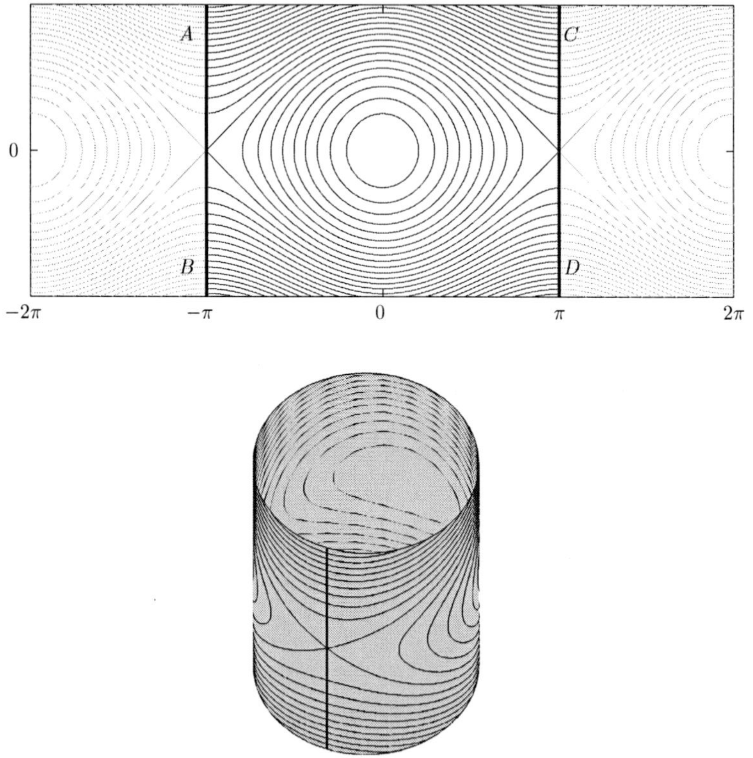

Abbildung 3.3.: Periodisch fortgesetztes Phasenpotrait für das mathematische Pendel in der Zeichenebene (oben), Identifikation der Schnittlinien A-B mit C-D führt auf einen Zylinder (unten)

Für den möglichen Fall $r > k$ besagt der letzte Teil der Definition, daß die Ableitungskoordinaten $z^{(\alpha)}$, $\alpha > k$, keine zusätzlichen Informationen über die Teilmannigfaltigkeit $\mathcal{S}$ enthalten (vgl. Beispiel 3.1). In aller Regel wird man den Fall $r = k$ betrachten, der auch für alle weiteren Ausführungen zugrunde gelegt wird. Gleichsam kann eine geometrische Interpretation für die Lösung einer Differentialgleichung angegeben werden.

Definition 3.2 (Lösung einer Differentialgleichung) Eine Lösung einer Differentialgleichung $\mathcal{S}$ ist ein lokaler Schnitt $\phi \in \Gamma_U(\pi)$, $U \subset \mathcal{B}$, für den $j_t^k\phi \in \mathcal{S}$ für jedes $t \in U$ gilt.

Bemerkung 3.1 Die im Anschluß an Proposition 2.3 ausgeführte Erläuterung gilt auch für die Teilmannigfaltigkeit $\mathcal{S}$. Um nur diejenigen Elemente in $\mathcal{S}$ zu betrachten, die tatsächlich Prolongationen von Schnitten auf π sind, kann auf die Mannigfaltigkeit $\left(\mathcal{S}, \mathcal{C}^k \cap T\mathcal{S}\right)$ mit restriktiertem Tangentialbündel übergegangen werden (d. h., die Lösungen der Differentialgleichung sind zugleich Integralkurven der Cartan-Distribution $\mathcal{C}^k$). Da jedoch bekannt ist, daß diejenigen Elemente, die keine Prolongationen von Schnitten sind, nicht von Interesse sind, können diese auch einfach von der Betrachtung ausgeschlossen werden.

Beispiel 3.1: Es wird die lineare Differentialgleichung $\dot{z}(t) = -Kz(t)$, $z(t) \in \mathbb{R}$, $K \in \mathbb{R}^+$, $t \in I \subset \mathbb{R}$, auf dem trivialen Bündel $(I \times \mathbb{R}, \pi, I)$, $\pi = \mathrm{proj}_1$, im Sinne der Definition 3.1 betrachtet. Zur graphischen Veranschaulichung werden die Identifikationen $\pi_2^{-1}(t_0) \simeq \mathbb{R}^3$, $\pi_1^{-1}(t_0) \simeq \mathbb{R}^2$ und $\pi^{-1}(t_0) \simeq \mathbb{R}$ mit den (adaptierten) Koordinaten $(z, \dot{z}, \ddot{z})$, $(z, \dot{z})$ bzw. (z) vorgenommen (d. h., es wird eine beliebige Faser $\mathcal{F} = \pi_2^{-1}(t_0)$ des Bündels $\left(J^2\pi, \pi_2, I\right)$ zu einem Zeitpunkt $t_0 \in I$ betrachtet).

Durch die Gleichung $F(z, \dot{z}) = \dot{z} + Kz$ ergibt sich die in Abbildung 3.4 dargestellte Ebene $\mathcal{S} = \left\{(z, \dot{z}, \ddot{z}) \in \mathbb{R}^3,\ \dot{z} = -Kz\right\}$. Die in Definition 3.1 angegebene Bedingung für die Ordnung der Differentialgleichung ist mit $r = 2$ für $k = 2$, wegen $\pi_{2,1}^{-1}(\pi_{2,1}\mathcal{S}) = \mathrm{id}\,\mathcal{S} = \pi_{2,2}\mathcal{S}$ nicht erfüllt. Für $k = 1$ gilt jedoch $\pi_{1,0}^{-1}(\pi_{1,0}\mathcal{S}) = \{\ddot{z} = 0\} \neq \pi_{2,1}\mathcal{S}$, so daß sich wie erwartet $k = 1$ als Ordnung der Differentialgleichung ergibt. ◁

Aufgrund der Regulartitätsannahme zum Gleichungssystem (3.3) können die q Gleichungen lokal nach den q Ableitungskoordinaten z_k^i, $i = 1, \ldots, q$, aufgelöst werden, d. h., das implizite Gleichungssystem geht lokal in ein explizites Gleichungssystem

$$z_k^i = f^i\left(t, z^{[k-1]}\right), \quad i = 1, 2, \ldots, q, \tag{3.5}$$

über. Wie zuvor im Pendelbeispiel läßt sich über die explizite Darstellung eine eindimensionale Cartan-Distribution $\mathcal{C}_F$ mithilfe der kq-Einsformen $\boldsymbol{\omega}_j^i$ über die Bedingungen

$$T(J^{k-1}\pi) \supset \mathcal{C}_F : 0 = \boldsymbol{\omega}_j^i = \begin{cases} dz_{j-1}^i - z_j^i dt, & j < k, \\ dz_{k-1}^i - f^i\left(t, z^{[k-1]}\right) dt, & \end{cases} \qquad i = 1, 2, \ldots, q, \tag{3.6}$$

oder als lineare Hülle des sogenannten Cartan-(Vektor-)Feldes $\boldsymbol{v}_F$,

$$\mathcal{C}_F = \mathrm{span}\{\boldsymbol{v}_F\}, \quad \boldsymbol{v}_F = \partial_t + \sum_{0 \le j < k-2} z_{j+1}^i \partial_{z_j^i} + f^i\left(t, z^{[k-1]}\right) \partial_{z_{k-1}^i} \tag{3.7}$$

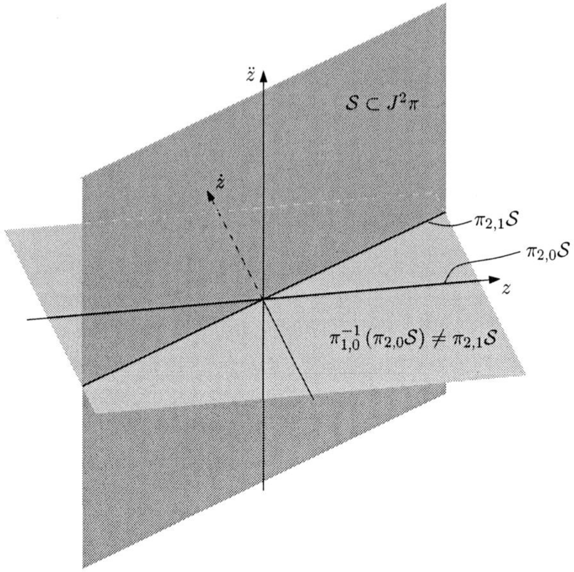

Abbildung 3.4.: Differentialgleichung $\dot{z} + Kz = 0$ als Ebene $\mathcal{S}$ im $\mathbb{R}^3$ aus dem Beispiel 3.1

auf $J^{k-1}\pi$ einführen. Ein Schnitt $\sigma : t \mapsto \left(t, z(t), \dot{z}(t), \ldots, z^{(k-1)}(t)\right)$ in $J^{k-1}\pi$ ist eine Lösung der Differentialgleichung genau dann, wenn dieser eine Integralkurve der Cartan-Distribution $\mathcal{C}_F$ ist, d. h., die Distribution $\mathcal{C}_F$ unterscheidet diejenigen Graphen von $(k-1)$-Jets, die Lösungen des Differentialgleichung sind, von der Gesamtheit von Graphen von $(k-1)$-Jets in $J^{k-1}\pi$. Als Ergebnis dieser Überlegung erhält man eine differenzierbare Mannigfaltigkeit $\mathcal{M} = \left(J^{k-1}\pi, \mathcal{C}_F\right)$ als geometrisches Objekt, welches mit dem Differentialgleichungssystem (3.3) identifiziert wird. M.a.W.: Die differenzierbare Mannigfaltigkeit $\mathcal{M}$ umfaßt die Gesamtheit aller Lösungen der Differentialgleichung.

Definition 3.3 (Differentialgleichung als differenzierbare Mannigfaltigkeit) Sei durch $(\mathcal{E}, \pi, \mathcal{B})$ ein Bündel gegeben. Eine Differentialgleichung auf π ist eine differenzierbare Mannigfaltigkeit $\mathcal{M} = \left(J^{k-1}, \mathcal{C}_F\right)$, $\mathcal{C}_F \subset \mathcal{C}^{k-1}$.

Beiden Objekten $\mathcal{S}$ und $\mathcal{M}$ ist gemein, daß sie zur Restriktion der Tangentialbündel mit speziellen Cartan-Distributionen ausgestattet werden. Diese Beobachtung bildet im folgenden Abschnitt zu klassischen Symmetrien von gewöhnlichen Differentialgleichungssystemen den Ausgangspunkt für die Charakterisierung der als Symmetrietransformationen in Frage kommenden Abbildungen.

3.3. Klassische Symmetrien gewöhnlicher Differentialgleichungen

Die geometrische Interpretation von Differentialgleichungen mit einer Teilnannigfaltigkeit $\mathcal{S}$ bzw. einer differenzierbaren Mannigfaltigkeit $\mathcal{M}$ erlaubt die Übernahme des üblichen Symmetriebegriffes aus der Geometrie. Dort versteht man unter einer Symmetrie eines geometrischen Betrachtungsgegenstandes eine Abbildung von diesem auf sich selbst (z. B. eine Punktsymmetrie bezüglich des Mittelpunktes bei einem Kreis in der Ebene). Durch den geometrischen Zugang motiviert, kann dieser Symmetriebegriff unverändert übernommen werden.

Definition 3.4 Ein Automorphismus von $\mathcal{S}$ ist eine Symmetrie des Differentialgleichungssystems (3.3).

Ausgehend von der Identifikation einer Differentialgleichung mit $\mathcal{S}$ bzw. $\mathcal{M}$, d. h. mit der Gesamtheit seiner Lösungen, kann eine Symmetrie alternativ auch bezüglich der Wirkung auf Lösungen der Differentialgleichung verstanden werden.

Definition 3.5 Eine Transformation, die Lösungen des Differentialgleichungssystems (3.3) wieder auf Lösungen abbildet, ist eine Symmetrie.

Bei der Definition einer Symmetrie anhand der Wirkung auf Lösungen ist zunächst offen, auf welcher Mannigfaltigkeit die Symmetrietransformation zu definieren ist. An dieser Stelle sollen zwei Möglichkeiten diskutiert werden.

Ausgangspunkt zu Beginn des Kapitels war eine Differentialgleichung auf $\mathcal{E}$, so daß unter einer Lösung ein glatter (lokaler) Schnitt $\sigma : \mathcal{B} \to \mathcal{E}$, $t \mapsto (t, \sigma(t))$ auf dem Bündel π verstanden werden kann, dessen Prolongation $j^k\sigma$ die Differentialgleichungen erfüllt. Legt man dieses Verständnis einer Lösung als Schnitt auf π zugrunde, so liegt es nahe, die Symmetrietransformation ebenfalls auf π zu definieren. In adaptierten Koordinaten (t, z) geht man somit von Abbildungen der lokalen Form

$$\Phi : \pi \to \pi, \quad \left\{ \begin{array}{ll} \tilde{t} & = \theta\,(t, z) \\ \tilde{z} & = \zeta\,(t, z) \end{array} \right. , \tag{3.8}$$

aus, wobei $(\tilde{t}, \tilde{z})$ die transformierten Koordinaten bezeichnet. Aufgrund ihrer expliziten Wirkung nur auf $\mathcal{E}$ werden solche Transformationen in der klassischen Nomenklatur als Punkttransformationen bezeichnet. Um zu prüfen, ob eine transformierte Lösung $\Phi \circ \sigma$ die Differentialgleichung erfüllt, ist die Prolongation $j^k(\Phi \circ \sigma)$ heranzuziehen. Hierbei kann ausgenutzt werden, daß eine Punkttransformation eine eindeutige Wirkung auf $J^k\pi$ induziert, die sich als k-te Prolongation $\mathrm{pr}^{(k)}\Phi$ ergibt[3]. Da die Prolongation mit der Hintereinanderausführung kommutiert, kann sodann die Gleichheit $\mathrm{pr}^{(k)}\Phi \circ j^k\sigma = j^k\,(\Phi \circ \sigma)$ ausgenutzt werden. Im nachfolgenden Abschnitt wird hierzu die sogenannte Prolongationsformel abgeleitet, mit deren Hilfe die induzierte Wirkung in Koordinaten berechnet werden kann. Ein Vergleich mit der lokalen Form (2.14) zeigt, daß es sich bei Punkttransformationen

[3] Für die Prolongation von Transformationen, die i. allg. keine Bündelmorphismen sind, wird die Schreibweise $\mathrm{pr}^{(k)}\phi$ anstatt $j^k\phi$ verwendet.

im allgemeinen nicht um Bündelmorphismen handelt. Soll die Bündelstruktur bewahrt werden, so kommen nur fasertreue Abbildungen in Betracht, d. h. $\tilde{t} = \theta(t)$.

Eine etwas andere Situation ergibt sich, sofern das Differentialgleichungssystem als Gleichungssystem auf $J^k\pi$ betrachtet wird, so daß eine Lösung durch einen Schnitt $\sigma : \mathcal{B} \to J^k\pi,\ t \mapsto \left(t, \sigma(t), \dot{\sigma}(t), \ldots, \sigma^{(k)}(t)\right)$ im Bündel $\left(J^k\pi, \pi_k, \mathcal{B}\right)$ gegeben ist. Eine Punkttransformation auf π_k hat nun die Form

$$\Psi : J^k\pi \to J^k\pi, \qquad \begin{cases} \tilde{t} &= \theta\left(t, z, \dot{z}, \ldots, z^{(k)}\right) \\ \tilde{z} &= \zeta\left(t, z, \dot{z}, \ldots, z^{(k)}\right) \\ \tilde{z}^{(1)} &= \zeta_1\left(t, z, \dot{z}, \ldots, z^{(k)}\right) \\ &\vdots \\ \tilde{z}^{(k)} &= \zeta_k\left(t, z, \dot{z}, \ldots, z^{(k)}\right) \end{cases}, \tag{3.9}$$

wobei offen ist, welche Verbindung zwischen den Funktionen θ, ζ, und ζ_i, $i = 1, 2, \ldots, k$, bestehen muß, damit es sich um eine Symmetrietransformation handeln kann. Hierzu werden im nächsten Abschnitt Punkttransformationen etwas genauer betrachtet.

3.3.1. Punkttransformationen und Berührungstransformationen

In Abschnitt 2.7.1 wurde zur Unterscheidung von Prolongationen von Schnitten in π die Kontaktdistribution $\mathcal{C}^k$ (2.16) auf $J^k\pi$ herangezogen: Ein Schnitt in $J^k\pi$ ist genau dann die Prolongation eines Schnittes ϕ in π, wenn dieser die Berührungsgleichungen erfüllt. Für die Prolongation einer Punkttransformation (3.8) auf π mit glatten Funktionen θ, ζ und ζ_i erwächst hieraus die Forderung, daß diese die Cartan-Distribution $\mathcal{C}^k$ invariant beläßt. In diesem Fall gilt für jeden prolongierten Schnitt, daß auch das durch die Prolongation der Punkttransformation erzeugte Bild wieder die Berührungsgleichungen erfüllt, d. h. $j^k\sigma$ auf die Prolongation $j^k\psi$ eines anderen Schnittes ψ in π abgebildet wird. Dies ist eine notwendige Bedingung dafür, daß eine Lösung wieder auf eine (andere) Lösung abgebildet wird, da als solche nur Schnitte in Frage kommen. Derartige Transformationen heißen Berührungstransformationen k-ter Ordnung. Der (klassische) Fall $k = 1$ wird im Beispiel 3.2 umrissen.

Aus der Forderung, daß die Prolongation einer Punkttransformation eine Berührungstransformation sein muß, lassen sich in Koordinaten die induzierten Funktionen ζ_i für $\Psi = \mathrm{pr}^{(k)}\Phi$ angeben. Hierzu betrachtet man die zurückgezogene transformierte Cartan-Distribution zunächst für $k = 1$ (vgl. Gl. (2.2)) und erhält die Gleichungen

$$\Phi^*(\mathcal{C}^1): \quad (\omega_1^i)^* = d\zeta^i - \zeta_1^i d\theta = \lambda_{1,j}^i \omega_1^j, \quad \lambda_{1,j}^i \in \mathcal{C}^\infty(J^1\pi).$$

Einsetzen gemäß Gleichung (3.8) liefert

$$\frac{\partial \zeta^i}{\partial t}dt + \frac{\partial \zeta^i}{\partial z^j}dz^j - \zeta_1^i\left(\frac{\partial\theta}{\partial t}dt + \frac{\partial\theta}{\partial z^j}dz^j\right) = \lambda_{1,j}^i\left(dz^j - z_1^j dt\right),$$

und ein Koeffizientenvergleich für die Koordinaten dz^j ergibt für die Koeffizientenfunktionen $\lambda_{1,j}^i = \partial_{z^j}\zeta^i - \zeta_1^i\partial_{z^j}\theta$. Einsetzen in die ursprünglichen Gleichungen und Auflösen nach den gesuchten Funktionen ζ_1^i führt auf

$$\tilde{z}_1^i = \zeta_1^i(t, z, \dot{z}) = \frac{\partial_t \zeta^i + z_1^j \partial_{z^j} \zeta^i}{\partial_t \theta + z_1^j \partial_{z^j} \theta} = \frac{D_t \zeta^i}{D_t \theta} =: \zeta_{\{1\}}^i, \tag{3.10}$$

und somit ergibt sich die erste Prolongation mit $\zeta^{\{1\}} = (\zeta_{\{1\}}^i)$ zu

$$\mathrm{pr}^{(1)}\Phi\left(t, z, z^{(1)}\right) = \left(\theta(t,z), \zeta(t,z), \zeta^{\{1\}}\left(t, z, z^{(1)}\right)\right).$$

Die Berechnungsvorschrift (3.10) läßt sich auf höhere Ordnungen $k > 1$ verallgemeinern. Bezeichne $\nu \geq 0$ die Ordnung der Prolongation mit $\mathrm{pr}^{(0)}\zeta^i = \zeta^i$. Für $\nu = 1$ gilt die Berechnungsvorschrift

$$\zeta_{\{\nu\}}^i\left(t, z, \ldots, z^{(\nu)}\right) = \frac{D_t \zeta_{\{\nu-1\}}^i\left(t, z, \ldots, z^{(\nu)}\right)}{D_t \theta(t, z, \ldots, z^{(\nu)})}. \tag{3.11}$$

Angenommen, sie gelte für ein beliebiges $\nu > 1$. Dann ist die Cartan-Distribution für $j = \nu$ invariant, und es bleiben die Beziehungen für die Berechnung von $\tilde{z}_{\nu+1}^i$, in der Art herzuleiten, daß auch die Formen für $j = \nu + 1$ wieder in der Cartan-Distribution liegen. Aus den zurückgezogenen Formen

$$\begin{aligned} (\boldsymbol{\omega}_\nu^i)^* &= \frac{\partial \zeta_{\{\nu\}}^i}{\partial t} dt + \sum_{k \leq \nu} \frac{\partial \zeta_{\{\nu\}}^i}{\partial z_k^j} dz_k^j - \zeta_{\nu+1}^i \left(\frac{\partial \theta}{\partial t} dt + \frac{\partial \theta}{\partial z^j} dz^j\right) \\ &= \sum_{k \leq \nu} \lambda_{\nu,j}^{i,k} \left(dz_k^j - z_{k+1}^j\, dt\right) \end{aligned}$$

erhält man zunächst aus einem Koeffizientenvergleich

$$\lambda_{\nu,j}^{i,k} = \begin{cases} \frac{\partial \zeta_{\{\nu\}}^i}{\partial (z_k^j}, & \text{für } k > 0 \\ \frac{\partial \zeta^i}{\partial z^j} - \zeta_{\nu+1}^i \frac{\partial \theta}{\partial z^j}, & \text{für } k = 0 \end{cases},$$

und hieraus durch Auflösen nach $\zeta_{\nu+1}^i$ den Zusammenhang

$$\tilde{z}_{\nu+1}^i = \frac{\partial_t \zeta_{\{\nu\}}^i + \sum_{k \leq \nu} \frac{\partial \zeta_{\{\nu\}}^i}{\partial z_k^j} z_{k+1}^j}{\frac{\partial \theta}{\partial t} + z_1^j \frac{\partial \theta}{\partial z^j}} = \frac{D_t \zeta_{\{\nu\}}^i}{D_t \theta} =: \zeta_{\{\nu+1\}}^i, \tag{3.12}$$

so daß die Prolongationsformel (3.10) als Rekursionsformel (3.11) für $\nu \geq 0$ allgemein gilt. Offenbar entspricht die Prolongation der (totalen) Zeitableitung für den Fall, daß die Punkttransformation die Zeit nicht mittransformiert. Des weiteren ist die Prolongation einer Punkttransformation eindeutig und verträglich mit der Bündelprojektion $\pi_{k,l}$ der Bündel $\left(J^k\pi, \pi_{k,l}, J^l\pi\right)$, $l \leq k$ (Saunders, 1989):

$$\pi_{k,l} \circ \mathrm{pr}^{(k)}\Phi = \mathrm{pr}^{(l)}\Phi. \tag{3.13}$$

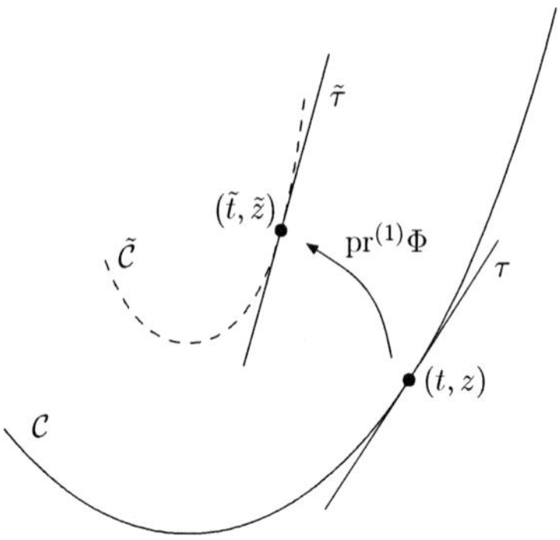

Abbildung 3.5.: Bild $\tilde{\mathcal{C}}$ der ebenen Kurve $\mathcal{C}$ unter der Berührungstransformation $\mathrm{pr}^{(1)}\Phi$ sowie der Tangenten im Punkt (t, z)

Beispiel 3.2: Betrachtet wird die Kurve $C : t \mapsto (t, \cosh(t))$ in der Ebene $\mathbb{R}^2$ mit den Koordinaten (t, z). Die Punkttransformation

$$\Phi : (t, z) \mapsto (\tilde{t}, \tilde{z}) = \left(\frac{2a}{\pi} \arctan t, \ln z \right), \quad z \neq 0,\ a > 0,$$

überführt die Kurve C in die Bildkurve $\tilde{C}$. Die gemäß der Prolongationsformel induzierte Abbildung

$$\mathrm{pr}^{(1)}\Phi\,(t, z, \dot{z}) = \left(\Phi, \frac{\pi}{2a} \frac{\dot{z}\,(1 + t^2)}{z} \right), \quad z \neq 0,$$

ist als Prolongation eine Berührungstransformation und überführt Tangenten in Tangenten. Für die Tangente in einem festen Punkt (t_0, z_0) auf der Kurve C kann die Parameterdarstellung $\tau : t \mapsto (t, y_0 + (t - t_0)\sinh(t_0))$ angegeben werden. Diese wird durch $\mathrm{pr}^{(1)}\Phi$ auf die Tangente $\tilde{\tau}$ im Punkt $(\tilde{t}, \tilde{z})$ überführt (vgl. Abbildung 3.5). ◁

Die Prolongation einer Punkttransformation ist eine Berührungstransformationen, d. h., daß diese Prolongationen von Schnitten auf Prolongationen anderer Schnitte abbildet. Offenbar ist dies eine notwendige Bedingung für eine Symmetrietransformation (vgl. Definition 3.2). Bei der Unterscheidung von Punkt- und Berührungstransformationen stellt sich die Frage, ob es außer Prolongationen von Punkttransformationen „echte“ Berührungstransformationen gibt, also Transformationen, bei denen die Funktionen ζ_i in (3.9) keine Prolongationen einer Punkttransformation (θ, ζ) sind. Dieser Frage widmete sich bereits Bäcklund und kam zu folgendem Ergebnis (für Details siehe Bäcklund, 1875; Anderson u. Ibragimov, 1979).

Theorem 3.1 (Bäcklund-Theorem)
Sei auf $J^k\pi$, $k \geq 1$, *in adaptierten Koordinaten* $\left(t, z, \ldots, z^{(k)}\right)$, $z = (z^1, \ldots, z^q)$, *durch*

$$\Psi = \begin{cases} \tilde{t} &= \theta\left(t, z, z^{(1)}, \ldots, z^{(k)}\right) \\ \tilde{z} &= \zeta\left(t, z, z^{(1)}, \ldots, z^{(k)}\right) \end{cases}$$

eine Berührungstransformation gegeben. Dann ist Ψ *für den Fall*

- $q = 1$ *(eine abhängige Variable): die* $(k-1)$*-te Prolongation einer Berührungstransformation auf* $J^1\pi$, *bzw. für*
- $q > 1$*: die* k*-te Prolongation einer Punkttransformation auf* π.

Einen Beweis auch für die später noch erwähnte infinitesimale Version dieses Ergebnisses findet man z. B. in Olver (1995) sowie in Bocharov u. a. (1999). Für den im regelungstechnischen Kontext fast ausschließlich interessanten Fall mehr als einer abhängigen Variablen ist somit jede Berührungstransformation eine Prolongation einer Punkttransformation. Eine aus der Hamiltonschen Mechanik bekannte Ausnahme ist die Legendre-Transformation (vgl. Beispiel 3.3).

Bemerkung 3.2 Bäcklund untersuchte die Frage nach der Existenz von Berührungstransformationen, die keine Prolongationen von Punkttransformationen sind, unter der Voraussetzung, daß die zuvor gewählte Ableitungsordnung k nicht erhöht wird, d. h., ausgehend von der Transformation Ψ in Theorem 3.1 untersuchte er deren k-te Prolongation und stellte die Bedingungen

$$\zeta^i_{\{j\}} = \zeta^i_{\{j\}}\left(t, z, z^{(1)}, \ldots, z^{(k)}\right), \quad i = 1, 2, \ldots, k.$$

Diese Bedingungen sind für eine Betrachtung von Differentialgleichungen k-ter Ordnung auf $J^k\pi$ notwendig, sofern die Transformation unabhängig von der betrachteten Differentialgleichung definiert werden soll. Eine Verallgemeinerung im Zuge der Beschränkung der Transformation auf Lösungen der Differentialgleichung bzw. des Übergangs zur unendlich prolongierten Differentialgleichung führt auf die sogenannten verallgemeinerten Symmetrien, auf die im Abschnitt 3.6 hingewiesen wird.

Beispiel 3.3: (Legendre-Transformation). Als Beispiel einer „echten" Berührungstransformation, d. h. einer Berührungstransformation, die keine Prolongation einer Punkttransformation ist, sei die Legendre[4]-Transformation genannt. Seien durch $(t, z, z^{(1)})$ adaptierte Koordinaten auf $J^1\pi$ gegeben. Die Transformation

$$\tilde{t} = z^{(1)}, \qquad \tilde{z} = z - tz^{(1)}, \qquad \tilde{z}^{(1)} = -t,$$

erhält wegen $d\tilde{z} - \tilde{z}^{(1)}d\tilde{t} = dz - z^{(1)}dt - tdz^{(1)} + tdz^{(1)} = dz - z^{(1)}dt$ die Kontaktdistribution $\mathcal{C}^1$. Sei durch $z = \phi(t)$ eine Funktion auf π gegeben. Das Bild unter der Legendre-Transformation ist $\tilde{t} = \dot{\phi}(t)$, $\tilde{z} = \phi(t) - t\dot{\phi}(t)$ und $\tilde{z}^{(1)} = -t$. Die Anwendung der Kettenregel ergibt $\frac{d\tilde{z}}{d\tilde{t}} = \frac{-t\ddot{\phi}(t)}{\ddot{\phi}(t)}$, so daß das Bild nur für $\ddot{\phi}(t) \neq 0$ definiert ist. ◁

[4]Adrien-Marie Legendre, 1752-1833, französischer Mathematiker

Nachdem in der vorangegangenen Betrachtung der Zusammenhang zwischen den als Symmetrietransformationen in Frage kommenden Berührungstransformationen auf $J^k\pi$ und Punkttransformationen auf π besteht, widmet sich der folgende Abschnitt der Frage der Berechnung derartiger Transformationen für eine gegebene Differentialgleichung.

3.3.2. Berechnung von klassischen Symmetrien

Das Theorem 3.1 schränkt die in Frage kommende Klasse von Transformationen auf $J^k\pi$ als Symmetrien für ein Differentialgleichungssystem der Ordnung k deutlich ein, wobei jedoch zu beachten ist, daß es nur für sogenannte klassische Symmetrien gilt (vgl. auch Bemerkung 3.2). Es soll nun der Frage nachgegangen werden, wie zu einer gegebenen Differentialgleichung der Form (3.3) bzw. ihrer geometrischen Repräsentanten, der Teilmannigfaltigkeit $\mathcal{S}$ aus (3.4) bzw. der differenzierbaren Mannigfaltigkeit $\mathcal{M} = \left(J^{k-1}\pi, \mathcal{C}_F\right)$ mit der Cartan-Distribution (3.6), klassische Symmetrien berechnet werden können. Entsprechend der beiden leicht unterschiedlichen Sichtweisen als Teilmannigfaltigkeit bzw. differenzierbare Mannigfaltigkeit ergeben sich aus den zuvor angegebenen Definitionen zwei Herangehensweisen.

Transformationen auf $\mathcal{S}$

Jede Berührungstransformation Ψ auf $J^k\pi$ ist verträglich mit der Cartan-Distribution $\mathcal{C}^k$, d. h. $\Psi_*(\mathcal{C}^k) = \mathcal{C}^k$, und folglich ist eine Berührungstransformation Ψ genau dann eine Symmetrie von $\mathcal{S}$, wenn die Invarianzbedingung

$$\Psi(\mathcal{S}) = \mathcal{S} \tag{3.14}$$

erfüllt ist. Diese Forderung besagt, daß Lösungen der Differentialgleichung durch die Transformation Φ wieder auf Lösungen abgebildet werden, und aus ihr ergeben sich die folgenden Schritte zur Suche nach der Gesamtheit aller Symmetrien von $\mathcal{S}$: Zunächst wird eine allgemeine Punkttransformation Φ der Form (3.8) auf π angesetzt und ihre k-te Prolongation $\mathrm{pr}^{(k)}\Phi$ gemäß der Prolongationsformel (3.10) berechnet, welche als allgemeiner Ansatz für eine Berührungstransformation auf $J^k\pi$ ($\Psi = \mathrm{pr}^{(k)}\Phi$) dient. Mithilfe dieses Ansatzes sind nun alle diejenigen Transformationen zu suchen, für die Bedingung (3.14) erfüllt ist: $\mathrm{pr}^{(k)}\Phi(\mathcal{S}) = \mathcal{S}$.

Neben der mühsamen Berechnung der Prolongation von Φ ist insbesondere für die systematische Suche nach allen Transformationen, bzgl. derer $\mathcal{S}$ abgeschlossen ist, kein konstruktives Verfahren bekannt.

Beispiel 3.4: Betrachtet wird ein System gewöhnlicher Differentialgleichungen erster Ordnung in expliziter Form

$$\dot{z}^i = f^i(t,z), \qquad i = 1,\dots,q,$$

mit der assoziierten Teilmannigfaltigkeit in $J^1\pi \simeq (t,z,\dot{z})$

$$\mathcal{S} = \left\{(t,z,\dot{z}) \in J^1\pi : \dot{z}^i - f^i(t,z) = 0,\ \forall i = 1,\dots,q\right\}.$$

Für eine beliebige Punkttransformation Φ ergibt sich aus der Invarianzbedingung (3.14) und der Prolongationsformel (3.10) ein System partieller Differentialgleichungen

$$\mathrm{pr}^{(1)}\Phi(\mathcal{S}) = \mathcal{S}: \quad \frac{\partial_t \zeta^i(t,z) + f^j(t,z)\partial_{z^j}\zeta^i(t,z)}{\partial_t \theta(t,z) + f^j(t,z)\partial_{z^j}\theta(t,z)} - f^i(\theta(t,z), \zeta(t,z)) = 0,$$

dessen Lösungen mithin Symmetrietransformationen von $\mathcal{S}$ sind. ◁

Transformationen auf $\mathcal{M}$

Betrachtet man die differenzierbare Mannigfaltigkeit $\mathcal{M}$, so ist eine Symmetrie der Differentialgleichung durch eine beliebige Lie-Bäcklund-Abbildung auf $\mathcal{M}$ gegeben. Da die Cartan-Distribution $\mathcal{C}_F^k$ eine Restriktion der Kontaktdistribution $\mathcal{C}^{k-1} \supset \mathcal{C}_F$ auf $J^{k-1}\pi$ darstellt, ist die Klasse der Berührungstransformationen auf $J^{k-1}\pi$ erneut der Ausgangspunkt für die Berechnung einer Symmetrie. Wie zuvor wird hierzu eine Punkttransformation auf π zusammen mit ihrer $(k-1)$-ten Prolongation $\Psi = \mathrm{pr}^{(k-1)}\Phi$ angesetzt. An die Stelle der Invarianzbedingung von $\mathcal{S}$ tritt nun die Verträglichkeitsbedingung mit der Cartan-Distribution $\mathcal{C}_F$

$$\Psi_*(\mathcal{C}_F) = \mathcal{C}_F, \tag{3.15}$$

woraus sich die qk Verträglichkeitsbedingungen

$$\begin{cases} d\tilde{z}^i_{j-1} - \tilde{z}^i_j d\tilde{t} = \sum\limits_{l,m} \lambda^{i,j}_{l,m} \left(dz^l_{m-1} - z^l_m dt \right), \quad \text{für } j, m < k, \\ d\tilde{z}^i_{k-1} - f^i\left(\tilde{t}, \tilde{z}^{[k-1]}\right) d\tilde{t} = \sum\limits_{l,m<k} \lambda^{i,k}_{l,m} \left(dz^l_{m-1} - z^l_m dt \right) \\ \qquad + \sum\limits_{l} \lambda^{i,k}_{l,k} \left(dz^l_{k-1} - f^l\left(t, z^{[k-1]}\right) dt \right), \end{cases}$$

mit $\lambda^{i,j}_{l,m} \in \mathcal{C}^\infty(J^{k-1}\pi)$ und $i, l = 1, \ldots, q$ ergeben. Hierbei werden die ersten $q(k-1)$ Bedingungen bereits dadurch erfüllt, daß für Ψ eine Berührungstransformation angesetzt wird. Folglich sind zur Bestimmung der Ansatzfunktionen θ und ζ lediglich die verbleibenden letzten q Bedingungen auszuwerten. Unter Anwendung der Rekursionsbeziehung (3.12) erhält man hieraus ein System partieller Differentialgleichungen in θ und ζ. Es stellt sich jedoch heraus, daß sich die Bestimmung der Ansatzfunktionen über das abgeleitete System partieller Differentialgleichungen in der Regel ähnlich komplex darstellt wie die Lösung der Ausgangsdifferentialgleichung.

Tatsächlich handelt es sich bei den beiden skizzierten direkten Ansätzen zur Berechnung der Gesamtheit von Symmetrietransformationen einer Differentialgleichung aufgrund der hohen Anzahl von Freiheitsgraden sowie der im allgemeinen nichtlinearen Natur der resultierenden Gleichungen um praktisch kaum gangbare Wege.

Beispiel 3.5: (Direkte Berechnung von Symmetrietransformationen).

Betrachtet wird das klassische Zweikörperproblem zweier wechselwirkender Punktmassen m_1 und m_2, deren Position bzgl. eines inertialen Koordinatensystems mit r_1 und r_2 beschrieben wird, auf die jeweils eine sich aus dem Kepler-Potential[5] $V = \frac{k}{\|r\|_2}$, $r = r_1 - r_2$, ableitende Zentralkraft F wirkt (vgl. Abbildung 3.6)

$$m_1 \ddot{r}_1 = F, \qquad m_2 \ddot{r}_2 = -F. \tag{3.16}$$

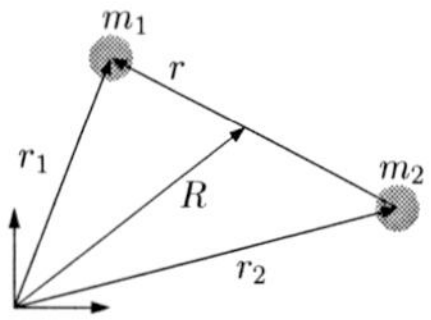

Abb. 3.6.: Zweikörper-Zentralkraftproblem

Die Beschreibung der Bewegung des Zweikörperproblems erfolgt mittels der Bewegung des Massenmittelpunktes M, dessen Position durch $R = \frac{1}{m_1+m_2}(m_1 r_1 + m_2 r_2)$ beschrieben wird, sowie des Differenzvektors r. Mit den Gleichungen (3.16) folgt $\ddot{R} = 0$, d. h., die Schwerpunktgeschwindigkeit ist konstant, und die Subtraktion beider Gleichungen jeweils multipliziert mit $\frac{m_i}{m_1+m_2}$, $i = 1, 2$, liefert

$$\mu \ddot{r} = F, \quad \text{mit} \quad \mu = \frac{m_1 m_2}{m_1 + m_2},$$

so daß die Bewegung des Massenmittelpunktes von der Relativbewegung der Massen entkoppelt ist, und diese nicht weiter betrachtet wird.

Durch Einführen der sogenannten reduzierten Masse μ geht das Zweimassenproblem in ein äquivalentes Einmassenproblem über. Da Zentralkraftprobleme auf ebene Bewegungen führen, ist es zweckmäßig, zu Polarkoordinaten überzugehen. Unter Berücksichtigung der Drehimpulserhaltung ergeben sich die Bewegungsgleichungen[6]

$$\begin{aligned} \ddot{r} - r\dot{\theta}^2 + \frac{k}{r^2} &= 0 \\ \frac{d}{dt}\left(\mu r^2 \dot{\theta}\right) &= 0 \end{aligned} \tag{3.17}$$

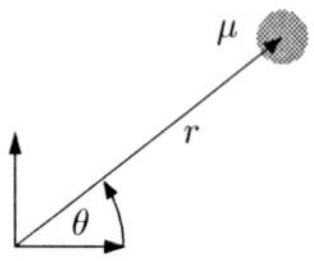

Abb. 3.7.: Äquivalentes Einkörperproblem

wobei das Paar (r, θ) nun die Position der reduzierten Masse in der Bewegungsebene beschreibt (vgl. Abbildung 3.7).

Es soll nun versucht werden, Punktsymmetrien der Bewegungsgleichungen (3.17) zu berechnen, wozu von der Forminvarianz der Differentialgleichung bzgl. Berührungstransformationen Gebrauch gemacht wird (vgl. Beispiel 2.2). Der Einfachheit halber soll sich an dieser Stelle auf Transformationen der Form

$$\tilde{t} = T(t), \qquad \tilde{r} = \rho(r, \theta), \qquad \tilde{\theta} = \tau(r, \theta)$$

beschränkt werden. Unter Verwendung der Prolongationen

$$\begin{aligned} \dot{\tilde{r}} &= \frac{1}{T_t}\left(\rho_r \dot{r} + \rho_\theta \dot{\theta}\right), & \ddot{\tilde{r}} &= \frac{1}{T_t^2}\left(\rho_{rr}\dot{r}^2 + \rho_r \ddot{r} + 2\rho_{r\theta}\dot{\theta}\dot{r} + \rho_\theta \ddot{\theta} + \rho_{\theta\theta}\dot{\theta}^2\right) - \frac{T_{tt}}{T_t^3}\left(\rho_r \dot{r} + \rho_\theta \dot{\theta}\right), \\ \dot{\tilde{\theta}} &= \frac{1}{T_t}\left(\tau_r \dot{r} + \tau_\theta \dot{\theta}\right), & \ddot{\tilde{\theta}} &= \frac{1}{T_t^2}\left(\tau_{rr}\dot{r}^2 + \tau_r \ddot{r} + 2\tau_{r\theta}\dot{\theta}\dot{r} + \tau_\theta \ddot{\theta} + \tau_{\theta\theta}\dot{\theta}^2\right) - \frac{T_{tt}}{T_t^3}\left(\tau_r \dot{r} + \tau_\theta \dot{\theta}\right) \end{aligned}$$

ergibt sich mit den Bewegungsgleichungen für $\ddot{\theta}$ und $\ddot{r}$ das folgende System zweier partieller Diffe-

[5] F. J. Kepler, 1571–1630, deutscher Astronom.

[6] Für eine ausführliche Diskussion siehe z. B. Whittaker (1961); Arnold (1978); Goldstein u. a. (2002).

rentialgleichungen

$$\frac{1}{T_t^2}\left[\rho_{rr}\dot{r}^2+\rho_r\left(r\dot{\theta}^2-\frac{k}{r^2}\right)+2\rho_{r\theta}\dot{\theta}\dot{r}+\rho_{\theta\theta}\dot{\theta}^2-2\frac{\dot{r}\dot{\theta}}{r}\rho_\theta-\rho\left(\tau_r\dot{r}+\tau_\theta\dot{\theta}\right)^2-\frac{T_{tt}}{T_t}\left(\rho_r\dot{r}+\rho_\theta\dot{\theta}\right)\right]+\frac{k}{\rho^2}=0,$$

$$\frac{\rho}{T_t^2}\left[2\left(\rho_r\dot{r}+\rho_\theta\dot{\theta}\right)\left(\tau_r\dot{r}+\tau_\theta\dot{\theta}\right)-\frac{T_{tt}}{T_t}\left(\tau_r\dot{r}+\tau_\theta\dot{\theta}\right)+\right.$$
$$\left.\rho\left(\tau_{rr}\dot{r}^2+\tau_r\left(r\dot{\theta}^2-\frac{k}{r^2}\right)+2\tau_{r\theta}\dot{r}\dot{\theta}+\tau_{\theta\theta}\dot{\theta}^2-2\tau_\theta\frac{\dot{r}\dot{\theta}}{r}\right)\right]=0.$$

Interpretiert man die partiellen Dgln. als Gleichungen auf dem entsprechenden Jet-Raum mit adaptierten Koordinaten $(t, r, \theta, \dot{r}, \dot{\theta})$, so lassen sich durch sukzessives Ableiten nach den Ableitungskoordinaten $\dot{r}$ und $\dot{\theta}$ weitere Gleichungen gewinnen. Für das resultierende System von linearen partiellen Differentialgleichungen erhält man die Lösung

$$T(t)=c_1^{\frac{3}{2}}t+c_2,\qquad \rho(r)=c_1r,\qquad \tau(\theta)=\theta+c_3,\quad \text{mit } c_1,c_2,c_3\in\mathbb{R}. \tag{3.18}$$

Die allgemeine Lösung läßt sich für spezielle Wahlen der Konstanten c_1, c_2 und c_3 interpretieren. Für die Wahl $c_1 = c_2 = 0$ ergibt sich eine Rotation des Problems um den Koordinatenursprung als Symmetrie, $c_1 = c_3 = 0$ führt auf eine Zeittranslation, und mit $c_2 = c_3 = 0$ ergibt sich eine Zeit- und Radiusskalierung, wobei für diese

$$\frac{\tilde{t}^2}{\tilde{r}^3}=\frac{c_1^3t^2}{c_1^3r^3}=\frac{t^2}{r^3}$$

gilt, d. h., aus der Skalierung geht ein weiterer möglicher elliptischer Orbit mit skalierten Halbachsen hervor, wobei die Orbits über das 3. Keplersche Gesetz miteinander verbunden sind.

Tatsächlich hätten die ersten beiden Symmetrien bereits direkt aus den Bewegungsgleichungen (3.17) abgelesen werden können. Da die Gleichungen zeitinvariant sind und lediglich von der Ableitung von θ abhängen (zyklisch), bleiben diese unter einer Translation in θ oder t unverändert. Für eine ausführliche Diskussion der Symmetrien des klassischen Kepler-Problems wird auf Prince u. Eliezer (1981) verwiesen.

Bereits dieses kleine Beispiel zeigt die Komplexität der Gleichungen, die bei der Berechnung von Symmetrietransformationen entstehen, die mit der Zahl der transformierten Variablen naturgemäß deutlich zunimmt.

◁

Infinitesimale Symmetrie (Lie-Symmetrie)

Die Forderung (3.14) nach Invarianz der Teilmannigfaltigkeit $\mathcal{S}$ unter der Wirkung der Symmetrietransformation erlaubt einen konstruktiven Zugang zum skizzierten Berechnungsproblemt, sofern etwas mehr Struktur bezüglich der in Frage kommenden Symmetrietransformationen vorausgesetzt wird. Ausgangspunkt ist die Annahme, daß sich die Punkttransformation (3.8) als lokaler Fluß eines glatten Vektorfeldes bezüglich eines Gruppenparameters a ergibt, d. h.

$$\Phi\left(t, z; a\right) = \left(\theta(t, z; a), \zeta(t, z; a)\right) = \exp(a\boldsymbol{v}_G)(t, z),$$

wobei das Vektorfeld $\boldsymbol{v}_G$ als der infinitesimale Erzeugende oder auch die infinitesimale Transformation bezeichnet wird. Der Index G deutet die lokale Gruppeneigenschaft an (vgl. Abschnitt 2.3.1). Bei bekannter Transformation Φ ergibt sich das Vektorfeld $\boldsymbol{v}_G$ aus der Berechnungsvorschrift (2.3)

$$\boldsymbol{v}_G = \frac{d}{da}\theta(t, z; a)\bigg|_{a=0} \partial_t + \frac{d}{da}\zeta^i(t, z; a)\bigg|_{a=0} \partial_{z^i} = \vartheta(t, z)\partial_t + \phi^i(t, z)\partial_{z^i}. \tag{3.19}$$

Analog zur Prolongation einer Punkttransformation läßt sich ebenso die Prolongation des die Transformation erzeugenden Vektorfeldes $\mathrm{pr}^{(k)}\boldsymbol{v}_G$ definieren, wobei der Zusammenhang

$$\mathrm{pr}^{(k)}\boldsymbol{v}_G\left(t, z^{[k]}\right) = \frac{d}{da}\bigg|_{a=0} \mathrm{pr}^{(k)}\left[\exp(a\boldsymbol{v}_G)\right]\left(t, z^{[k]}\right) = \frac{d}{da}\mathrm{pr}^{(k)}\Phi\left(a, t, z^{[k]}\right)\bigg|_{a=0}$$

zugrunde gelegt wird. Die Prolongation von Vektorfeldern ist ebenso wie zuvor die Prolongation von Punkttransformationen mit den Projektionen $\pi_{k,l}$ der Bündel $\left(J^k\pi, \pi_{k,l}, J^l\pi\right)$, $l < k$, veträglich, d. h., es gilt

$$d\pi_{k,l} \circ \mathrm{pr}^{(k)}\boldsymbol{v}_g = \mathrm{pr}^{(l)}\boldsymbol{v}_G, \qquad k > l \tag{3.20}$$

mit $\mathrm{pr}^{(0)}\boldsymbol{v}_G = \boldsymbol{v}_G$. Ein Vektorfeld $\boldsymbol{v}$ auf $J^k\pi$ hat allgemein die Form

$$\boldsymbol{v} = \vartheta\left(t, z^{[k]}\right)\partial_t + \sum_{i,j}\phi^i_j\left(t, z^{[k]}\right)\partial_{z^i_j}, \quad j = 1, \ldots, k. \tag{3.21}$$

mit Koeffizientenfunktionen ϑ, ϕ^i_j auf $J^k\pi$. Es sei nun $\boldsymbol{v} = \mathrm{pr}^{(k)}\boldsymbol{v}_G$. Aufgrund der Projektionseigenschaft der prolongierten Transformation (3.13) stimmt die Wirkung der Projektion $\pi_{k,0}\circ\mathrm{pr}^{(k)}\Phi$ mit der Wirkung von Φ überein. Folglich stimmen auch die Koeffizienten ϑ und ϕ^i in (3.19) mit den Koeffizienten ϑ und ϕ^i_0 in (3.21) überein. Die Anwendung desselben Arguments für die Prolongationsordnungen kleiner k führt schließlich auf die allgemeine Form

$$\mathrm{pr}^{(k)}\boldsymbol{v}_G = \vartheta\left(t, z\right)\partial_t + \sum_{i,j}\phi^i_j\left(t, z^{[j]}\right)\partial_{z^i_j}, \quad j = 1, \ldots, k. \tag{3.22}$$

für ein Ansatzvektorfeld eines infinitesimalen Erzeugenden einer Berührungstransformation auf $J^k\pi$. Aus der Proposition 2.1 folgt unmittelbar das folgende Theorem (siehe z. B. Olver, 1993; Bocharov u. a., 1999).

Theorem 3.2 (infinitesimale Symmetrie einer Differentialgleichung)
Das erzeugende Vektorfeld $\boldsymbol{v}_G$ einer lokalen Einparameter-Gruppe G ist eine infinitesimale Symmetrie der Differentialgleichung $\mathcal{S}$ genau dann, wenn seine k-te Prolongation $\mathrm{pr}^{(k)}\boldsymbol{v}_G$ die Tangentialbedingung

$$\mathrm{pr}^{(k)}\boldsymbol{v}_G\left(F^i(t, z^{[k]})\right) = 0, \quad \textit{für alle } (t, z^{[k]}) \in \mathcal{S},\ i = 1, \ldots, q, \tag{3.23}$$

erfüllt.

Für die praktische Berechnung einer infinitesimalen Symmetrie, die im Anschluß erläutert wird, fehlt noch eine einfache Möglichkeit zur Berechnung der Koeffizientenfunktionen

ϕ_j^i des prolongierten Vektorfeldes (3.22) auf der Grundlage eines Ansatzvektorfeldes $\boldsymbol{v}_G$. Diese lassen sich mit Hilfe der Beziehung

$$\phi_j^i\left(t, z^{[j]}\right) = D_t^j\left(\phi^i(t,z) - \vartheta(t,z)z_1^i\right) + \vartheta(t,z)z_{j+1}^i = D_t^j\phi^i(t,z) - z_1^i D_t^j\vartheta(t,z), \qquad (3.24)$$

berechnen. Die Projektionseigenschaft der Prolongation deutet auf einen rekursive Abhängigkeit der Koeffizienten untereinander hin. Tatsächlich läßt sich der jeweils zur nächst höheren Ableitungskoordinate gehörende Koeffizient über die Rekursionsbeziehung

$$\phi_j^i\left(t, z^{[j]}\right) = D_t\phi_{j-1}^i\left(t, z^{[j-1]}\right) - D_t\vartheta(t,z)z_j^i. \qquad (3.25)$$

bestimmen. Auf eine Herleitung der Prolongationsformel wird an dieser Stelle verzichtet, sie ist für den allgemeinen Fall mehrerer unabhängiger Variablen im Detail z. B. in Olver (1993), Kapitel 2, nachzulesen. Die Beziehungen (3.23) ermöglichen die Berechnung einer infinitesimalen Symmetrie für eine gegebene Differentialgleichung $\mathcal{S}$ in folgender Weise:

Algorithmus 3.1 (Berechnung infinitesimaler Symmetrien) Die Berechnung einer allgemeinen infinitesimalen Symmetrie zu einer gegebenen Differentialgleichung $\mathcal{S}$ kann entlang der folgenden Schritte erfolgen:

- Prolongation eines Ansatzvektorfeldes $\boldsymbol{v}_G$ unter Ausnutzung der Rekursionsbeziehung (3.25),
- Einsetzen der expliziten Form (3.5) der Differentialgleichung unter Ausnutzung der Regularität des Differentialgleichungssystem (3.3) zur Elimination der höchsten Ableitungskoordinate (Betrachtung des Vektorfeldes auf $\mathcal{S}$),
- Anwendung des prolongierten Vektorfeldes auf $F = 0$ liefert ein System linearer partieller Differentialgleichungen in den Koeffizientenfunktionen θ und ϕ^i, dessen Lösung auf die allgemeine infinitesimale Symmetrie der betrachteten Differentialgleichung $\mathcal{S}$ führt.

Bemerkung 3.3 Für die Restriktion des prolongierten Ansatzvektorfeldes auf die Teilmannigfaltigkeit $\mathcal{S}$ ist die verwendete explizite Form der Differentialgleichung natürlich unerheblich, d. h., ggf. ist es sinnvoll nach anderen Ableitungskoordinaten als z_k^i aufzulösen.

Eine auf diese Weise berechnete Lösung $\boldsymbol{v}_G$ erzeugt eine einparametrige Lie-Symmetriegruppe von $\mathcal{S}$. Tatsächlich geht aus einer allgemeinen Lösung für das Vektorfeld $\boldsymbol{v}_G$ (bzw. dessen Koeffizientenfunktionen) die Gesamtheit aller infinitesimalen klassischen Symmetrien (Lie-Symmetrien) hervor. Aufgrund dieser systematischen Bestimmbarkeit sowie der vereinfachten Berechnung durch den Übergang zu den erzeugenden Vektorfeldern anstelle der Transformationen selbst nehmen die Lie-Symmetrien innerhalb der Symmetrietransformationen eine herausragende Rolle ein. In der Tat wird sich in der vorliegenden Arbeit auf diese spezielle – wenngleich sehr weitreichende – Teilklasse von Symmetrietransformationen beschränkt, da nur für diese die Ergebnisse der Lie-Gruppen-Theorie zum Tragen kommen. Die notwendigen theoretischen Grundlagen zu Lie-Gruppen werden im Kapitel 4 diskutiert, welches sodann die hier motivierten Lie-Symmetrien aufgreift und weiter ausführt.

3.4. Unterbestimmte Differentialgleichungen

Im regelungstechnischen Kontext wird man im Unterschied zu Gleichung (3.3) von einem unterbestimmten Differentialgleichungssystem

$$F^i\Big(t, z, \dot{z}, \dots, z^{(k)}\Big) = 0, \qquad i = 1, \dots, q-m, \tag{3.26}$$

mit $m < q$ ausgehen. Während die Unterbestimmtheit auf die Interpretation als Teilmannigfaltigkeit $\mathcal{S} \subset J^k\pi$ keinen Einfluß hat, sind für die Angabe der zu (3.26) gehörenden differenzierbaren Mannigfaltigkeit einige Anpassungen der vorangegangenen Darstellung notwendig, da die lokal vorausgesetzten expliziten Ausdrücke (3.5) nicht mehr ausreichen, um die Cartan-Distribution nach $J^{k-1}\pi$ zurückzuziehen. Dieses Problem läßt sich auflösen, indem anstelle des Tangentialbündels $T(J^{k-1}\pi)$ in der Konstruktion der differenzierbaren Mannigfaltigkeit $\Big(J^{k-1}\pi, \mathcal{C}_F \subset T(J^{k-1}\pi)\Big)$ ein geeignetes zurückgezogenes Bündel verwendet wird.

Hierzu werden die Koordinaten $(z^1, z^2, \dots, z^q)$ auf $J^k\pi$ (in beliebiger Weise partitioniert, d. h.

$$\begin{array}{rcl} \bar{z} = (\bar{z}^1, \bar{z}^2, \dots, \bar{z}^{q-m}) : \ \bar{z}^i & = & z^{j_i}, \ \ j_i \in \mathbb{J} \subset \{1, 2, \dots, q\}, \ \#\mathbb{J} = q, \\ u = (u^1, u^2, \dots, u^m) : \ u^i & = & z^{l_i}, \ \ l_i \in \mathbb{L} \subset \{1, 2, \dots, q\}, \ \#\mathbb{L} = m, \end{array}$$

mit $J \cap L = \emptyset$, wobei für die Koordinaten $\bar{z}$ aus (3.26) die Ausdrücke

$$\bar{z}^i_k = f^i\left(t, \bar{z}^{[k-1]}, u^{[k]}\right), \quad i = 1, \dots, q-m, \tag{3.27}$$

hervorgehen. In Anlehnung an die in der Regelungstechnik übliche Sprechweise werden die in $u = (u^1, u^2, \dots, u^m)$ zusammengefaßten Koordinaten nachfolgend als Eingang bezeichnet. Offenbar hängt die explizite Form (3.27) unmittelbar von der Wahl des Eingangs ab. Zu der jeweiligen Partitionierung werden nun die Bündel $\Big(\bar{\mathcal{E}}, \bar{\pi}, \mathcal{B}\Big)$, $\bar{\mathcal{E}} \simeq (t, \bar{z}^1, \dots, \bar{z}^{q-m})$, sowie $(U, \rho, \mathcal{B})$, $U \simeq (t, u^1, \dots, u^m)$ mit den Jet-Bündeln $\Big(J^{k-1}\bar{\pi}, \bar{\pi}_{k-1}, \mathcal{B}\Big)$ und $\Big(J^k\rho, \rho_k, \mathcal{B}\Big)$ betrachtet, aus denen das Faserproduktbündel

$$(M, \bar{\pi}_{k-1} \times_{\mathcal{B}} \rho_k, \mathcal{B}) \quad \text{mit } M = J^{k-1}\bar{\pi} \times_{\mathcal{B}} J^k\rho \simeq \left(t, \bar{z}^{[k-1]}, u^{[k]}\right)$$

mit den beiden Projektionen

$$\begin{array}{ll} \bar{\pi}^*_{k-1}(\rho_k) : M \to J^{k-1}\bar{\pi}, & \bar{\pi}^*_{k-1}(\rho_k)\left(t, \bar{z}^{[k-1]}, u^{[k]}\right) = \left(t, \bar{z}^{[k-1]}\right), \\ \rho^*_k(\bar{\pi}_{k-1}) : M \to J^k\rho, & \rho^*_k(\bar{\pi}_{k-1})\left(t, \bar{z}^{[k-1]}, u^{[k]}\right) = \left(t, u^{[k]}\right), \end{array}$$

zusammengesetzt wird. Das nachfolgende Diagramm veranschaulicht die Konstruktion:

$$\begin{array}{ccc} M = J^{k-1}\bar{\pi} \times_{\mathcal{B}} J^k\rho & \xrightarrow{\ \bar{\pi}^*_{k-1}(\rho_k)\ } & J^{k-1}\bar{\pi} \\ \Big\downarrow{\scriptstyle \rho^*_k(\bar{\pi}_{k-1})} & & \Big\downarrow{\scriptstyle \bar{\pi}_{k-1}} \\ J^k\rho & \xrightarrow{\ \rho_k\ } & \mathcal{B} \end{array}$$

Mit Hilfe der Projektion $\gamma := \bar{\pi}^*_{k-1}(\rho_k)$ läßt sich das Tangentialbündel $\left(T(J^{k-1}\bar{\pi}), \tau_{\bar{\pi}}, J^{k-1}\bar{\pi}\right)$ nach M zurückziehen (vgl. Definition 2.5 in Abschnitt 2.7), d. h., man erhält das zurückgezogene Bündel $\left(\gamma^*\left(T(J^{k-1}\bar{\pi})\right), \gamma^*(\tau_{\bar{\pi}}), M\right)$, welches an die Stelle des Tangentialbündels von M tritt. Zusammen mit der Cartan-Distribution, die über die 1-Formen

$$\gamma^*\left(T(J^{k-1}\bar{\pi})\right) \supset \mathcal{C}_F : 0 = \boldsymbol{\omega}^i_j = \begin{cases} d\bar{z}^i_{j-1} - \bar{z}^i_j dt & \text{für } j < k \\ d\bar{z}^i_{k-1} - f^i\left(t, \bar{z}^{[k-1]}, u^{[k]}\right) dt & \text{sonst} \end{cases} \tag{3.28}$$

bzw. das Vektorfeld

$$\mathcal{C}_F = \operatorname{span}\{\bar{\boldsymbol{v}}_F\} : \quad \bar{\boldsymbol{v}}_F = \partial_t + \sum_{j<k-1} \bar{z}^i_j \partial_{\bar{z}^i_{j-1}} + f^i\left(t, \bar{z}^{[k-1]}, u^{[k]}\right) \partial_{\bar{z}^i_{k-1}} \in \Gamma\left(\gamma^*\left(T(J^{k-1}\bar{\pi})\right)\right) \tag{3.29}$$

definiert wird, erhält man schließlich die differenzierbare Mannigfaltigkeit $\mathcal{M}_F = (M, \mathcal{C}_F)$:

$$\begin{array}{ccc} M = J^{k-1}\bar{\pi} \times_{\mathcal{B}} J^k\rho & \xrightarrow{\gamma = \bar{\pi}^*_{k-1}(\rho_k)} & J^{k-1}\bar{\pi} \\ \bar{\boldsymbol{v}}_F \Big\downarrow \Big\uparrow \gamma^*(\tau_{\bar{\pi}}) & & \Big\uparrow \tau_{\bar{\pi}} \\ \gamma^*\left(T(J^{k-1}\bar{\pi})\right) & \xleftarrow[\gamma^*]{} & T(J^{k-1}\bar{\pi}) \end{array}$$

Wie bereits zuvor erwähnt, ist die Auswahl der Eingangskomponenten nicht eindeutig, und es ergeben sich durch unterschiedliche Wahlen des Eingangs verschiedene Cartan-Distributionen aufgrund der veränderten Ausdrücke (3.27). Da es sich um dieselbe Differentialgleichung handelt, müssen zwei differenzierbare Mannigfaltigkeiten $\mathcal{M} = (M, \mathcal{C}_F|_M)$ und $\mathcal{N} = (N, \mathcal{C}_F|_N)$, die aus zwei unterschiedlichen Eingangswahlen hervorgegangen sind, über einen Lie-Bäcklund-Isomorphismus miteinander verbunden sein (vgl. Abschnitt 2.6.1). Davon soll sich an dieser Stelle überzeugt werden, indem die Verträglichkeit der Cartan-Distributionen unter den resultierenden Koordinatentransformationen $\Phi : M \to N$ bzw. $\Psi : N \to M$ geprüft wird.

Sei für $\mathcal{N}$ eine durch eine andere Wahl des Eingangs bedingte Partitionierung $(\tilde{z}, v)$

$$\tilde{z}^i = z^{\tilde{j}_i}, \quad \tilde{j}_i \in \tilde{\mathbb{J}}, \quad \text{und} \quad v^i = z^{\tilde{l}_i}, \quad \tilde{l}_i \in \tilde{\mathbb{L}},$$

mit den entsprechenden Indexmengen $\tilde{\mathbb{J}}$ und $\tilde{\mathbb{L}}$ gegeben, wobei nachfolgend davon ausgegangen wird, daß $\mathbb{J} \neq \tilde{\mathbb{J}}$ und $\mathbb{L} \neq \tilde{\mathbb{L}}$ gilt. Durch Auflösen der impliziten Differentialgleichungen nach den k-ten Ableitungskoordinaten $\tilde{z}^i_k$ erhält man lokal explizite Ausdrücke

$$\tilde{z}^i_k = \tilde{f}^i\left(t, \tilde{z}^{[k-1]}, v^{[k]}\right), \quad i = 1, 2, \ldots, q - m,$$

und die Cartan-Distribution (3.28) entsprechend in Tilde-Koordinaten. Ein Vergleich beider Partitionierungen liefert die Abbildungen $\Phi(\bar{z}, u) = (\tilde{z}, v)$ sowie $\Psi(\tilde{z}, v) = (\bar{z}, u)$, die auf ihre Verträglichkeit mit den Cartan-Distributionen von $\mathcal{M}$ und $\mathcal{N}$ hin untersucht werden sollen. Aufgrund der Ähnlichkeit der Untersuchungen wird sich nachfolgend auf den Übergang von $\mathcal{M}$ nach $\mathcal{N}$ mittels Φ beschränkt. Für Koordinaten $\tilde{z}^i$, die aus einer

Permutation der $\bar{z}$-Koordinaten hervorgehen, d. h. $j_l = \tilde{j}_i \in \mathbb{J} \cap \tilde{\mathbb{J}}$, ergeben sich aus der Cartan-Distribution von $\mathcal{M}$ die Bedingungen

$$0 = \tilde{\omega}_j^{\tilde{j}_i} = \begin{cases} d\bar{z}_{j-1}^l - \bar{z}_j^l dt & \text{für } j < k \\ d\bar{z}_{k-1}^l - \tilde{f}^i\left(t, \tilde{z}^{[k-1]}, v^{[k]}\right)\Big|_\Phi dt & \text{sonst} \end{cases}, \quad \tilde{j}_i \in \mathbb{J} \cap \tilde{\mathbb{J}},$$

die offenbar erfüllt sind, da für übereinstimmende Indizes $j_l = \tilde{j}_i$ auch

$$f^l\left(t, \bar{z}^{[k-1]}, u^{[k]}\right) = \tilde{f}^i\left(t, \tilde{z}^{[k-1]}, v^{[k]}\right)\Big|_\Phi$$

gilt. Für die restlichen Koordinaten erhält man die Bedingungen

$$\tilde{\omega}_j^{\tilde{j}_i} = du_{j-1}^{\alpha_i} - u_j^{\alpha_i} dt = 0, \qquad j \leq k,\, \tilde{j}_i \in \mathbb{L},$$

die für jeden Schnitt in $J^k \rho$ für $u^{[k]}$ erfüllt sind. Ein Vertauschen der Rollen von $\mathcal{M}$ und $\mathcal{N}$ zeigt, daß die Verträglichkeit von Ψ ebenso gegeben ist, so daß die differenzierbaren Mannigfaltigkeiten tatsächlich über die Lie-Bäcklund-Abbildungen Φ und Ψ miteinander verbunden sind.

3.4.1. Systeme in Zustandsdarstellung

Unter den expliziten Darstellungen von gewöhnlichen Differentialgleichungen nimmt die Zustandsdarstellung innerhalb der regelungstechnischen Literatur eine ausgezeichnete Stellung ein. Aufgrund der Tatsache, daß sich reguläre Differentialgleichungen k-ter Ordnung durch Einführen zusätzlicher Variablen für die Ableitungen bis zur $(k-1)$-ten Ordnung in ein explizites Differentialgleichungssystem 1. Ordnung überführen lassen, bildet diese Form den Ausgangspunkt zahlreicher Analysen und Entwurfsverfahren. Auch in dieser Arbeit wird für den Reglerentwurf von dieser speziellen Darstellungsform ausgegangen, weshalb sie hier gesondert betrachtet werden soll.

Eine unterbestimmte Differentialgleichung (3.26) liegt in (verallgemeinerter) Zustandsdarstellung vor, wenn diese in der Form

$$\dot{x} = f\left(t, x, u^{[\alpha]}\right) \tag{3.30}$$

mit $f = (f^1, f^2, \ldots, f^n)$, $u^{[\alpha]} = (u^1, u_1^1, \ldots, u_{\alpha_1}^1, u^2, u_1^2 \ldots, u^m, \ldots, u_{\alpha_m}^m)$ und in ihren Argumenten glatten Funktionen f^i angeschrieben wird. Hierbei faßt das m-Tupel $\alpha = (\alpha^1, \ldots, \alpha^m)$ die ggf. unterschiedlichen Ableitungsordnungen für den Eingang $u = (u^1, \ldots, u^m)$ zusammen. Für den Fall $\alpha^1 = \alpha^2 = \cdots = \alpha^m = 0$ spricht man von einer klassischen Zustandsdarstellung.

Bemerkung 3.4 In der regelungstechnischen Literatur wird vorwiegend die klassische Zustandsdarstellung behandelt. Aus diesem Grund ist die in (3.30) angegebene Form der Zustandsdarstellung zur Unterscheidung als verallgemeinerte Zustandsdarstellung bekannt (Fliess, 1990). Diese Form ist u.a. aus der Tatsache motiviert, daß die klassische Zustandsdarstellung im Falle nichtlinearer Differentialgleichungen mitunter nicht existiert (Glad, 1989), geometrische Existenzbedingungen findet man in Delaleau u. Respondek (1992). (Hiervon unberührt bleibt natürlich die Möglichkeit, die Zustandsdimension zur Reduktion der Ordnung der Eingangsableitung zu erhöhen, bis eine klassische Zustandsdarstellung entsteht.)

Um das geometrische Bild auf die Zustandsdarstellung zu übertragen, wird zunächst das Bündel $(\mathcal{E},\pi,\mathcal{B})$ mit adaptierten Koordinaten[7] $(t,x)=(t,x^1,x^2,\ldots,x^n)$ sowie das Faserproduktbündel $\left(U^{(\alpha)},\rho_\alpha,\mathcal{B}\right)$ mit $U^{(\alpha)}=J^{\alpha^1}\rho\times_{\mathcal{B}}J^{\alpha^2}\rho\times_{\mathcal{B}}\cdots\times_{\mathcal{B}}J^{\alpha^m}\rho$ aus $(U,\rho,\mathcal{B})$, $U\simeq(t,u)$, sowie $\rho_\alpha=\rho_{\alpha^1}\times_{\mathcal{B}}\cdots\times_{\mathcal{B}}\rho_{\alpha^m}$, eingeführt. Die Zustandsdarstellung (3.30) definiert eine Teilmannigfaltigkeit im Produktbündel $\left(J^1\pi\times_{\mathcal{B}}U^{(\alpha)},\pi_1\times_{\mathcal{B}}\rho_\alpha,\mathcal{B}\right)$:

$$\mathcal{S}=\left\{\left(t,x,\dot{x},u^{[\alpha]}\right)\in J^1\pi\times_{\mathcal{B}}U^{(\alpha)}:\quad \dot{x}-f\left(t,x,u^{[\alpha]}\right)=0\right\}.$$

Wiederholt man die Konstruktion für ein zurückgezogenes Bündel aus dem vorangegangenen Abschnitt für $\mathcal{E}$ und $U^{(\alpha)}$, so erhält man das folgende Diagramm:

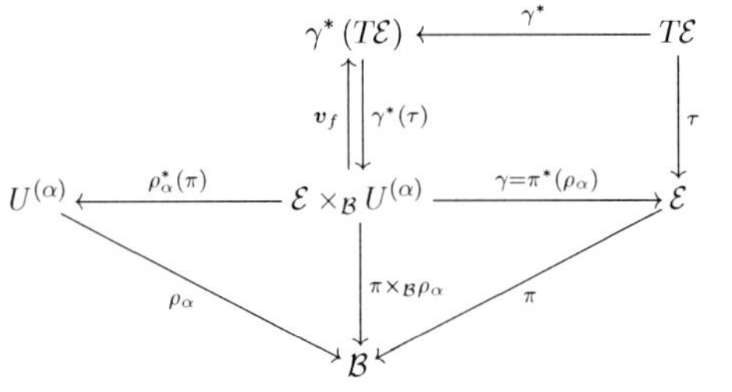

Aus diesem lassen sich die mit der Zustandsdarstellung identifizierte differenzierbare Mannigfaltigkeit $\mathcal{M}_f=\left(\mathcal{E}\times_{\mathcal{B}}U^{(\alpha)},\mathcal{C}_f\right)$ mit der Cartan-Distribution

$$\gamma^*(T\mathcal{E})\supset\mathcal{C}_f:\quad dx^i-f^i\left(t,x,u^{[\alpha]}\right)dt=0,\quad i=1,2,\ldots,n,$$

bzw. äquivalent $\mathcal{C}_f=\operatorname{span}\{\boldsymbol{v}_f\}$, $\boldsymbol{v}_f=\partial_t+f^i\left(t,x,u^{[\alpha]}\right)\partial_{x^i}$ ablesen, wobei das Vektorfeld $\boldsymbol{v}_f$ ein Schnitt im zurückgezogenen Bündel $\left(\gamma^*(T\mathcal{E}),\gamma^*(\tau),\mathcal{E}\times_{\mathcal{B}}U^{[\alpha]}\right)$ ist, d. h. $\boldsymbol{v}_f\in\Gamma(\gamma^*(T\mathcal{E}))$.

3.4.2. Äquivalenz von Differentialgleichungen bezüglich Lie-Bäcklund-Abbildungen

Die Identifikation von Differentialgleichungen mit differenzierbaren Mannigfaltigkeiten liefert einen Begriff von Äquivalenz zweier Differentialgleichung bezüglich Lie-Bäcklund-Abbildungen. Der nachfolgend erörterte Äquivalenzbegriff wurde im Zusammenhang mit Systemen in Zustandsdarstellung bereits in Fliess u. a. (1994, 1999) verwendet. Neben der Verbindung des zur Betrachtung von Symmetrien verwendeten Zugangs zur Frage der Äquivalenz zweier Systeme ist diese Untersuchung ggf. auch bei der Berechnung von Symmetrien von Nutzen, sofern die äquivalente Systemdarstellung bereits bekannte oder leichter zu bestimmende Symmetrien aufweist.

[7] Die Verwendung von x anstelle von z ist der üblichen Notation im Zusammenhang von Zustandsdarstellungen geschuldet.

Zwei Differentialgleichungen $\mathcal{M} = (M, \mathrm{span}\{\boldsymbol{v}_M\})$ und $\mathcal{N} = (N, \mathrm{span}\{\boldsymbol{v}_N\})$ heißen orbital äquivalent (kurz: äquivalent) in $(u, v) \in M \times N$ genau dann, wenn es einen Lie-Bäcklund-Isomorphismus φ von einer offenen Umgebung von u in eine offene Umgebung von v derart gibt, daß $v = \varphi(u)$ gilt. Bezeichne $\psi : \mathcal{N} \to \mathcal{M}$ die Umkehrabbildung zu φ. Dann werden die Vektorfelder $\boldsymbol{v}_M$ und $\boldsymbol{v}_N$ durch φ und ψ in die lineare Hülle $\mathrm{span}\{\boldsymbol{v}_N\}$ bzw. $\mathrm{span}\{\boldsymbol{v}_M\}$ transformiert

$$\varphi_*(\boldsymbol{v}_M) = \nu \boldsymbol{v}_N|_{\psi}, \quad \nu \in \mathcal{C}^\infty(N), \qquad \text{und} \qquad \psi_*(\boldsymbol{v}_N) = \mu \boldsymbol{v}_M|_{\varphi}, \quad \mu \in \mathcal{C}^\infty(M).$$

Ausgehend von der Darstellung der Vektorfelder in Standardkarten (2.10) vereinfacht sich dieser Zusammenhang bei Wegfall einer Zeittransformation wegen $\mu \equiv \nu \equiv 1$ zur üblichen φ-Verwandtschaft der beiden Vektorfelder, d. h., es gilt lokal die Beziehung $\varphi_*(\boldsymbol{v}_M) = \boldsymbol{v}_N(\varphi)$ (vgl. z. B. Warner, 1983). Zur Unterscheidung von der allgemeineren orbitalen Äquivalenz bezeichnet man zwei Differentialgleichungen in diesem Fall als differentiell äquivalent in (u, v). Existieren derartige Abbildungen φ und ψ für alle Paare $(u, \varphi(u))$ für $u \in U$ einer offenen dichten Teilmenge $U \subset M$ bzw. $\varphi(U) \subset N$, so heißen die beiden Differentialgleichungen $\mathcal{M}$ und $\mathcal{N}$ orbital bzw. differentiell äquivalent (Fliess u. a., 1999).

Im Hinblick auf die Betrachtung von Symmetrien ist die Tatsache von Interesse, daß eine Symmetrietransformation $\gamma : M \to M$, $\gamma_*(\boldsymbol{v}_M) = \eta \boldsymbol{v}_M|_{\gamma}$, $\eta \in \mathcal{C}^\infty(M)$, auf $\mathcal{M}$ mittels eines Lie-Bäcklund-Isomorphismus φ auf eine Symmetrie $\tilde{\gamma} = \psi \circ \gamma \circ \varphi$ von $\mathcal{N}$ abgebildet wird

$$\begin{aligned}\tilde{\gamma}_*(\boldsymbol{v}_N) &= \varphi_* \circ \gamma_* \circ \psi_*(\boldsymbol{v}_N) = \varphi_* \circ \gamma_* \left(\mu \boldsymbol{v}_M|_{\varphi}\right) = \varphi_* \left(\eta \mu \boldsymbol{v}_M|_{\gamma\circ\varphi}\right) \\ &= \nu \eta \mu \boldsymbol{v}_N|_{\psi\circ\gamma\circ\varphi} .\end{aligned}$$

Beispiel 3.6: (Äquivalenz zweier Systemdarstellungen am Beispiel des PVTOL). Betrachtet wird die ebene Bewegung eines Starrkörpers in der im regelungstechnischen Zusammenhang wohlbekannten Realisierung als sogenanntes PVTOL-Flugzeug (planar vertical take off and landing), vgl. Abbildung 3.8. Für eine ausführliche Diskussion zu regelungstechnischen Aspekten des Beispiels sei auf Hauser u. a. (1992) und Martin u. a. (1996) verwiesen.

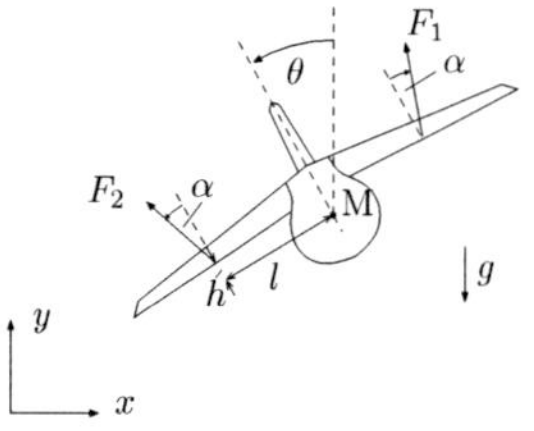

Abb. 3.8.: PVTOL in der Ebene

Die Position des Massenmittelpunktes M bezüglich des ortsfesten Koordinatensystems wird mit (x, y) bezeichnet. Die Triebwerke des Flugkörpers erzeugen die Schubkräfte F_1 und F_2, die jeweils unter dem konstanten Winkel α an zwei Punkten des Starrkörpers angreifen, deren Abstand vom Massenmittelpunkt in horizontaler bzw. vertikaler Richtung durch die Längen h und l gegeben ist. Die Orientierung des Körpers bezüglich der Schwerkraftrichtung beschreibt der Winkel θ. Unter Vernachlässigung der Schubdynamik sowie jeglicher aerodynamischer Kräfte haben die Bewegungsgleichungen die Form

$$\begin{aligned}m\ddot{x} &= -(F_1 + F_2)\sin\theta \, \cos\alpha + (F_1 - F_2)\cos\theta \, \sin\alpha \\ m\ddot{y} &= (F_1 + F_2)\cos\theta \, \cos\alpha + (F_1 - F_2)\cos\theta \, \sin\alpha + mg \\ J\ddot{\theta} &= (F_1 - F_2)\,(h\sin\alpha - l\cos\alpha)\,,\end{aligned}$$

wobei m die Masse und J das Trägheitsmoment bezüglich M bezeichnen. Führt man den Parameter $\epsilon = \frac{J}{m(h\sin\alpha - l\cos\alpha)}$ sowie den Eingang $\left(u^1, u^2\right) = \left(\frac{F_1+F_2}{m}, \frac{F_1-F_2}{J}(h\sin\alpha - l\cos\alpha)\right)$ ein, so erhält man die Gleichungen

$$\ddot{x} = -u^1 \sin\theta + \epsilon u^2 \cos\theta, \qquad \ddot{y} = \quad u^1 \cos\theta + \epsilon u^2 \sin\theta + g, \qquad \ddot{\theta} = u^2. \tag{3.31}$$

Dieser Zustandsdarstellung wird eine differenzierbare Mannigfaltigkeit $\mathcal{M}_f$ mit lokalen Koordinaten $\left(x^{[1]}, y^{[1]}, \theta^{[1]}, u_1^{[1]}, u_2^{[1]}\right)$ zugeordnet. Es wird nun θ als neuer Eingang $v^1 = \theta$ aufgefaßt, wobei der Frage nachgegangen werden soll, ob es eine Lie-Bäcklund-Abbildung gibt, die den Übergang zu einer äquivalenten Zustandsdarstellung mit Zustandsdimension vier erlaubt, d. h. mit $z^k = \phi^k\left(x^{[1]}, y^{[1]}, \theta^{[1]}, u_1^{[1]}, u_2^{[1]}\right)$, $k = 1, 2$, $v^2 = \eta\left(x^{[1]}, y^{[1]}, \theta^{[1]}, u_1^{[1]}, u_2^{[1]}\right)$, die Form

$$\ddot{z}^1 = F^1\left(z^1_{[1]}, z^2_{[2]}, v^1, v^2\right), \quad \ddot{z}^2 = F^2\left(z^1_{[1]}, z^2_{[2]}, v^1, v^2\right) \tag{3.32}$$

hat. Für eine konstruktive Suche stehen lediglich die Bedingungen (2.12) für beliebige Funktionen $\phi^{1,2}$, η, F^1, F^2 zur Verfügung, so daß an dieser Stelle der folgende Ansatz versucht wird: Da für die transformierten Gleichungen (3.32) eine Dreiecksgestalt angesetzt wurde, wird die Suche auf Funktionen F^1 und F^2 beschränkt, die nicht vom Zustand abhängen, also die Form $F^i(v^1, v^2)$, $i = 1, 2$, aufweisen. Hinge nun eine Ansatzfunktion Φ^i vom Eingang u ab, so träten in ihrer zweiten Prolongationen ebenfalls Eingangsableitungen zweiter Ordnung auf, d. h., es wäre keine Abbildung, die auf $\mathcal{M}_f$ erklärt ist. Die erneute Anwendung dieses Arguments für die Geschwindigkeitskoordinaten führt somit auf den Ansatz $\Phi^i(x, y, \theta)$, $i = 1, 2$. Da es sich um eine zeitinvariante Differentialgleichung handelt, haben die Gleichungen (2.12) die Form $L_f^2 \Phi^1 - F^1(\theta, v^2) = 0$ and $L_f^2 \Phi^2 - F^2(\theta, v^2) = 0$:

$$\begin{aligned}
2\dot{y}\dot{\theta}\phi^2_{y\theta} - u_1\phi^2_x \sin\theta + \dot{\theta}^2\phi^2_{\theta\theta} + \dot{y}^2\phi^2_{yy} + 2\dot{x}\dot{\theta}\phi^2_{y\theta} + 2\dot{x}\dot{y}\phi^2_{xy} + u_1\phi^2_y \cos\theta + \\
u^2\phi^2_\theta + \dot{x}^2\phi^2_{xx} + \epsilon u^2\phi^2_x \cos\theta + \epsilon u^2\phi^2_y \sin\theta + \phi^2_y g - F^2(\theta, \eta) = 0, \\
2\dot{x}\dot{\theta}\phi^1_{x\theta} + u^1\phi^1_y \cos\theta - u^1\phi^1_x \sin\theta + 2\dot{x}\dot{y}\phi^1_{xy} + \epsilon u^2\phi^1_x \cos\theta + \dot{y}^2\phi^1_{yy} + \dot{\theta}^2\phi^1_{\theta\theta} + \\
u^2\phi^1_\theta + \dot{x}^2\phi^1_{xx} + 2\dot{y}\dot{\theta}\phi^1_{y\theta} + \epsilon u^2\phi^1_y \sin\theta + \phi^1_{yy} g - F^1(\theta, \eta) = 0.
\end{aligned}$$

Hierbei wurden die partiellen Ableitungen nach x, y und θ in der Indexnotation angegeben, z. B. $\frac{\partial^2 \phi^2}{\partial y \partial \theta}$ mit $\phi^2_{y\theta}$, während für die Zeitableitung weiterhin die Punktschreibweise verwendet wurde. Aufgrund der Linearität der Gleichungen in u^2 läßt sich zunächst das Gleichungssystem

$$\phi^1_x \epsilon \cos\theta + \phi^1_\theta + \phi^1_y \epsilon \sin\theta = 0, \quad \phi^2_\theta + \phi^2_x \epsilon \cos\theta + \phi^2_y \epsilon \sin\theta - \eta_{u^2} = 0$$

notieren. Die Suche nach einer Lösung (z. B. unterstützt von einem Computer-Algebra-System) liefert

$$\begin{aligned}
z^1 &= \phi^1(x - \epsilon \sin\theta, y + \epsilon \cos\theta), && (3.33a) \\
z^2 &= \phi^2(x, y, \theta), && (3.33b) \\
\eta &= u^2\phi^2\theta + \phi^2_x \epsilon u^2 \cos\theta + \phi^2_y \epsilon u^2 \sin\theta + \eta_0, \quad \eta_{0,u^2} = 0.
\end{aligned}$$

Wählt man nun $\phi^1 = x - \epsilon \sin\theta$, so leitet sich aus der angesetzten Dreiecksgestalt die Bedingung $L_f^2 \phi^1 = F^1(v_1, v_2)$ ab:

$$L_f^2 \phi^1 = -u^1 \sin\theta + \epsilon u^2 \cos\theta - u^2 \epsilon \cos\theta + \epsilon\dot{\theta}^2 \sin\theta = -\sin\theta \left(u^1 - \epsilon\dot{\theta}^2\right).$$

Einführen des neuen Eingangs $v^2 = u^1 - \epsilon\dot{\theta}^2 = \eta(\dot{\theta}, u^1)$ führt auf die Differentialgleichung (abgeleitet aus (3.33) aufgrund der Linearität in u^2) $\phi^2_\theta + \phi^2_x \epsilon \cos\theta + \phi^2_y \epsilon \sin\theta = 0$ mit derselben Lösung wie zuvor für ϕ^1 in (3.33a). Um die angesetzte Transformation invertierbar bezüglich x und y zu gestalten, kann z. B. der Ansatz $\phi^2 = y + \epsilon\cos\theta$ gewählt werden, aus dem sich wegen $L_f^2\phi^2 = \cos\theta\left(u^1 - \epsilon\dot{\theta}^2\right) + g$ die transformierten Systemgleichungen

$$\ddot{z}^1 = -v^2 \sin v^1, \qquad \ddot{z}^2 = v^2 \cos v^1 + g, \tag{3.34}$$

ergeben, denen eine differenzierbare Mannigfaltigkeit $\mathcal{M}_F$ mit lokalen Koordinaten $\left(z^1_{[1]}, z^2_{[1]}, v^1_{[2]}, v^2\right)$ zugeordnet wird. Die Umkehrabbildung $\Psi : \mathcal{M}_F \to \mathcal{M}_f$ lautet

$$\begin{aligned} x &= z^1 + \epsilon \sin v^1, & \dot{x} &= \dot{z}^1 + \epsilon \dot{v}^1 \cos v^1, & y &= z^2 - \epsilon \cos v^1, & \dot{y} &= \dot{z}^2 + \epsilon \dot{v}^1 \sin v^1, \\ \theta &= v^1, & \dot{\theta} &= \dot{v}^1, & u^1 &= v^2 + \epsilon\left(\dot{v}^1\right)^2, & u^2 &= \ddot{v}^1. \end{aligned}$$

Somit sind die beiden Systemdarstellungen (3.31) und (3.34) äquivalent. Man beachte, daß die Ableitungskoordinaten $v^1_{[2]}$ lediglich für die Definition der Umkehrabbildung notwendig sind. ◁

3.5. Prolongierte Differentialgleichung und Diffietät

Bereits in der im Anschluß an das Ergebnis von Bäcklund formulierten Bemerkung 3.2 wurde auf mögliche Symmetrietransformationen hingewiesen, die den bis hierher betrachteten Rahmen verlassen, da ihre Anwendung die Ordnung der Differentialgleichung erhöht. Auch wenn die Betrachtung derartiger verallgemeinerter Symmetrien nicht im Fokus der vorliegenden Arbeit liegt, sollen die möglichen Erweiterungen des dargestellten Zuganges in diese Richtung nicht unerwähnt bleiben. Hierzu wird es zunächst notwendig sein, die Prolongation einer Differentialgleichung anzugeben. Der Übergang von der Prolongation endlicher Ordnung zur Prolongation unendlicher Ordnung führt im Anschluß auf eine der Differentialgleichung zugeordnete Teilmannigfaltigkeit einer Mannigfaltigkeit von Jets unendlicher Ordnung $J^\infty\pi$. Dieser Schritt öffnet die Tür zur Suche nach Symmetrien, die nicht mehr dem Theorem von Bäcklund unterliegen. Zudem finden sich die im Zuge dieses Ausblicks angeführten unendlichdimensionalen Konstruktionen in der Frage zur Äquivalenz von Systemen in Zustandsdarstellung bezüglich sogenannter endogener Transformationen, die ein Spezialfall der eingeführten Lie-Bäcklund-Transformationen sind, z. B. bei der Untersuchung differentiell flacher Systeme Anwendung (vgl. Pomet, 1995; Fliess u. a., 1999), so daß ein Aufzeigen der Verbindungen aus Sicht des Autors sinnvoll erscheint.

3.5.1. Prolongation einer Differentialgleichung

In den vorangegangenen Abschnitten wurden Prolongation von Abbildungen und Vektorfeldern diskutiert. Betrachtet man nun die Funktionen $F^i : J^k\pi \to \mathbb{R}$ der impliziten Differentialgleichung (3.3) als Abbildung zwischen dem Bündel $\left(J^k\pi, \pi_k, \mathcal{B}\right)$ und dem trivialen Bündel $(\mathcal{B} \times \mathbb{R}, \rho := \mathrm{proj}_1, \mathcal{B})$, so läßt sich gemäß (2.15) die r-te Prolongation der Abbildungen F^i als

$$j^r F^i(j^r_t \sigma) = j^r_t F^i(\sigma), \qquad \sigma \in \Gamma\left(J^k\pi\right),$$

angeben, wobei die Prolongation nicht von der Wahl des Schnittes σ abhängt (Saunders, 1989). In Koordinaten bedeutet dies die wiederholte Anwendung des totalen Ableitungsoperators D_t auf F^i,

$$j^r F^i : J^{k+r}\pi \to J^r\rho, \quad \left(t, z^{[k+r]}\right) \mapsto \left(F^i(t, z^{[k]}), D_t F^i(t, z^{[k+1]}), \ldots, D_t^r F^i(t, z^{[k+r]})\right).$$

Die derart aus der Differentialgleichung abgeleiteten Gleichungen

$$D_t F^i(t, z^{[k+1]}) = 0, \quad D_t^2 F^i(t, z^{[k+2]}) = 0, \quad \ldots \quad D_t^r F^i(t, z^{[k+r]}) = 0 \tag{3.35}$$

werden auch als differentielle Konsequenzen der Differentialgleichung bezeichnet. Sei $\sigma : t \mapsto \left(t, \sigma_j^i(t)\right)$, $i = 1, \ldots, q$, $j \leq k$, $t \in I \subset \mathcal{B}$, eine Lösung der Differentialgleichung $\mathcal{S}$, d. h.

$$F^i\left(t, \sigma^1(t), \ldots, \sigma^q(t), \sigma_1^1(t), \ldots, \sigma_k^q(t)\right) = 0, \quad i = 1, \ldots, q,$$

so erfüllt die erste Prolongation $j^1\sigma$ auch die erste differentielle Konsequenz, denn die Anwendung des Ableitungsoperators liefert

$$D_t F^i\left(t, \sigma_j^i(t)\right) = \partial_t F^i\Big|_\sigma + \partial_{z_l^j} F^i\Big|_\sigma \sigma_{l+1}^j(t) = 0,$$

d. h. unmittelbar die erste differentielle Konsequenz. Folglich ist $j^1\sigma$ eine Lösung des Differentialgleichungssystems $j^1F = F_{[1]} = \{F = 0, D_t F = 0\}$, das auf $J^{k+1}\pi$ die Teilmannigfaltigkeit

$$\mathcal{S}^{(1)} = \left\{ \left(t, z^{[k+1]}\right) \in J^{k+1}\pi : \begin{array}{rcl} F^i\left(t, z^{[k]}\right) & = & 0 \\ D_t F^i\left(t, z^{[k+1]}\right) & = & 0 \end{array}, \; i = 1, 2, \ldots, q \right\}$$

definiert. Eine Wiederholung desselben Arguments zeigt, daß dies ebenfalls für höhere Ordnungen $r \geq 1$ gilt, und somit definieren die differentiellen Konsequenzen (3.35) entsprechend auf $J^{k+r}\pi$ die Teilmannigfaltigkeit

$$\mathcal{S}^{(r)} = \left\{ \left(t, z^{[k+r]}\right) \in J^{k+r}\pi : \quad F_{[r]}\left(t, z^{[k+r]}\right) = 0 \right\}$$

mit $F_{[r]} = \{F, D_t F, \ldots, D_t^r F\}$, die als r-te Prolongation der Differentialgleichung $\mathcal{S}$ bezeichnet wird. Die Prolongation einer Differentialgleichung ist dabei mit den korrespondierenden Projektionen des Jet-Bündels verträglich, so daß sich die folgende Kette von Projektionen ergibt

$$\mathcal{S} = \mathcal{S}^{(0)} \xleftarrow{\pi_{k+1,k}} \mathcal{S}^{(1)} \xleftarrow{\pi_{k+2,k+1}} \cdots \xleftarrow{\pi_{k+r-1,k+r-2}} \mathcal{S}^{(r-1)} \xleftarrow{\pi_{k+r,k+r-1}} \mathcal{S}^{(r)} \, . \tag{3.36}$$

Setzt man diese Kette für $r \to \infty$ fort, so erhält man aus der Familie $\left(\mathcal{S}^{(r)}, \pi_{r+1,r}\right)$ die unendlich prolongierte Differentialgleichung $\mathcal{S}^{(\infty)}$ als projektiven Limes (vgl. Definition 2.8), wobei die Menge $\mathcal{S}^{(\infty)}$ eine Teilmannigfaltigkeit einer Mannigfaltigkeit von Jets unendlicher Ordnung ist, die sich in Koordinaten als

$$J^\infty\pi \supset \mathcal{S}^{(\infty)} = \left\{ \left(t, \dot{z}, z^{(2)}, z^{(3)}, \ldots\right) \in J^\infty\pi : \begin{array}{rcl} F^i\left(t, z^{[k]}\right) & = & 0 \\ D_t F^i\left(t, z^{[k+1]}\right) & = & 0 \\ & \vdots & \end{array}, \quad i = 1, 2, \ldots, q \right\}$$

aus den differentiellen Konsequenzen ergibt (vgl. Vinogradov, 1984; Saunders, 1989).

3.5.2. Diffietät

Die Berücksichtigung aller differentiellen Konsequenzen einer Differentialgleichung im Rahmen der unendlichen Prolongation läßt sich auf die Identifikation mit einer differenzierbaren Mannigfaltigkeit übertragen. Hierzu betrachtet man sämtliche differentiellen Konsequenzen der Ausdrücke (3.5)

$$z^i_{j+1} = D_t f^i\left(t, z^{[k]}\right), \quad z^i_{j+2} = D_t^2 f^i\left(t, z^{[k+1]}\right), \quad \dots \tag{3.37a}$$

definiert die Cartan-Distribution[8] z. B. durch

$$\mathcal{C}_F^\infty = \operatorname{span}\left\{\partial_t + \sum_{j<k} z^i_j \partial_{z^i_{j-1}} + \sum_{l=0}^{\infty} D_t^l f^i\left(t, z^{[k+l]}\right)\partial_{z^i_{k+l}}\right\}$$

und erhält die unendlichdimensionale differenzierbare Mannigfaltigkeit $\mathcal{M}_F^\infty = (J^\infty\pi, \mathcal{C}_F^\infty)$. Diese bereits in der in Kapitel 2.6 angegebenen Definition einer differenzierbaren Mannigfaltigkeit aus Zharinov (1992) enthaltene Konstruktion wird in der Literatur auch als Diffietät (engl. diffiety aus differential variety) bezeichnet (Vinogradov, 1984; Alekseevskij u. a., 1991).

Für ein explizites unterbestimmtes Differentialgleichungssystem in klassischer Zustandsdarstellung[9]

$$x^i_1 = f^i(t, x, u), \qquad i = 1, 2, \dots, n,$$

ergeben sich die differentiellen Konsequenzen

$$x^i_{l+1} = D_t^l f^i =: f^i_l\left(t, x, u, \dot{u}, \dots, u^{(l)}\right), \quad l \geq 0.$$

Wird entsprechend (3.37) die Mannigfaltigkeit $\tilde{M} = J^\infty\pi \times_{\mathcal{B}} J^\infty\rho$ mit adaptierten Koordinaten $\left(t, x^i_l, u^j_l\right)$, $i = 1, \dots, n$, $j = 1, \dots, m$, $l \geq 0$, zugrundegelegt, so wird der unendlichen Prolongation der Zustandsdarstellung die differenzierbare Mannigfaltigkeit $\tilde{\mathcal{M}}_f = \left(\tilde{M}, \operatorname{span}\{\tilde{\boldsymbol{v}}_f\}\right)$ mit dem Cartan-Vektorfeld

$$\tilde{\boldsymbol{v}}_f = \partial_t + f^i_l\left(t, x, u^{[l]}\right)\partial_{x^i_{l-1}} + u^j_{l+1}\partial_{u^j_l}, \quad l \geq 0, \tag{3.38}$$

zugeordnet. Da sich die höheren Ableitungen der Zustandsgrößen durch die Funktionen f^i_l darstellen lassen, ist die differenzierbare Mannigfaltigkeit $\tilde{\mathcal{M}}_f$ Lie-Bäcklund-äquivalent zu der differenzierbaren Mannigfaltigkeit $\mathcal{M}_f = (M, \operatorname{span}\{\boldsymbol{v}_f\})$, die durch $M = \pi \times_{\mathcal{B}} \rho_\infty$ mit adaptierten Koordinaten $(t, x, u, \dot{u}, \ddot{u}, \dots)$ und dem Cartan-Vektorfeld

$$\boldsymbol{v}_f = \partial_t + f^i(t, x, u)\partial_{x^i} + u^j_l \partial_{u^j_{l-1}}, \quad l \geq 0,$$

definiert wird. Die Lie-Bäcklund-Äquivalenz erkennt man anhand der Abbildungen

$$\Phi : \left(t, x^i, u^j, u^j_1, \dots\right) \mapsto \left(t, x^i, u^j, f^i_1, u^j_1, \dots\right) \quad \text{und}$$
$$\Psi : \left(t, x^i, u^j, f^i_1, u^j_1, \dots\right) \mapsto \left(t, x^i, u^j, u^j_1, \dots\right)$$

[8] Da die Cartan-Dimension eins ist, ist dies eine involutive Distribution.

[9] An dieser Stelle wird aufgrund der Zurückführbarkeit der verallgemeinerten Zustandsdarstellung (3.30) auf die klassische Darstellung mit $\alpha = 0$ nur der klassische Fall betrachtet.

sowie der Betrachtung der Cartan-Vektorfelder, die auf $\Phi_*(\boldsymbol{v}_f) = \tilde{\boldsymbol{v}}_f$ und $\Psi_*(\tilde{\boldsymbol{v}}_f) = \boldsymbol{v}_f$ führt.

Bemerkung 3.5 Die in Kapitel 3.4.2 angestellten Überlegungen gelten unverändert bei der Betrachtung von Diffietäten. Tatsächlich führt die Untersuchung von Lie-Bäcklund-Abbildung zwischen unterschiedlichen Zustandsdarstellungen beim Übergang zur unendlichen Prolongation auf einen Zugang, der es erlaubt, Äquivalenzen zu untersuchen, die sich nicht aus Diffeomorphismen zwischen Mannigfaltigkeiten ergeben (vgl. Fliess u. a., 1994, 1995b; Pomet, 1995; da Silva u. a., 2007). Insbesondere können endogene (dynamische) Rückführungen als Spezialfall von Lie-Bäcklund-Abbildungen verstanden werden. Eine zusammenfassende Darstellung der Anwendung des Zugangs über Diffietäten zu Fragen der Äquivalenz unter Rückführungen sowie der Frage nach der differentiellen Flachheit eines betrachteten Systems kann in Lévine (2009) zusammen mit Hinweisen auf weitere Literaturstellen nachgelesen werden.

3.6. Verallgemeinerte Symmetrien

Obwohl sich die vorliegende Arbeit auf die zuvor diskutierten klassischen Symmetrien beschränkt, soll in diesem kurzen Abschnitt zumindest auf einige Aspekte der verallgemeinerten Symmetrien eingegangen werden, um im Anschluß auf detaillierte Darstellungen in der Literatur zu verweisen.

Ausgangspunkt für eine Verallgemeinerung der bisher diskutierten klassischen Symmetrien ist das Theorem 3.1 von Bäcklund, welches die Form der in Frage kommenden Symmetrietransformationen festlegt. Das Theorem ging als Antwort aus der Frage hervor, ob es Berührungstransformationen höherer Ordnung gibt, die nicht als Prolongationen von Punkt- bzw. Berührungstransformationen 1. Ordnung entstehen und gleichzeitig die Ordnung eines (jeden) Differentialgleichungssystems unberührt lassen. Dabei wurde angenommen, daß Symmetrietransformationen nicht nur auf der Teilmannigfaltigkeit $\mathcal{S}$ (Lösungen der Differentialgleichungen), sondern auf ganz $J^k\pi$ wirken. Interessiert man sich jedoch nur für eine spezielle Differentialgleichungen und deren Lösung, können die expliziten Ausdrücke (3.5) berücksichtigt werden, d. h., die Symmetrietransformationen werden nur auf $\mathcal{S}$ betrachtet. Dies erlaubt die Anwendung von Transformationen der Form

$$\begin{cases} \tilde{t} &= \theta\Big(t, z, \dot{z}, \dots, z^{(k-1)}\Big) \\ \tilde{z} &= \zeta\Big(t, z, \dot{z}, \dots, z^{(k-1)}\Big) \\ \tilde{z}^{(1)} &= \zeta^{\{1\}}\Big(t, z, \dot{z}, \dots, z^{(k-1)}\Big) \\ \tilde{z}^{(2)} &= \zeta^{\{2\}}\Big(t, z, \dot{z}, \dots, z^{(k-1)}\Big) \\ &\vdots \\ \tilde{z}^{(k)} &= \zeta^{\{k\}}\Big(t, z, \dot{z}, \dots, z^{(k-1)}\Big) \end{cases}$$

wobei entsprechend der Prolongationsformel zusammen mit der Differentialgleichung

$$\zeta^i_{\{\nu+1\}} = \left.\frac{D_t\zeta^i_{\{\nu\}}}{D_t\theta}\right|_{z^i_k = f(t, z^{[k-1]})}$$

gilt. Durch die Verwendung der Differentialgleichung in der Berechnung der Prolongationen $\zeta^{\{\nu\}}$ ist die resultierende Transformationen nur erklärt, wenn sie auf Lösungen der Differentialgleichung wirkt. Derartige Symmetrien werden als dynamische Symmetrien bezeichnet (Stephani, 1989). Aus geometrischer Sicht handelt es sich hierbei um interne Symmetrien (Anderson u. a., 1993; Alekseevskij u. a., 1991), wobei der Zusatz „intern“ dadurch motiviert ist, daß die Transformationen nur auf der Teilmannigfaltigkeit $\mathcal{S}$ existieren, wohingegen die zuvor betrachteten Punktsymmetrien auch außerhalb (unabhängig) von $\mathcal{S}$ erklärt sind. Entsprechend gehören die Punktsymmetrien zu den sogenannten externen Symmetrien, wobei aus jeder externen Symmetrie durch Restriktion auf $\mathcal{S}$ eine interne Symmetrie hervorgeht.

Beispiel 3.7: (dynamische Symmetrie). Betrachtet man die Differentialgleichung

$$z^{(3)} = 0 \tag{3.39}$$

zusammen mit der Transformation

$$\tilde{t} = t, \qquad \tilde{z} = z + \varepsilon \ddot{z},$$

so findet man über die Prolongation die Beziehungen

$$\dot{\tilde{z}} = \dot{z} + z^{(3)} \overset{(3.39)}{=} \dot{z}, \qquad \ddot{\tilde{z}} = \ddot{z}, \qquad \tilde{z}^{(3)} = z^{(3)}.$$

Folglich ist die Transformation eine dynamische Symmetrie der Differentialgleichung.

◁

Eine weitere Möglichkeit, die Beschränkung durch die konstante Ordnung der Differentialgleichung zu umgehen, bietet der Übergang zur unendlichen Prolongation der Differentialgleichung. Durch die Berücksichtigung der differentiellen Konsequenzen können sodann auch Transformationen der Form

$$\left\{\begin{array}{rcl} \tilde{t} &=& \theta\Big(t, z, \dot{z}, \dots, z^{(k)}, z^{(k+1)}, \dots\Big) \\ \tilde{z} &=& \zeta\Big(t, z, \dot{z}, \dots, z^{(k)}, z^{(k+1)}, \dots\Big) \\ \tilde{z}^{(1)} &=& \zeta^{\{1\}}\Big(t, z, \dot{z}, \dots, z^{(k)}, z^{(k+1)}, \dots\Big) \\ \tilde{z}^{(2)} &=& \zeta^{\{2\}}\Big(t, z, \dot{z}, \dots, z^{(k)}, z^{(k+1)}, \dots\Big) \\ & \vdots & \end{array}\right.$$

als Symmetrien in Frage kommen, die von Ableitungen der abhängigen Variablen beliebiger Ordnung abhängen dürfen, wobei es sich weiterhin um Berührungstransformationen im verallgemeinerten Sinne handeln muß[10]. Die resultierenden Symmetrien sind Lie-Bäcklund-Transformationen und werden als verallgemeinerte/höhere Symmetrien (Olver, 1993; Bocharov u. a., 1999) oder Lie-Bäcklund-Symmetrien (Anderson u. Ibragimov, 1979; Stephani, 1989) bezeichnet, die für partielle Differentialgleichungen von Bedeutung sind. Für gewöhnliche Differentialgleichungen läßt sich eine Verbindung zwischen verallgemeinerten und dynamischen Symmetrien herstellen, vgl. Olver u. a. (1993).

[10]Es handelt sich also um Symmetrien der Kontakt-Distribution für $k \to \infty$.

3.7. Anmerkungen zur Literatur

Die im vorliegenden Kapitel zusammengetragenen Grundzüge einer geometrischen Betrachtungsweise gewöhnlicher Differentialgleichungen bieten aus Sicht des Autors einen intuitiven Zugang zu (klassischen) Symmetrien von gewöhnlichen Differentialgleichungen. Die Identifikation einer Differentialgleichung mit der Gesamtheit der Lösungen als Teilmannigfaltigkeit $\mathcal{S}$ bzw. mit einer differenzierbaren Mannigfaltigkeit $\mathcal{M}$ ermöglicht die Übernahme des üblichen Verständnisses einer Symmetrie als Automorphismus eines geometrischen Objekts aus der Geometrie. Da es sich bei den hier betrachteten (endlichen) klassischen Symmetrien um lokale Diffeomorphismen handelt, erscheint die lokale Natur des differentialgeometrischen Rahmens für die Betrachtungen angemessen. Ausführliche und weitergehende Darstellungen des differentialgeometrischen Zugangs sind in Vinogradov (1981, 1984) und Bocharov u. a. (1999) nachzulesen, der Ansatz zur Identifikation einer Differentialgleichung mit einer differenzierbaren Mannigfaltigkeit wird in Zharinov (1992) entwickelt. Den Darstellungen ist gemein, das sie im wesentlichen auf die Diskussion von Symmetrien partieller Differentialgleichungen abzielen, die den Spezialfall der gewöhnlichen Differentialgleichungen enthalten.

Den klassischen Fragestellungen nach den in Frage kommenden Symmetrietransformationen in Form von Punkt- und Berührungstransformationen, denen Lie und Bäcklund nachgingen, widmen sich z. B. die Anfangskapitel von Anderson u. Ibragimov (1979).

Aufgrund der Schwierigkeiten, die sich beim Versuch der direkten Berechnung von Symmetrien auftun, nehmen die als Ausweg motivierten infinitesimalen Methoden innerhalb der Literatur den größten Raum ein. Der Anwendung von Symmetrien zur Lösung von Differentialgleichungen widmen sich die Darstellungen in Stephani (1989) und Olver (1993, 1995), wobei insbesondere in Olver (1993) zudem zahlreiche Anmerkungen zur Geschichte der Entwicklung der Theorie zu finden sind; siehe hierzu auch Hawkins (2000).

Der unendlichdimensionale Zugang über Diffietäten ist in den 1990er-Jahren durch M. Fliess, J. Lévine, P. Martin, P. Rouchon sowie J.-P. Pomet in die regelungstechnische Diskussion eingebracht worden (Fliess u. a., 1994; Pomet, 1995), wobei insbesondere die Fragen der Äquivalenz von Systemen unter Rückführungen, die als Lie-Bäcklund-Abbildungen aufgefaßt werden, mit differentialgeometrischen Methoden untersucht werden (siehe auch Fliess u. a., 1999; da Silva u. a., 2007; Lévine, 2009).

4. Lie-Gruppen, Invarianten und Lie-Symmetrien

Die Untersuchung der Möglichkeit zur Berechnung klassischer Symmetrien, die sich als Lie-Bäcklund-Transformationen einer gegebenen Differentialgleichung darstellten, hatte die Verwendung eines infinitesimalen Ansatzes in Form eines Vektorfeldes, welches die Symmetrie als seinen Fluß erzeugt, motiviert (vgl. Abschnitt 3.3.2). Aufgrund der lokalen Gruppeneigenschaft des Flusses von Vektorfeldern führt der infinitesimale Ansatz in natürlicher Weise auf Transformationen, die Lie-Gruppen bilden, welche ihrerseits durch die erzeugenden Vektorfelder vollständig beschrieben sind. Diese zusätzliche Struktur erlaubt den Übergang zu Betrachtungen von Tangentialvektoren im Tangentialraum der Gruppenorbits anstelle der eigentlichen Symmetrietransformationen, d. h. eine infinitesimale Betrachtungsweise. Demgegenüber steht die Einschränkung der Klasse der umfaßten Symmetrien, so entfallen z. B. insbesondere diskrete Symmetrien wie Spiegelungen etc.

Das Kapitel gliedert sich in vier Teile. Im ersten Teil werden Definition und Eigenschaften von Lie-Gruppen zusammengetragen, die für die weitere Diskussion notwendig sind, wobei die Ausführungen den Darstellungen in Olver (1993, 1995), Warner (1983) und Ovsiannikov (1982) folgen. Von besonderem Interesse für den in dieser Arbeit verfolgten Zugang zum invarianten Reglerentwurf sind Invarianten einer Lie-Gruppe, die eine Symmetriegruppe des Regelungsproblems sind, d. h. Funktionen, die unter der Wirkung der Gruppe invariant sind. Der Fragestellung nach der Berechnung von Invarianten von Lie-Gruppen wird im mittleren Teil des Kapitels nachgegangen. Der abschließende vierte Teil ist mit der Anwendung der infinitesimalen Methoden bei der Berechnung von Lie-Symmetrien gewöhnlicher Differentialgleichungen befaßt.

4.1. Lie-Gruppen

Eine Gruppe ist eine Menge G ausgestattet mit einer binären Gruppenoperation (üblicherweise als Gruppenmultiplikation bezeichnet), bezüglich der die Gruppe abgeschlossen ist: $g, h \in G \Rightarrow g \cdot h \in G$. Weiterhin müssen die folgenden Axiome erfüllt sein:

1. g, h, $k \in G$: $g \cdot (h \cdot k) = (g \cdot h) \cdot k$ (Assoziativität),
2. $\exists! e \in G : e \cdot g = g = g \cdot e \; \forall g \in G$ (neutrales Element),
3. $\forall g \in G : \exists! g^{-1} \in G$ mit $g \cdot g^{-1} = e = g^{-1} \cdot g$ (inverses Element).

Für eine Lie-Gruppe besitzt die Menge G zusätzlich die Eigenschaft einer glatten Mannigfaltigkeit.

Definition 4.1 (Lie-Gruppe) Eine r-parametrige Lie-Gruppe ist eine Gruppe G mit einer r-dimensionalen Mannigfaltigkeitsstruktur in der Art, daß sowohl die Gruppenoperation

$$m : G \times G \to G, \quad m(g,h) = g \cdot h, \quad g,h \in G,$$

als auch ihre Inverse

$$i : G \to G, \quad i(g) = g^{-1}, \quad g \in G,$$

glatte Abbildungen zwischen Mannigfaltigkeiten vermitteln.

Die Gruppenparameter spielen die Rolle lokaler Koordinaten für die Gruppenmannigfaltigkeit. Jede Lie-Gruppe ist auch eine topologische Gruppe, deren topologische Struktur eine Mannigfaltigkeit ist. Daher werden Lie-Gruppen auch gemäß ihrer Zusammenhangseigenschaft als (weg-)zusammenhängend bzw. einfach zusammenhängend klassifiziert. In dieser Arbeit wird von zusammenhängenden Lie-Gruppen ausgegangen, da die nachfolgend dargestellten infinitesimalen Methoden nur für derartige Lie-Gruppen von Bedeutung sind.

Beispiel 4.1: Ein wichtiges Beispiel für eine Lie-Gruppe ist die allgemeine lineare Gruppe über den reellen Zahlen $GL(n,\mathbb{R})$, d. h. die Menge aller umkehrbaren linearen Transformationen auf $\mathbb{R}^n$, wobei die Hintereinanderausführung die Rolle der Gruppenmultiplikation übernimmt. Aufgrund der Darstellbarkeit linearer Transformationen durch Matrizen kann die Gruppe $GL(n,\mathbb{R})$ auch mit der Menge aller regulären reellen $n \times n$-Matrizen mit der Matrizenmultiplikation als Gruppenmultiplikation identifiziert werden. Wichtige Untergruppen von $GL(n,\mathbb{R})$ bilden die unimodulare Gruppe $SL(n) = \{A \in GL(n,\mathbb{R}) \mid \det A = 1\}$, die orthonormale Gruppe $O(n) = \{A \in GL(n,\mathbb{R}), \mid A^T A = I_{n\times n}\}$ bestehend aus Rotationen und Reflektionen sowie die spezielle orthonormale Gruppe $SO(n) = O(n) \cap SL(n)$ bestehend aus den Rotationen. ◁

Die (Links-)Wirkung einer Lie-Gruppe auf einer Mannigfaltigkeit M ist eine glatte Abbildung $\Phi : G \times M \to M$ mit den Eigenschaften $\Phi(e,x) = x$ für alle $x \in M$, und $\Phi(g, \Phi(h,x)) = \Phi(gh,x)$ für alle $g,h \in G$ und $x \in M$. Abkürzend wird die Notation $g \cdot x = \Phi(g,x)$ verwendet. Für jedes Element $g \in G$ ist durch $\Phi_g : M \to M$ ein Diffeomorphismus auf M gegeben. Diese Zuordnung erklärt einen Homomorphismus $g \mapsto \Phi_g$ mit $\Phi_e = \mathrm{id}_M$ und $\Phi_{gh} = \Phi_g \circ \Phi_h$ von G in die Gruppe der Diffeomorphismen $\mathrm{Diff}(M)$ auf M. Die Wirkung von G auf M läßt sich in lokalen Koordinaten als Transformationsbeziehung der Form

$$\Phi_g : \mathbb{R}^r \times M \to M, \quad x \mapsto \phi(x;a), \quad x \in M, \mathbb{R}^r \ni a = \left(a^1, a^2, \ldots, a^r\right) \overset{\text{lok}}{\simeq} g, \tag{4.1}$$

der lokalen Wirkung, schreiben. Nachfolgend werden lokale Betrachtungen angestellt, die sich auf Gruppenelemente nahe des Einselements (neutralen Elements) beschränken. Diese bilden für sich eine lokale Lie-Gruppe.

Definition 4.2 (lokale Lie-Gruppe) Eine r-parametrige lokale Lie-Gruppe ist gegeben durch eine zusammenhängende offene Menge $V_0 \subset V \subset \mathbb{R}^r$, die den Ursprung enthält, sowie glatten Abbildungen

$$\begin{aligned} &m : V \times V \to \mathbb{R}^r && \text{als Gruppenoperation,} \\ &i : V_0 \to V && \text{als Gruppeninversion,} \end{aligned}$$

mit den folgenden Eigenschaften:

1. x, y, $z \in V$: $m(x,y)$, $m(y,z) \in V \Rightarrow m(x, m(y,z)) = m(m(x,y),z)$,
2. für alle $x \in V$ gilt $m(0,x) = m(x,0) = x$,
3. für alle $x \in V_0$ gibt es genau eine Abbildung $i(x) : m(i(x),x) = m(x,i(x)) = 0$.

Üblicherweise schreibt man anstelle von $m(x,y)$ die Kurzform $x \cdot y$ sowie anstelle von $i(x)$ wiederum x^{-1}, vorausgesetzt diese Elemente existieren in einer Umgebung des Einselements. Zu jeder lokalen Lie-Gruppe existiert eine globale Lie-Gruppe, die lokal mit der lokalen Lie-Gruppe übereinstimmt. Es läßt sich zudem zeigen, daß sich die globale Gruppe mittels der lokalen Gruppe in der Umgebung des Einselements berechnen läßt.

Proposition 4.1 *Sei G eine zusammenhängende Lie-Gruppe und $U \subset G$ eine Umgebung des Einselements. Die Menge $U^k := \{g_1 \cdot g_2 \cdot \ldots \cdot g_k \,:\, g_i \in U\}$ ist die Menge der k-Produkte von Elementen aus U. Dann gilt*

$$G = \bigcup_{k=1}^{\infty} U^k.$$

Mit anderen Worten: Jedes Gruppenelement $g \in G$ läßt sich als endliches Produkt von Elementen aus U darstellen.

Beweis (Warner, 1983; Pontryagin, 1986) Sei U eine Umgebung des neutralen Elements e und $V \subset U$ eine offene Teilmenge, wobei $e \in V$ sowie mit $V^{-1} = \{g^{-1} : g \in V\}$ die Beziehung $V = V^{-1}$ gelte. (Eine solche Menge erhält man z. B. aus $V = U \cap U^{-1}$.) Die Menge

$$H = \bigcup_{k=1}^{\infty} V^k \subset \bigcup_{k=1}^{\infty} U^k \tag{4.2}$$

ist eine Untergruppe von G, da sie abgeschlossen bezüglich der Gruppenmultiplikation ist und die Gruppenaxiome erfüllt. Gleichzeitig ist H eine offene Teilmenge von G, denn für jedes $h \in H$ folgt $hV \in H$. Folglich ist auch jede Restklasse $\{gH \,|\, g \in G\}$ mod H offen in G. Nun ist H auch das Komplement der Vereinigung aller Restklassen, die nicht gleich H sind, d. h., H ist eine abgeschlossene Teilmenge von G. Da G jedoch zusammenhängend und H nicht leer ist, muß H ganz G umfassen. Zusammen mit (4.2) hat man damit die zu zeigende Aussage. ■

Setzt man die Eigenschaften einer abstrakten Lie-Gruppe bei einer Familie von Transformationen voraus, so gelangt man zu einer Transformationsgruppe.

Definition 4.3 (lokale Lie-Transformationsgruppe) Seien M eine glatte Mannigfaltigkeit, G eine Lie-Gruppe auf M und U eine offene Teilmenge mit $\{e\} \times M \subset U \subset G \times M$, dem Definitionsbereich der Gruppenwirkung. Des weiteren sei durch $\Psi : U \to M$ eine glatte Abbildung mit den folgenden Eigenschaften erklärt:

(a) $\Psi(g, \Psi(h,x)) = \Psi(g \cdot h, x)$, für $(h,x), (g, \Psi(h,x)), (g \cdot h, x) \in U$,
(b) $\Psi(e,z) = x$ für alle $x \in M$,
(c) $(g,x) \in U \Rightarrow (g^{-1}, \Psi(g,x)) \in U : \Psi(g^{-1}, \Psi(g,x)) = x$.

Auch hier findet die abkürzende Schreibweise $g \cdot x$ anstelle von $\Psi(g, x)$ Verwendung. Aufgrund der geforderten Glattheitseigenschaften an die Gruppenabbildungen bedeutet die Existenz der Inversen, daß jede Gruppenabbildung ein lokaler Diffeomorphismus auf M ist. Für jedes $x \in M$ lassen sich diejenigen Gruppenelemente g, für die $g \cdot x$ definiert ist, in einer lokalen Lie-Gruppe zusammenfassen: $G_x := \{g \in G : (g, x) \in U \subset G \times M\}$. Eine lokale Transformationsgruppe heißt zusammenhängend, wenn G und M zusammenhängend sind, die Menge $U \subset G \times M$ zusammenhängend und offen ist sowie die lokale Lie-Gruppe G_x für jedes $x \in M$ zusammenhängend ist. Für die in dieser Arbeit betrachteten lokalen Transformationsgruppen werden diese Eigenschaften vorausgesetzt.

Ein Orbit einer lokalen Transformationsgruppe ist eine minimale nicht-leere Untermannigfaltigkeit von M, welche invariant unter den Gruppenabbildungen ist, d. h., $\mathcal{O} \subset M$ ist ein Orbit, wenn gilt,

- daß für alle $x \in \mathcal{O}$ mit $g \in G$ und $g \cdot x$ definiert $g \cdot x \in \mathcal{O}$ folgt, und
- wenn $\tilde{\mathcal{O}} \subset \mathcal{O}$, wobei $\tilde{\mathcal{O}}$ die erste Bedingung erfüllt, entweder $\tilde{\mathcal{O}} = \mathcal{O}$ oder $\tilde{\mathcal{O}} = \emptyset$ gilt.

Während für globale Lie-Gruppen der Orbit eines Punktes $x \in M$ durch $\mathcal{O}_x = \{g \cdot x \mid g \in G\}$ gegeben ist, ergibt sich für lokale Transformationsgruppen der Orbit aus den lokal definierten Bildern des Punktes,

$$\mathcal{O}_x = \{g_1 \cdot g_2 \cdot \ldots \cdot g_k \cdot x \mid k \geq 1,\ g_i \in G \text{ und } g_1 \cdot g_2 \cdot \ldots \cdot g_k \cdot x \text{ definiert}\}.$$

Aus der Definition des Orbits folgt, daß jede Teilmenge $S \subset M$, die invariant bezüglich der Gruppenelemente ist, d. h., $\forall g \in G$ gilt $g \cdot x \in S$ für $x \in S$, eine Vereinigungsmenge von Orbits ist. Die Punkte eines Orbits $\mathcal{O}_x$ bilden bezüglich Orbitzugehörigkeit eine Äquivalenzklasse, wobei ein beliebiges Element eines Orbits als Repräsentant des Orbits dienen kann.
Die Wirkung einer Transformationsgruppe heißt

- effektiv: wenn es für je zwei $g, h \in G$, $g \neq h$ ein $x \in M$ gibt, so daß $g \cdot x \neq h \cdot x$ gilt,
- transitiv: wenn es zu je zwei Punkten $x, y \in M$ ein $g \in G$ mit $g \cdot x = y$ gibt (es gibt nur einen Orbit),
- semi-regulär: wenn alle Orbits als Teilmannigfaltigkeiten von M dieselbe Dimension aufweisen,
- regulär: wenn die Wirkung semi-regulär ist, und es zudem zu jedem Punkt $x \in M$ Umgebungen gibt, deren Schnitt mit dem Orbit $\mathcal{O}_x$ durch x wegzusammenhängend ist[1],
- lokal frei: wenn für $U \subset G$, $e \in U$, aus $g \cdot x = x$, $x \in M$ folgt, daß $g = e$ gilt, d. h. es lokal nur für das Einselement Fixpunkte gibt,
- frei: wenn es nur für $g = e$ Fixpunkte in M gibt.

Diejenigen Elemente von G, die wie die Identität wirken, bilden die (globale) Isotropie-Untergruppe (auch Stabilisator von G)

$$G_M = \cap_{x \in M} G_x = \{g \mid g \cdot x = x \text{ für alle } x \in M\}.$$

Eine Transformationsgruppe G wirkt effektiv genau dann, wenn die Isotropie-Untergruppe trivial ist: $G_M = \{e\}$. Viele interessante Transformationsgruppen wirken nicht effektiv

[1] Dies heißt, daß die Orbits regulärer Transformationsgruppen reguläre Teilmannigfaltigkeiten von M sind.

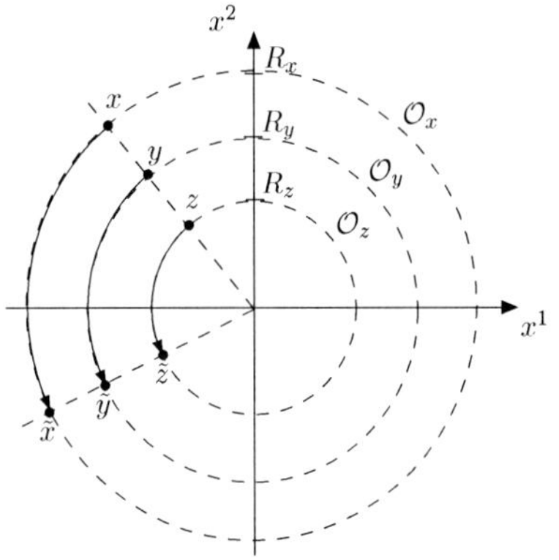

Abbildung 4.1.: Wirkung eines Elements $g \in SO(2)$ auf drei Punkte x, y und z der Mannigfaltigkeit $M = \mathbb{R}^2 \backslash \{0\}$ entlang der Orbits $\mathcal{O}_x$, $\mathcal{O}_y$ bzw. $\mathcal{O}_z$ (Kreisbahnen mit den Radien R_x, R_y, R_z)

(siehe z. B. Beispiel 4.2). Bei Bedarf kann man jedoch ohne Verlust von Eigenschaften der Gruppenwirkung auf die Untergruppe G/G_M übergehen, deren Wirkung effektiv ist und mit der Gruppe G dahingehend übereinstimmt, daß zwei Elemente $g, \tilde{g}$ genau dann dieselbe Wirkung auf M haben, wenn sie über G_M verknüpft sind: $g = \tilde{g} \cdot h$ für ein $h \in G_M$ (Olver, 1995).

Beispiel 4.2: (Rotationsgruppe $SO(2)$). Betrachtet wird die Wirkung der Rotationsgruppe $SO(2)$ in der Ebene $M = \mathbb{R}^2 \backslash \{0\}$ mit globalen Koordinaten (x^1, x^2). Ihre Wirkung Φ_g auf M wird durch einen Gruppenparameter $\theta \in \mathbb{R}$, den Rotationswinkel, parametriert:

$$\Phi_g : \mathbb{R} \times M \to M, \quad x^1 \mapsto x^1 \cos\theta - x^2 \sin\theta, \quad x^2 \mapsto x^1 \sin\theta + x^2 \cos\theta. \tag{4.3}$$

Die eindimensionalen Orbits der Gruppe bilden konzentrische Kreise um den Ursprung, d. h., der Orbit durch einen Punkt $x \in M$ hat den Radius $R_x = \|x\|_2$ (vgl. Abbildung 4.1).

Die Rotationsgruppe wirkt nicht effektiv auf M, denn es gibt beliebig viele Elemente $g \simeq \theta = 2k\pi$, $k \in \mathbb{Z}$, die wie das neutrale Element wirken. Mit der Beschränkung auf $\theta \in \mathbb{R} \mod 2\pi$ kann jedoch auf die effektiv wirkende Untergruppe G/G_M übergegangen werden.

◁

Zu jeder Lie-Gruppe G gibt es eine Menge von Vektorfeldern auf G, die unter der Gruppenmultiplikation invariant sind. Diese bilden zusammen einen endlichdimensionalen Vektorraum über $\mathbb{R}$, die sogenannte Lie-Algebra $\mathfrak{g}$ von G. Die große Bedeutung der Lie-Algebra liegt darin, daß die Lie-Gruppe bereits vollständig durch die Elemente ihrer Lie-Algebra bestimmt ist. Allein diese Tatsache ermöglicht den Übergang zu den infinitesimalen Methoden, d. h., die Betrachtung bzw. Anwendung der rechts-invarianten Vektorfelder der Lie-Algebra anstelle der Wirkung der Gruppe selbst.

Zu jedem Element $g \in G$ ist durch $R_g : G \to G$, $R_g(h) = h \cdot g$ die Rechtstranslation erklärt. Ein Vektorfeld $\boldsymbol{v}$ auf G ist rechts-invariant, wenn für alle $g, h \in G$ gilt

$$dR_g\left(\boldsymbol{v}|_h\right) = \boldsymbol{v}|_{R_g(h)} = \boldsymbol{v}|_{hg}\,.$$

Da auch jede Linearkombination $a\boldsymbol{v} + b\boldsymbol{w}$, $a, b \in \mathbb{R}$, zweier rechts-invarianten Vektorfelder $\boldsymbol{v}$ und $\boldsymbol{w}$ auf G wieder rechts-invariant ist, bilden die rechts-invarianten Vektorfelder auf G einen Vektorraum, die Lie-Algebra der Lie-Gruppe.

Definition 4.4 (Lie-Algebra einer Lie-Gruppe) Die Lie-Algebra $\mathfrak{g}$ einer Lie-Gruppe G ist der Vektorraum aller rechts-invarianten Vektorfelder auf G.

Des weiteren ist jedes rechts-invariante Vektorfeld eindeutig durch seinen Wert für das neutrale Element bestimmt, denn wegen $R_g(e) = g$ gilt $\boldsymbol{v}|_g = dR_g\left(\boldsymbol{v}|_e\right)$. Auch umgekehrt bestimmt jeder Tangentialvektor von G in e ein rechts-invariantes Vektorfeld auf G, denn aus der vorherigen Rechnung folgt

$$dR_g\left(\boldsymbol{v}|_h\right) = dR_g\left(dR_h\left(\boldsymbol{v}|_e\right)\right) = d\left(R_g \circ R_h\right)\left(\boldsymbol{v}|_e\right) = \boldsymbol{v}|_{hg}\,,$$

d. h., das Vektorfeld $\boldsymbol{v}$ ist in der Tat rechts-invariant. Folglich kann die Lie-Algebra $\mathfrak{g}$ von G mit dem Tangentialraum von G am neutralen Element identifiziert werden, $\mathfrak{g} \simeq T_eG$, und sie ist somit ein endlichdimensionaler Vektorraum von der Dimension der Lie-Gruppe.

Bemerkung 4.1 Anstelle der Definition der Lie-Algebra der Lie-Gruppe mittels der rechts-invarianten Vektorfelder auf G kann dies gleichwertig über die Linkstranslation $L_g : G \to G$, $L_g(h) = g \cdot h$ und links-invarianter Vektorfelder auf G erfolgen (vgl. hierzu Warner, 1983).

Für eine lokale Lie-Gruppe $V \subset \mathbb{R}^r$ mit Gruppenmultiplikation $m(x, y)$ (vgl. Definition 4.2) gelten die angestellten Überlegungen zu rechts-invarianten Vektorfeldern mit $R_y : V \to \mathbb{R}^r$, $R_y(x) = m(x, y)$ ganz analog:

$$dR_y\left(\boldsymbol{v}|_x\right) = \boldsymbol{v}|_{R_y(x)} = \boldsymbol{v}|_{m(x,y)}\,, \qquad \boldsymbol{v}|_x = dR_x\left(\boldsymbol{v}|_0\right) \qquad \text{für } x, y, m(x, y) \in V.$$

Über die Gruppenmultiplikation m läßt sich direkt eine Basis für die Lie-Algebra $\mathfrak{g}$ angeben.

Proposition 4.2 *Sei $V \subset \mathbb{R}^r$ eine lokale Lie-Gruppe mit Gruppenmultiplikation $m(x, y) = \left(m^1(x, y), \ldots, m^r(x, y)\right)^T$, $x, y \in V$. Dann wird der Vektorraum der rechts-invarianten Vektorfelder auf V durch die r Vektorfelder*

$$\boldsymbol{v}_k = \xi_k^i(x)\partial_{x^i} \qquad \text{mit } \xi_k^i(x) = \left.\frac{\partial m^i}{\partial x^k}\right|_{(0,x)}, \qquad k = 1, 2, \ldots, r,$$

aufgespannt.

Beweis (siehe Olver, 1993) Zunächst erhält man aus den vorangegangenen Überlegungen

$$\boldsymbol{v}_k|_y = dR_y\left(\boldsymbol{v}_k|_e\right) = dR_y\left(\xi_k^i(0)\,\partial_{x^i}\right) = \sum_{i,j} \xi_k^i(0) \left.\frac{\partial m^j}{\partial x^i}\right|_{(0,y)} \partial_{x^j}, \quad k = 1, 2, \ldots, r. \tag{4.4}$$

Ein solches Vektorfeld ist rechts-invariant, wenn $\xi_k^i(0) = \delta_{ki}$ gilt. Dies folgt jedoch mit $y = x$ in (4.4) aus $m(x, 0) = x$ und somit $\left.\frac{\partial m^i}{\partial x^k}\right|_{(0,0)} = \delta_{ki}$. ■

Eine Lie-Algebra kann auch unabhängig von Lie-Gruppen definiert werden.

Definition 4.5 (Lie-Algebra) Eine Lie-Algebra ist ein Vektorraum $\mathfrak{g}$ mit einer bilinearen Operation $[\cdot\,,\,\cdot] : \mathfrak{g} \times \mathfrak{g} \to \mathfrak{g}$, der Lie-Klammer, für die die drei Axiome

1. Bilinearität: $[\,c\boldsymbol{v} + d\boldsymbol{v}', \boldsymbol{w}\,] = c\,[\,\boldsymbol{v}, \boldsymbol{w}\,] + d\,[\,\boldsymbol{v}', \boldsymbol{w}\,]$, $[\,\boldsymbol{v}, c\boldsymbol{w} + d\boldsymbol{w}'\,] = c\,[\,\boldsymbol{v}, \boldsymbol{w}\,] + d\,[\,\boldsymbol{v}, \boldsymbol{w}'\,]$ mit $c, d \in \mathbb{R}$,
2. Schiefsymmetrie: $[\,\boldsymbol{v}, \boldsymbol{w}\,] = -\,[\,\boldsymbol{w}, \boldsymbol{v}\,]$,
3. Jacobi-Identität: $[\,\boldsymbol{u}, [\,\boldsymbol{v}, \boldsymbol{w}\,]\,] + [\,\boldsymbol{w}, [\,\boldsymbol{u}, \boldsymbol{v}\,]\,] = 0$,

für alle $\boldsymbol{u}, \boldsymbol{v}, \boldsymbol{u}', \boldsymbol{v}', \boldsymbol{w} \in \mathfrak{g}$ erfüllt sind.

Beispiel 4.3: (Basis für die Lie-Algebra $\mathfrak{gl}(2)$). Die in Proposition 4.2 formulierte Berechnungsvorschrift kann zur Berechnung einer Basis der Lie-Algebra der rehts-invarianten Vektorfelder für die Gruppe der regulären 2×2-Matrizen genutzt werden. Für zwei Elemente $A = (a_{ij})$ und $B = (b_{kl})$ von $GL(2)$ ergibt das Gruppenprodukt (Matrizenprodukt) $m\,(A, B) = (a_{ik} b_{kj})^{ij} = m^{ij}$. Für die Ableitung nach den Gruppenkoordinaten x^{ij}, $ij \in \{11, 12, 21, 22\}$ erhält man zunächst

$$\xi^{ij}_{lm} = \frac{\partial m^{ij}}{\partial x^{lm}} \begin{cases} b^{mj}\big|_{(0,A)} = a^{mj} & \text{für} \quad i = l, \\ 0 & \text{für} \quad i \neq l \end{cases},$$

und somit schließlich die vier linear unabhängigen Vektorfelder ($\det A \neq 0$)

$$\boldsymbol{v}_{11} = a_{11}\partial_{11} + a_{12}\partial_{12}, \quad \boldsymbol{v}_{12} = a_{21}\partial_{11} + a_{22}\partial_{12}, \quad \boldsymbol{v}_{21} = a_{11}\partial_{21} + a_{12}\partial_{22}, \quad \boldsymbol{v}_{22} = a_{21}\partial_{21} + a_{22}\partial_{22}$$

als Basis für die 4-dimensionale Lie-Algebra $\mathfrak{gl}(2)$.

◁

In Abschnitt 2.3.1 wurde der infinitesimale Erzeugende einer lokalen Einparametergruppe auf Mannigfaltigkeiten eingeführt. Die Abbildung

$$\exp : \mathfrak{g} \to G,\ \exp(\boldsymbol{v}) = \exp(a\boldsymbol{v})e\big|_{a=1}, \quad \boldsymbol{v} \in \mathfrak{g},$$

definiert einen lokalen Diffeomorphismus von $\mathfrak{g}$ in die Umgebung $U_e \subset G$ des neutralen Elements $e \in G$. Somit können alle Gruppenelemente $g \in U_e$ durch Exponentiation (vgl. Abschnitt 2.3.1) von Elementen aus $\mathfrak{g}$ erzeugt werden. Aus der Proposition 4.1 folgt, daß sich jedes Element $g \in G$ als endliches Produkt von Exponentiationen von Elementen aus $\mathfrak{g}$ darstellen läßt:

$$g = \exp(\boldsymbol{v}_1)\exp(\boldsymbol{v}_2)\cdots\exp(\boldsymbol{v}_k), \qquad \text{für gewisse } \boldsymbol{v}_1, \ldots, \boldsymbol{v}_k \in \mathfrak{g}. \tag{4.5}$$

Entsprechend wird der Fluß einer r-parametrigen Transformationsgruppe G auf einer Mannigfaltigkeit M durch eine Menge von Vektorfeldern, die infinitesimalen Erzeugenden der Gruppe, erzeugt. Dabei stimmt der Fluß eines jeden infinitesimalen Erzeugenden mit der Wirkung einer einparametrigen Untergruppe von G überein. Das Vektorfeld $\boldsymbol{v} \in \mathfrak{g}$, das die einparametrige Untergruppe $\{\exp(a\boldsymbol{v}),\ a \in \mathbb{R}\} \subset G$ erzeugt, wird mit dem infinitesimalen Erzeugenden $\tilde{\boldsymbol{v}}$ der einparametrigen Transformationsgruppe $x \mapsto \exp(a\boldsymbol{v})\,x$ identifiziert. Aus der Berechnungsvorschrift für den infinitesimalen Erzeugenden (2.3) von Seite 20 ergibt sich für die Berechnung der infinitesimalen Erzeugenden $\tilde{\boldsymbol{v}}|_x$ am Punkt x folgender Zusammenhang:

$$\tilde{\boldsymbol{v}}|_x = \frac{d}{da}\exp(a\boldsymbol{v})x\bigg|_{a=0}, \qquad x \in M, \boldsymbol{v} \in \mathfrak{g}. \tag{4.6}$$

Im allgemeinen sind die infinitesimalen Erzeugenden der Gruppenwirkung nicht isomorph zur Lie-Algebra $\mathfrak{g}$, da nicht-triviale Elemente der Lie-Algebra gegebenenfalls auf das Null-Vektorfeld auf M abgebildet werden. Jedoch gilt folgendes Theorem (Olver, 1995):

Theorem 4.1 *Sei G eine Transformationsgruppe mit Wirkung auf einer Mannigfaltigkeit M. Die lineare Abbildung ρ, die ein Vektorfeld $\boldsymbol{v} \in \mathfrak{g}$ auf das korrespondierende Vektorfeld $\tilde{\boldsymbol{v}} = \rho(\boldsymbol{v})$ auf M abbildet, definiert einen Lie-Algebra-Homomorphismus bezüglich der Lie-Klammer. Das Bild $\tilde{\mathfrak{g}} = \rho(\mathfrak{g})$ ist eine endlichdimensionale Lie-Algebra von Vektorfeldern auf M, die isomorph zur Lie-Algebra der Faktorgruppe G/G_M mit effektiver Wirkung auf M ist. Die Gruppe G wirkt lokal effektiv auf M, genau dann wenn ρ injektiv ist, d. h. $\ker \rho = \{0\}$ gilt.*

Für lokal effektive Gruppen, auf welche sich im folgenden beschränkt wird (gegebenenfalls wird auf die Untergruppe G/G_M übergegangen), sind die beiden Lie-Algebren isomorph zueinander, so daß die Unterscheidung fallengelassen werden kann. Eine weitere interessante Tatsache ist, daß der Tangentialraum des Orbits $\mathcal{O}_x$ durch den Punkt $x \in M$ durch die lineare Hülle $\mathfrak{g}|_x = \mathrm{span}\{\, \tilde{\boldsymbol{v}}|_x \,,\, \boldsymbol{v} \in \mathfrak{g}\}$ der infinitesimalen Erzeugenden aufgespannt wird. Folglich ist die Dimension des Orbits durch x identisch der Dimension der Lie-Algebra $\mathfrak{g}|_x$. Mit Hilfe der Koordinatendarstellung der Wirkung einer Transformationsgruppe aus (4.1) läßt sich schließlich direkt eine Basis für die Lie-Algebra angeben:

$$\mathfrak{g} = \mathrm{span}\,\{\boldsymbol{v}_1, \boldsymbol{v}_2, \ldots, \boldsymbol{v}_r\}\,, \quad \text{mit } \boldsymbol{v}_i = \left.\frac{d}{da^i}\phi\,(x;a)\right|_{a=0}, \quad i = 1, 2, \ldots, r,\ a = (a^i).$$

4.2. Invarianten von Transformationsgruppen und ihre Berechnung

Invariante Funktionen bezüglich der Wirkung von Transformationsgruppen als Folgefehler bilden den Kern des im Kapitel 6 dargestellten Entwurfs invarianter Folgeregler. Aus diesem Grund werden nachfolgend einige grundlegende Definitionen und Ergebnisse zu Invarianten von Transformationsgruppen angegeben, die z. B. in Olver (1995) im Detail nachgelesen werden können.

Eine Invariante einer Transformationsgruppe G mit Wirkung auf einer Mannigfaltigkeit M ist eine reellwertige Funktion $I : M \to \mathbb{R}$ mit der Eigenschaft $I\,(g \cdot x) = I\,(x)$ für alle $g \in G$. Ist die Funktion I lediglich auf einer offenen Teilmenge $U \subset M$ definiert und gilt $I\,(g \cdot x) = I(x)$ für alle $g \in V_x \subset G$, wobei V_x eine gegebenenfalls von x abhängige Umgebung des Einselements ist, so ist I eine lokale Invariante. Für den Fall, daß $g \in G$ mit $g \cdot x \in U$ erfüllt ist, wird I eine globale Invariante genannt.

Vor einer möglichen Berechnung von Invarianten einer Transformationsgruppe muß zunächst die Existenz von Invarianten gemäß obiger Definition geklärt werden.

Proposition 4.3 *Eine Transformationsgruppe G mit transitiver Wirkung besitzt keine Invarianten.*

Dies folgt direkt aus der Transitivität: Sei $I\,(x)$ eine Invariante der Gruppe G. Aufgrund der Transitivität der Gruppenwirkung gibt es für je zwei Punkte $x, y \in M$ ein Gruppenelement $g \in G$ mit $y = g{\cdot}x$ (siehe S. 72). Hieraus folgt jedoch $I\,(x) = \text{const.}$ für alle $x \in M$, d. h., bei

I handelt es tatsächlich um eine Konstante, die keine reellwertige Funktion von M nach $\mathbb{R}$ darstellt. Somit können nur für nicht-transitive Transformationsgruppen Invarianten existieren.

Bemerkung 4.2 Wirkt die Gruppe G transitiv auf einer dichten Teilmenge $M_0 \subset M$, dann sind die einzigen stetigen Invarianten Konstanten (Olver, 1995, S. 44).

Eine Familie $\{f_1, f_2, \dots f_k\}$ glatter reellwertiger Funktionen auf einer Mannigfaltigkeit M mit identischen Definitionsbereich und $f_i : M \to \mathbb{R}^k$ heißt funktional abhängig, wenn es zu jedem $x \in M$ eine Umgebung U und eine glatte Funktion $H : U \to \mathbb{R}$ gibt, die auf keiner offenen Teilmenge von M identisch verschwindet, so daß $H(f_1(x), f_2(x), \dots, f_k(x)) = 0$ für alle $x \in U$ gilt. Dies ist genau dann der Fall, wenn der Rang des Differentials der Funktion $F = (f_1, \dots, f_k)$ für alle $x \in M$ kleiner k ist. Die Funktionen heißen funktional unabhängig, wenn sie auf keiner offenen Teilmenge von M funktional abhängig sind. Zur Existenz von funktional unabhängigen Invarianten einer Lie-Gruppe läßt sich folgendes Ergebnis angeben.

Theorem 4.2 (Existenz lokaler Invarianten)
Sei G eine Lie-Gruppe mit semi-regulärer Wirkung auf einer m-dimensionalen Mannigfaltigkeit M. Die Dimension der Orbits von G auf M sei s. In jedem Punkt $x \in M$ gibt es $(m-s)$ lokale funktional unabhängige Invarianten $I_1, I_2, \dots, I_{m-s}$ definiert auf einer Umgebung U_x. Darüberhinaus kann jede andere lokale Invariante I auf U_x als Funktion der lokalen Invarianten geschrieben werden: $I = F(I_1, I_2, \dots, I_{m-s})$.

Die Aussage folgt aus der Anwendung des Frobenius-Theorems, für einen Beweis siehe Ovsiannikov (1982), §17.3 oder Olver (1993), Kapitel 2.

Bemerkung 4.3 Ein Satz von $(m-s)$ Invarianten kann für eine reguläre Transformationsgruppe gleichzeitig dazu herangezogen werden, um Punkte hinsichtlich ihrer Orbitzugehörigkeit zu unterscheiden: Zwei Punkte x, $y \in U_x$ liegen in demselben Orbit, genau dann wenn die fundamentalen Invarianten in ihnen übereinstimmen, d. h. wenn $I_i(x) = I_i(y)$, $i = 1, 2, \dots, m-s$, gilt. Folglich sind die Orbits gerade Niveaumengen der Invarianten.

Für die Invarianz einer Funktion $I : M \to \mathbb{R}$ läßt sich für zusammenhängende Lie-Gruppen folgendes infinitesimale Kriterium finden.

Proposition 4.4 (Olver, 1993) *Sei G eine zusammenhängende Transformationsgruppe mit Wirkungen definiert auf einer Mannigfaltigkeit M. Eine Funktion $I : M \to \mathbb{R}$ ist invariant bezüglich der Wirkung von G genau dann, wenn*

$$\boldsymbol{v}(I) = 0 \tag{4.7}$$

für alle $x \in M$ und für alle $\boldsymbol{v} \in \mathfrak{g}$ gilt.

Beweis Für ein festes $\boldsymbol{v} \in \mathfrak{g}$ lautet die Invarianzbedingung $I(g \cdot x) = I(\exp(a\boldsymbol{v}x)) = I(x)$ (vgl. Exponentiation aus Abschnitt 2.3.1). Ableiten nach dem Gruppenparameter a liefert

$$\frac{d}{da} I(\exp(a\boldsymbol{v})x)\bigg|_{a=0} = \frac{\partial I}{\partial x} \frac{d}{da}(\exp(a\boldsymbol{v})x)\bigg|_{a=0} = \frac{\partial I}{\partial x} \boldsymbol{v}|_x = \boldsymbol{v}(I),$$

d. h. zusammen mit $\frac{d}{da}I(x) = 0$ die Gleichung (4.7). Im Umkehrschluß erhält man hieraus $\frac{d}{da}I\left(\exp(a\boldsymbol{v})\right) = 0$ für alle a, für die der Fluß definiert ist. Folglich ist die Funktion I invariant bezüglich der Einparametergruppe, die vom Vektorfeld $\boldsymbol{v}$ erzeugt wird. Aus der Beziehung (4.5) folgt dann, daß dies für alle $g \in G$ gilt. ∎

Bemerkung 4.4 Mit dem infinitesimalen Invarianzkriterium (4.7) können Invarianten einer Einparametergruppe durch Lösen einer linearen partiellen Differentialgleichung 1. Ordnung bestimmt werden. Sei durch das Vektorfeld $\boldsymbol{v} = \xi^i(x)\partial_{x^i}$ der infinitesimale Erzeugende gegeben, so liefert Gleichung (4.7) $\frac{\partial I(x)}{\partial x^i}\xi^i(x) = 0$. Für mehrparametrige Gruppen erhält man entsprechend ein System linearer partieller Differentialgleichungen. Diese Gleichungen werden auch als Lie-Gleichungen bezeichnet.

Beispiel 4.2: (fortgesetzt) Betrachtet wird erneut die Wirkung der Rotationsgruppe in der Ebene. Aus den Transformationsbeziehungen (4.3) ergibt sich gemäß (4.6) das erzeugende Vektorfeld $\boldsymbol{v} = -x^2\partial_{x^1} + x^1\partial_{x^2}$. Für eine Invariante $I : \mathbb{R}^2 \to \mathbb{R}$ leiten sich aus dem Invarianzkriterium (4.7) die partiellen Differentialgleichungen

$$\frac{\partial I}{\partial x^1} - \frac{x^1}{x^2}\frac{\partial I}{\partial x^2} = 0 \qquad \text{und} \qquad \frac{\partial I}{\partial x^2} - \frac{x^2}{x^1}\frac{\partial I}{\partial x^1} = 0$$

für $x^2 \neq 0$ bzw. $x^1 \neq 0$ ab. Die Anfangswerte $x^2\big|_{x^1=0} = x^2(0)$ bzw. $x^1\big|_{x^2=0} = x^1(0)$ werden entlang der Charakteristiken $\left(x^2\right)^2 = -\left(x^1\right)^2 + \left(x^2(0)\right)^2$ bzw. $\left(x^1\right)^2 = -\left(x^2\right)^2 + \left(x^1(0)\right)^2$ propagiert, und aus den Anfangswertprofilen $I(0, x^2) = \phi(x^2)$ und $I(x^1, 0) = \psi(x^1)$ für das jeweilige Anfangswertproblem ergibt sich die allgemeine Lösung zu $I = I\left(\sqrt{x^T x}\right)$ für $x^1x^2 \neq 0$. Das Ergebnis spiegelt die geometrische Tatsache wider, daß sich die Euklidischen Abstände vom Ursprung bei der Rotation um diesen nicht ändern. ◁

In Kapitel 3 wurden Differentialgleichungssysteme mit abgeschlossenen Untermannigfaltigkeiten eines Jet-Raums identifiziert und Symmetrien von Differentialgleichungen als Automorphismen auf diesen Untermannigfaltigkeiten verstanden. Die Übertragung auf Transformationen, die Elemente einer Transformationsgruppe mit der Lie-Algebra $\mathfrak{g}$ sind, führt auf die Forderung, daß die Untermannigfaltigkeit invariant bezüglich der Gruppenwirkung sein muß. Hierzu läßt sich zunächst folgende Bedingung angeben (vgl. Proposition 2.1).

Proposition 4.5 *Eine abgeschlossene Untermannigfaltigkeit $N \subset M$ ist invariant bezüglich der Wirkung einer Lie-Gruppe G (G-invariant) genau dann, wenn der durch die infinitesimalen Erzeugenden aufgespannte Raum $\mathfrak{g}|_x$ tangential zu N ist: $\mathfrak{g}|_x \subset T_xN$ für alle $x \in N$.*

Aus der Eindeutigkeit des Flusses einer Einparametergruppe folgt, daß wenn ein Vektorfeld $\boldsymbol{v}$ tangential zu N ist, so ist $\exp(a\boldsymbol{v})N \subset N$. Zusammen mit der Tatsache, daß eine Basis der Lie-Algebra der Gruppe den Tangentialraum der Orbits in jedem Punkt aufspannt, folgt die Behauptung.

Ein reguläres Gleichungssystem $F^k(x) = 0$, $k = 1, 2, \ldots, n$, $n \leq m$, auf M definiert eine Untermannigfaltigkeit $N \subset M$ (vgl. Abschnitt 2.4). Diese ist G-invariant, genau dann wenn die Funktionen $F^k : M \to \mathbb{R}$ Invarianten der Lie-Gruppe sind. Somit folgt aus Proposition 4.5:

Theorem 4.3 (Invarianzkriterium, Olver, 1993) *Sei durch G eine (zusammenhängende) Lie-Gruppe G mit Wirkungen auf einer Mannigfaltigkeit M sowie durch ein reguläres Gleichungssystem eine Untermannigfaltigkeit*

$$M \supset N = \Big\{x \in M \mid F^k(x) = 0,\ k = 1, 2, \ldots, n\Big\}, \quad n \leq m,$$

gegeben. Das Gleichungssystem/die Untermannigfaltigkeit ist genau dann G-invariant, wenn

$$\boldsymbol{v}\Big(F^k(x)\Big) = 0, \quad k = 1, 2, \ldots, n, \quad \text{für } x \in N \tag{4.8}$$

und alle $\boldsymbol{v} \in \mathfrak{g}$ gilt.

Eine Lie-Gruppe G induziert über die Prolongation ihrer Wirkung Φ auf einer gefaserten Mannigfaltigkeit $(\mathcal{E}, \pi, \mathcal{B})$ mit lokalen Koordinaten (t, x) auch eine Wirkung auf den Jet-Räumen $J^k\pi$ mit den Koordinaten $\Big(t, x, \dot{x}, \ldots, x^{(k)}\Big)$, $k > 0$. Die Abbildung

$$\mathrm{pr}^{(k)}\Phi_g : \mathbb{R}^r \times J^k\pi \to J^k\pi, \quad k > 0,\, g \in G,$$

wird als prolongierte lokale Gruppenwirkung und die zugehörige Gruppe als prolongierte Gruppe $\mathrm{pr}^{(k)}G$ (kurz: $G^{(k)}$) bezeichnet. Entsprechend der zuvor eingeführten Invarianten einer Lie-Gruppe werden reellwertige Funktionen $I : J^k\pi \to \mathbb{R}$ mit der Eigenschaft $I\Big(\mathrm{pr}^{(k)}\Phi_g\left(x^{[k]}\right)\Big) = I\left(x^{[k]}\right)$ für alle $g \in G$ als differentielle Invarianten der Lie-Gruppe G bezeichnet. Diese sind von Interesse, da Transformationsgruppen häufig nicht frei auf M wirken. Jedoch ist es immer möglich, für Lie-Gruppen die lokal effektiv auf M wirken, ein $\delta \geq 0$ zu finden, so daß die δ-te Prolongation der Gruppenwirkung $\mathrm{pr}^{(\delta)}\theta : G \times J^\delta\pi \to J^\delta\pi$ lokal frei und die Orbitdimension $s = r$ ist, d. h. die lokalen Transformationsbeziehungen regulär bzgl. der Gruppenparameter werden (siehe Ovsiannikov (1982), §17.6 und §24.1 sowie Olver (1995), Korollar 5.14).

4.3. Konstruktive Berechnung von Invarianten: Normalisierungsalgorithmus

Für die Berechnung der Invarianten einer Lie-Gruppe läßt sich ein konstruktives Verfahren angeben, das auf einer Normalisierung der Gruppenwirkung basiert. Dabei nutzt man die durch die Orbits der Gruppe definierte Blätterung der Mannigfaltigkeit M (vgl. Abbildung 4.2). Dies setzt für alle nachfolgenden Betrachtungen (semi-)reguläre Wirkungen der Lie-Gruppen auf M voraus.

Proposition 4.6 *Sei G eine Lie-Gruppe mit regulärer Wirkung und s-dimensionalen Orbits auf einer Mannigfaltigkeit M. Dann existiert eine Karte (U_x, φ), $\varphi : U_x \to \mathbb{R}^m$, mit lokalen Koordinaten $(x, \xi) = (x^1, x^2, \ldots, x^s, \xi^1, \xi^2, \ldots, \xi^{m-s})$ und der Eigenschaft, daß jeder Orbit $\mathcal{O}$ mit $\mathcal{O} \cap U_x = N \neq \emptyset$ die Umgebung genau ein Mal schneidet, wobei die Schnittmenge N eine Niveaumenge der Form $N = \{\xi^1 = c_1, x^2 = c_2, \ldots, \xi^{m-s} = c_{m-s}\}$ mit Konstanten $c = (c_1, c_2, \ldots, c_{m-s})$ ist.*

Die Behauptung ist eine direkte Folge aus dem Frobenius-Theorem (Warner, 1983).

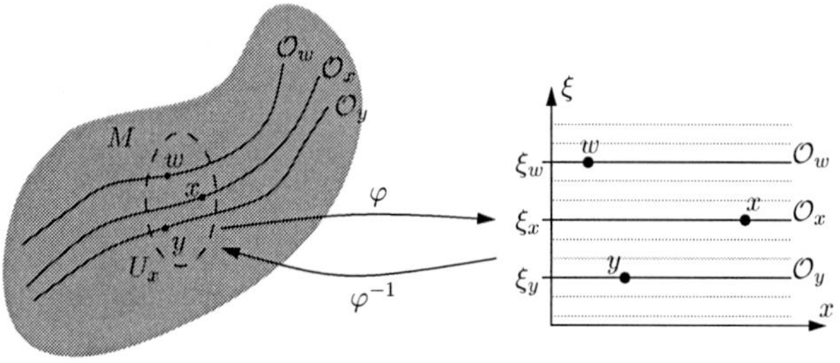

Abbildung 4.2.: Lokale Blätterung der Mannigfaltigkeit M durch die Orbits der Lie-Gruppe G in einer Umgebung U_x um den Punkt $x \in M$

Bemerkung 4.5 Für den Fall, daß die Wirkung der Lie-Gruppe semi-regulär statt regulär ist, gilt obenstehende Behauptung bis auf den Unterschied, daß ein Orbit die Umgebung mehrmals schneiden kann (Olver, 1995).

Bezüglich der Karte (U_x, φ) unterscheiden sich Punkte eines Orbits lediglich in den s Koordinaten $x = (x^1, x^2, \ldots, x^s)$, während die $(m-s)$ Koordinaten $\xi = (\xi^1, \xi^2, \ldots, \xi^{m-s})$ die Orbits voneinander unterscheiden (Abbildung 4.2). Für einen Punkt $x \in U$ wird der Orbit durch diesen mit $\mathcal{O}_x$ bezeichnet. Über die lokale Wirkung Φ_g der Gruppe gehen aus einem Punkt x die lokalen Bilder $\phi(x; a) \in \mathcal{O}_x$, $a \in \mathbb{R}^r$, entlang des Orbits hervor, wobei die ξ-Koordinaten konstant bleiben. Aus der funktionalen Unabhängigkeit der ξ-Koordinaten folgt schließlich die bereits im Theorem 4.2 vorweggenommene Aussage zur Existenz lokaler Invarianten. Es verbleibt das Problem der systematischen Berechnung eines vollständigen Satzes von funktional unabhängigen Invarianten $I_1, I_2, \ldots, I_{m-s}$ für eine gegebene Gruppe G. Zu diesem Problem wurde bereits in Killing (1889) eine auf einer Normalisierung beruhende Lösung vorgeschlagen, die hier in kurzer Form nachvollzogen werden soll. Für eine ausführlichere Darstellung siehe Olver (1999).

Wahl eines Orbitrepräsentanten und Normalisierung

Zunächst wird ausgenutzt, daß jeder Punkt $x \in M$ eines Orbits $\mathcal{O}_x$ als Repräsentant des Orbits (also der Äquivalenzklasse bzgl. der Orbitzugehörigkeit) angesehen werden kann. Ist ein solcher Repräsentant x_0 mit Koordinaten $\left(x_0^1, x_0^2, \ldots, x_0^s, \xi_0^1, \xi_0^2, \ldots, \xi_0^{m-s}\right)$, $\xi_0 = \text{const.}$, gewählt, so gibt es zu jedem anderen Punkt $\tilde{x} \in \mathcal{O}_x$ des Orbits ein Element $g \in G$, welches diesen auf den Repräsentanten x_0 abbildet, $g \cdot \tilde{x} = x_0$. Die Transformationsgleichungen $x \mapsto \phi(x; a)$ eines Punktes x zerfallen bezüglich der Karte (U_x, φ) entsprechend der Koordinatenanteile (x, ξ) in zwei Teile:

$$\phi(x; a) = (\phi_x(x; a), \phi_\xi(x; a)), \quad \text{mit } \phi_\xi(x; a) = \text{const.} \tag{4.9}$$

Über die Wahl von x_0 ergeben sich die lokalen Normalisierungsgleichungen

$$\phi_x(x; a) = x_0 : \quad \phi_x^1(x; a) = x_0^1, \quad \phi_x^2(x; a) = x_0^2, \quad \ldots, \quad \phi_x^s(x; a) = x_0^s, \tag{4.10}$$

die sich nach s Gruppenparametern als Funktionen des Punktes x, der Normalisierungskonstanten sowie der verbleibenden Gruppenparameter $a^{s+1}, \ldots, a^r$ auflösen lassen. Im folgenden sei angenommen, daß dies (ggf. durch Umnumerieren) für die ersten s Gruppenparameter $a^1, a^2, \ldots, a^s$ geschehen sei

$$a^i = \gamma^i\Big(x; a^{s+1}, \ldots, a^r\Big), \quad i = 1, 2, \ldots, s, \quad \gamma = \Big(\gamma^i\Big). \tag{4.11}$$

Durch Einsetzen der Beziehung γ in die verbliebenen Transformationsbeziehungen ϕ_ξ ergeben sich $(m-s)$ Funktionen

$$I_1 = \phi_\xi^1(x;\gamma), \qquad I_2 = \phi_\xi^2(x;\gamma), \qquad \ldots, \qquad I_{m-s} = \phi_\xi^{m-s}(x;\gamma), \tag{4.12}$$

die konstant entlang des Orbits sind (4.9). Für den Fall $r > s$, d. h. einer nicht-freien Gruppenwirkung, bei der die Orbitdimension auf M kleiner als die Gruppendimension ist, bleibt zu klären, inwiefern die Invarianten $I_1, \ldots, I_{m-s}$ von den verbliebenen $(r-s)$ Gruppenparametern abhängen. Bei der Gruppenwirkung auf M handelt es sich um lokale Diffeomorphismen bzgl. x mit der Orbitdimension s. Somit genügen s Gruppenparameter, die als Koordinaten entlang der Orbits bezüglich x_0 dienen, um die Bilder eines Punktes unter der Wirkung von Φ_g zu parametrieren, so daß die Invarianten nach der Normalisierung aufgrund der Eindeutigkeit nicht mehr von den Gruppenparameter $a^{s+1}, \ldots, a^r$ abhängen. Aus dieser Überlegung folgt nun aber, daß sich aus den Gleichungen (4.12) genau $(m-s)$ funktional unabhängige invariante (Koordinaten-)Funktionen $I_1(x), I_2(x), \ldots, I_{m-s}(x)$ ergeben.

Lokale Normalisierung aller Orbits durch U_x

Die zuvor für einen Orbit $\mathcal{O}_x$ durchgeführte Normalisierung kann auf alle diejenigen Orbits erweitert werden, die U_x schneiden. Werden die Orbitrepräsentanten im Zuge der Normalisierung derart gewählt, daß diese ausschließlich und stetig von den Orbits abhängen, d. h. in der Karte (U_x, φ) lediglich von ξ abhängen, so erhält man invariante Funktionen $I_1, I_2, \ldots, I_{m-s}$, die entlang aller Orbits auf U_x invariant sind. Die stetige Abhängigkeit von den Orbits induziert eine funktionale Abhängigkeit von den Orbitkoordinaten ξ, d. h., die rechten Seiten der Normalisierungsgleichungen (4.10) ergeben sich aus Funktionen $x_0^i = \kappa^i(\xi)$, $i = 1, 2, \ldots, s$, die eine Untermannigfaltigkeit $K \subset M$, $K = \{(x, \xi) \in U_x : x = \kappa(\xi)\}$, die Mannigfaltigkeit der Orbitrepräsentanten definieren. Alternativ kann K auch als eine s-dimensionale Niveaumenge

$$M \supset K = \Big\{x \in M : K_1\Big(x^1, x^2, \ldots, x^m\Big) = c_1, \ldots, K_s\Big(x^1, x^2, \ldots, x^m\Big) = c_s\Big\}$$

mit geeigneten Funktionen K_i sowie Konstanten $c_i \in \mathbb{R}$, $i = 1, 2, \ldots, s$, derart angeschrieben werden, daß das Gleichungssystem regulär ist. Hierbei ist als spezielle Wahl $K_i = x^i$, $i = 1, 2, \ldots, s$, möglich (vgl. Abbildung 4.3). Da die Parametrierung der Untermannigfaltigkeit K lediglich von den ξ-Koordinaten abhängt, schneidet K die Orbits der Gruppe transversal[2].

[2]Zwei Untermannigfaltigkeiten $N, P \subset M$ schneiden sich in einem gemeinsamen Punkt $p \in N \cap P$ transversal, wenn sie keinen nicht-verschwindenen Tangentialvektor gemeinsam haben: $T_pN \cap T_pP = \{0\}$.

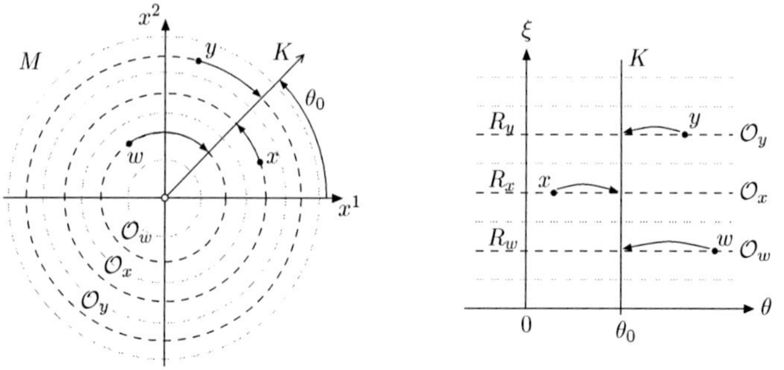

Abbildung 4.3.: Blätterung der Ebene durch die Rotationsgruppe $SO(2)$ sowie Repräsentanten der Orbits $K = \{(x^1, x^2) \mid x^2 = x^1,\ x^1 > 0\}$

In der Regel wird man jedoch nicht in der speziellen Karte (U_x, φ) arbeiten, sondern die Transformationsbeziehungen der Gruppenwirkung in sich (beliebig) aus der Problemstellung ergebenden lokalen Koordinaten anschreiben. Die Transversalitätseigenschaft folgt dann aus dem Satz über implizite Funktionen, denn für eine geeignete Wahl der Funktionen K_i wird die Jacobi-Matrix $\left[\frac{\partial(K_1,K_2,\ldots,K_s,I_1,I_2,\ldots,I_{m-s})}{\partial(x^1,x^2,\ldots,x^m)}\right]$ regulär sein. Folglich kann durch entsprechende Wahl der Konstanten c_i durch jeden Punkt in M eine transversal schneidende Untermannigfaltigkeit K konstruiert werden. Darüberhinaus führt auch die spezielle Wahl $K_i = x^i$, $i = 1, 2, \ldots, s$, auf geeignete Normalisierungsgleichungen, sofern zudem gilt, daß die $(m - s)$ Invarianten regulär bezüglich der verbleibenen $(m - s)$ Koordinaten sind:

$$K = \left\{x^1 = c_1, x^2 = c_2, \ldots, x^s = c_s\right\} \quad \text{mit } \operatorname{Rg}\left[\frac{\partial\left(I_1, I_2, \ldots, I_{m-s}\right)}{\partial\left(x^{s+1}, \ldots, x^m\right)}\right] = m - s.$$

Beispiel 4.2: (fortgesetzt) Betrachtet wird erneut die Wirkung der Rotationsgruppe $SO(2)$ in der Ebene $M = \mathbb{R}^2 \backslash \{0\}$ mit globalen Koordinaten $\left(x^1, x^2\right)$. Die Wirkung Φ_g wird durch einen Gruppenparameter $\theta \in \mathbb{R} \mod 2\pi$, den Rotationswinkel, eindeutig parametriert:

$$\Phi_g : \mathbb{R} \times M \to M, \quad x^1 \mapsto x^1 \cos\theta - x^2 \sin\theta, \quad x^2 \mapsto x^1 \sin\theta + x^2 \cos\theta.$$

Die Orbits der Gruppe bilden konzentrische Kreise um den Ursprung, d. h. der Orbit durch einen Punkt x hat den Radius $R_x = \|x\|_2$. Durch den Übergang zu Polarkoordinaten

$$x = \left(x^1, x^2\right) \in M : \qquad \xi(x) = \sqrt{x^T x}, \qquad \theta(x) = \angle x = \arctan\frac{x^2}{x^1}, \qquad \xi > 0,$$

erhält man eine Karte gemäß Proposition 4.6 (vgl. Abbildung 4.3), wobei die Orbits durch $\xi =$ const. gegeben sind. Der Strahl $K = \left\{\left(x^1, x^2\right) \mid x^2 = x^1,\ x^1 > 0\right\}$ schneidet die Orbits transversal, und die Normalisierung mit K ordnet jedem Orbit den Winkel $\theta_0 = \pi/4$ über die Repräsentanten $x^1 = x^2 = \xi/\sqrt{2}$ zu. Durch Einsetzen in die Transformationsbeziehung erhält man für jeden Punkt $x \in M$ die Abbildung $\theta = \theta_0 - \angle x$, d. h. die Zuordnung desjenigen Gruppenelements, das den Punkt auf den Repräsentanten $\theta = \theta_0$ abbildet.

◁

4.3.1. Normalisierungsalgorithmus

Auf der Grundlage der dargestellten Normalisierung der lokalen Transformationsbeziehungen für alle Orbits einer Transformationsgruppe läßt sich die Berechnung eines vollständigen Satzes funktionaler Invarianten einer Transformationsgruppe G als Algorithmus formulieren.

Sei G eine Transformationsgruppe auf M mit (lokal) freier Wirkung $\Phi_g : M \ni x \mapsto \phi(x;a)$, $a \in \mathbb{R}^r$, mit s-dimensionalen Orbits, $s \leq r$. Dann kann ein vollständiger Satz von $(m-s)$ funktional unabhängigen Invarianten wie folgt berechnet werden:

1. **Aufteilung der Transformationsbeziehungen:** Die Transformationsbeziehungen der lokalen Wirkung ϕ werden aufgeteilt

$$\phi(x;a) = \Big(\phi_I^1(x,a), \phi_I^2(x,a), \ldots, \phi_I^s(x,a), \phi_{II}^1(x,a), \phi_{II}^2(x,a), \ldots, \phi_{II}^{m-s}(x,a)\Big),$$

wobei die ersten s Komponenten $\phi_I = (\phi_I^i)$ so gewählt werden, daß diese in der Umgebung des Einselements regulär bezüglich s Gruppenparametern sind, die gegebenenfalls durch Umnumerieren mit den ersten s Gruppenparametern $a^1, a^2, \ldots, a^s$ übereinstimmen.

2. **Aufstellen und Lösen der Normalisierungsgleichungen:** Aus den Transformationsbeziehungen ϕ_I gehen durch Wahl von s Normalisierungskonstanten $c_i \in \mathbb{R}$, $i = 1, 2, \ldots, s$, die Normalisierungsgleichungen

$$\phi_I^1(x;a) = c_1, \qquad \phi_I^2(x;a) = c_2, \qquad \ldots, \qquad \phi_I^s(x;a) = c_s$$

hervor, die lokal nach $a^1, a^2, \ldots, a^s$ aufgelöst werden:

$$a^1 = \gamma^1\Big(x; a^{s+1}, \ldots, a^r\Big), \qquad \ldots, \qquad a^s = \gamma^s\Big(x; a^{s+1}, \ldots, a^r\Big). \tag{4.13}$$

3. **Berechnung der Invarianten:** Durch Einsetzen der durch die Normalisierung bestimmten Beziehung $\gamma = (\gamma^i)$ in die Transformationsbeziehungen $\phi_{II} = (\phi_{II}^i)$ erhält man einen vollständigen Satz von Invarianten:

$$I_1(x) = \phi_{II}^1 \circ \gamma\Big(x; a^{s+1}, \ldots, a^r\Big), \quad \ldots, \quad I_{m-s}(x) = \phi_{II}^{m-s} \circ \gamma\Big(x; a^{s+1}, \ldots, a^r\Big).$$

Die derart berechneten Invarianten hängen auch für den Fall $r > s$ nicht von den unbestimmten Gruppenparameter $a^{s+1}, \ldots, a^r$ ab (siehe hierzu auch Beispiel 4.4).

Bemerkung 4.6 Bei der bisherigen Darstellung wurde davon ausgegangen, daß die Dimension der Mannigfaltigkeit M auf der die Gruppe wirkt, größer oder gleich der Orbitdimension ist: $s \leq m$. Der umgekehrte Fall $s > m$ ist jedoch ebenfalls mit dem Normalisierungsansatz zu behandeln, sofern es sich bei M um eine gefaserte Mannigfaltigkeit mit Projektion π handelt, so daß die Prolongation der lokalen Gruppenwirkung ϕ bezüglich der Basiskoordinaten definiert ist. Im Zusammenhang mit der Anwendung von Transformationsgruppen auf Differentialgleichungen ist dies der Fall, und es gelingt für effektive Gruppenwirkungen immer, ein $\delta > 0$ zu wählen, so daß die δ-te Prolongation $\mathrm{pr}^{(\delta)}\phi : \mathbb{R} \times J^\delta\pi \to J^\delta\pi$ lokal frei wirkt und $s = r$ gilt (siehe auch S. 79). Anschließend kann der oben dargestellte Algorithmus unverändert durchlaufen werden, an dessen Ende ein vollständiger Satz *differentieller* Invarianten steht.

Die aus der Normalisierung hervorgehende Abbildung $\gamma : M \supset \mathcal{O}_x \to G \simeq \mathbb{R}^r$ ordnet jedem Punkt $x \in \mathcal{O}_x$ eines Orbits $\mathcal{O}_x$ aufgrund der angenommenen lokalen Regularität der (lokalen) Gruppenwirkung ϕ in eindeutiger Weise ein Gruppenelement zu, welches x auf den durch die Wahl der Normalisierungskonstanten c_i bestimmten Orbitrepräsentanten x^0 abbildet. Da die Gruppenparameter $a^1, \ldots, a^s$ entlang der Orbits lokal die Rolle von Orbitkoordinaten bzgl. x_0 übernehmen, ist durch γ gleichzeitig ein entlang der Orbits mitgeführtes Koordinatensystem gegeben, d. h., durch $\{\partial_{a^1}, \partial_{a^2}, \ldots, \partial_{a^s}\}|_x$ ist in jedem Punkt $x \in \mathcal{O}_x$ eine Basis des Tangentialraums $T_x\mathcal{O}_x$ gegeben. Aufgrund dieser Tatsache wird die Abbildung γ in der Literatur auch als mitgeführtes Koordinatensystem bzw. „repère mobile“ oder „moving frame“ bezeichnet. Die Interpretation als lokales Koordinatensystem erlaubt auch eine anschauliche Deutung des Einflusses der als freie Parameter in die Abbildung eingehenden Gruppenparameter $a^{s+1}, \ldots, a^r$ für den Fall $r > s$. Während das durch γ festgelegte Gruppenelement bereits durch die ersten s Gruppenparameter festliegt, ist das Bild der Basisvektoren des Tangentialraumes in der Art abhängig von der Wahl der verbleibenden Gruppenparameter, als daß diese die konkrete Orientierung des Koordinatensystems innerhalb des Tangentialraumes beeinflussen (siehe hierzu Beispiel 4.4 und Abbildung 4.4).

Beispiel 4.4: Als Beispiel für eine Gruppe mit $s < r$ wird die Wirkung der 3-dimensionalen Rotationsgruppe $G = \mathrm{SO}(3)$ auf Punkte des $\mathbb{R}^3$ betrachtet. Dabei wird die lokale Wirkung Φ_g der Elemente von G durch eine Parametrierung über drei Euler-Winkel (ψ, θ, φ) gemäß der 3-1-2-Sequenz dargestellt (siehe hierzu z. B. Shuster, 1993):

$$\Phi_g : [0, 2\pi) \times \left[-\frac{\pi}{2}, \frac{\pi}{2}\right] \times [0, 2\pi) \ni (\psi, \theta, \varphi) \times \mathbb{R}^3 \to \mathbb{R}^3, \quad \phi(x; \psi, \theta, \varphi) = R_{312}(\psi, \theta, \varphi)\, x,$$

wobei die Rotationsmatrix R_{312} durch die Verknüpfung dreier Elementarrotationen entsteht: $R_{312}(\psi, \theta, \varphi) = R_2(\varphi)R_1(\theta)R_3(\psi)$. In einer Umgebung um das neutrale Element $e \simeq (0, 0, 0)$ ist die Wirkung lokal effektiv und frei. Analog zum zweidimensionalen Fall bilden im 3-dimensionalen Fall die Sphären um den Ursprung die Orbits von G, und als Invarianten ergeben sich Funktionen des Radius, $I = I\left(\sqrt{x^T x}\right)$. Die Normalisierung zweier der drei Transformationsbeziehungen mit zwei Konstanten $c_1, c_2 \in \mathbb{R}$ führt durch Auflösen nach (ψ, θ) auf

$$R_{312}(\psi, \theta, \varphi)\, x = \begin{pmatrix} c_1 \\ c_2 \\ \sqrt{x^T x - c_1^2 - c_2^2} \end{pmatrix} = x_0 \quad \Longrightarrow \quad \begin{pmatrix} \psi \\ \theta \end{pmatrix} = \gamma(x; \varphi),$$

wobei der Rotationswinkel φ als freier Parameter verbleibt. Für ein festes $\varphi = \varphi_0$ erhält man eine Basis für den Tangentialraum der Gruppenorbits über die Vektorfelder $\boldsymbol{v}_1(x) = \frac{\partial \phi}{\partial \theta}\Big|_{\gamma(x;\varphi_0)}$ und $\boldsymbol{v}_1(x) = \frac{\partial \phi}{\partial \psi}\Big|_{\gamma(x;\varphi_0)}$. Eine andere Wahl $\varphi = \tilde{\varphi}_0$ führt zwar auf andere Vektorfelder $\tilde{\boldsymbol{v}}_1$ und $\tilde{\boldsymbol{v}}_2$, diese lassen sich jedoch als Linearkombination von $\boldsymbol{v}_1$ und $\boldsymbol{v}_2$ darstellen, so daß der verbleibende Gruppenparameter lediglich die Wahl der Koordinatenrichtung für das mitgeführte Koordinatensystem bestimmt (siehe hierzu auch Abbildung 4.4).

◁

4.4. Lie-Symmetrien von Differentialgleichungen

Bereits in Abschnitt 3.3.2 wurde angedeutet, daß im Unterschied zu der direkten Berechnung klassischer Symmetrien der Ansatz infinitesimaler Symmetrien in Form von Vektor-

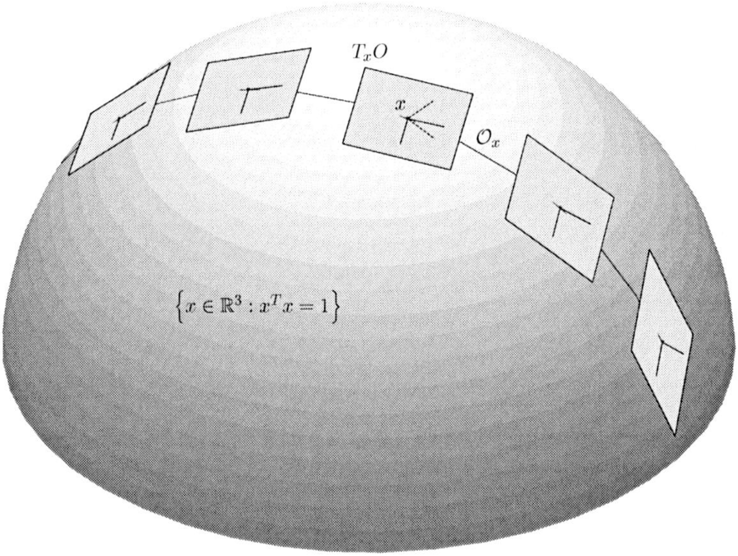

Abbildung 4.4.: Beispiel für die Wirkung der 3-dimensionalen Rotationsgruppe auf der Einheitssphäre für den Punkt x: Durch die Normalisierung induziertes mitbewegtes Koordinatensystem ($\varphi = 0$) für einige Tangentialrräume $T_{x_i}\mathcal{O}_x$ für Punkte x_i entlang des Orbits. Obere Tangentialebene: Koordinatensystem für $\varphi = 0$ und für $\varphi = \frac{\pi}{3}$ (strichliert)

feldern als Erzeugende der eigentlichen Symmetrietransformationen einen konstruktiven Zugang zum Berechnungsproblem erlaubt. Dieser wurde im Anschluß an das infinitesimale Invarianzkriterium 3.23 für eine Differentialgleichung $\mathcal{S}$ in Form des Algorithmus 3.1 zusammengefaßt und soll an dieser Stelle etwas genauer betrachtet werden. Für die klassischen infinitesimalen Symmetrien einer gewöhnlichen Differentialgleichung ist die Bezeichnung Lie-Symmetrien gebräuchlich.

Form des Ansatzvektorfeldes v_G

Analog zur direkten Berechnung von Symmetrien ist auch bei der Anwendung des infinitesimalen Zuganges zunächst die Frage nach der in Frage kommenden Form des Ansatzvektorfeldes $\boldsymbol{v}_G$ als Erzeugende der Symmetrie zu klären. Aus den Betrachtungen in Kapitel 3 ging hervor, daß Symmetrietransformationen Lie-Bäcklund-Transformationen bezüglich der Cartan-Distribution $\mathcal{C}^k$ auf $J^k\pi$ sind, die aufgrund der geometrischen Deutung als Berührungstransformationen bezeichnet wurden. Entsprechend heißt ein Vektorfeld auf $J^k\pi$, dessen zugehörige Einparameter-Transformationsgruppe aus Lie-Bäcklund-Abbildungen besteht, Lie-Bäcklund-Vektorfeld. Es stellt sich heraus, daß sich Theorem 3.1 von Bäcklund auf infinitesimalen Symmetrien überträgt.

Theorem 4.4 (Bäcklund-Theorem, infinitesimale Version)
Jedes Lie-Bäcklund-Vektorfeld auf $J^k\pi$, $k \geq 1$, ist die k-te bzw. $(k-1)$-te Prolongation eines Vektorfeldes $\boldsymbol{v}$ auf $J^0\pi$ bzw. $J^1\pi$ für den Fall einer bzw. mehr als einer abhängigen Variablen.

Für einen Beweis der infinitesimalen Version siehe Olver (1995), S. 129 ff., oder Bocharov u. a. (1999). Aus Bäcklunds Ergebnis folgt somit, daß für die Koeffizientenfunktionen eines Ansatzvektorfeldes $\boldsymbol{v}_G$ dieselben Einschränkungen hinsichtlich der Abhängigkeiten von Ableitungskoordinaten gilt wie bereits für die Berührungstransformationen auf $J^k\pi$. Für den wichtigen Fall von mehr als einer abhängigen Variablen ergibt sich daher die Form

$$\boldsymbol{v}_G = \vartheta(t,z)\partial_t + \phi^i(t,z)\partial_{z^i}.$$

Nachdem die Form des Ansatzvektorfeldes und somit die Form seiner k-ten Prolongation über die Rekursionsbesziehung (3.25) geklärt ist, wird dieses gemäß des Invarianzkriteriums (3.23) auf die Differentialgleichung angewandt. Hieraus ergibt sich das sogenannte Erzeugendensystem der Lie-Symmetriegruppe der Differentialgleichung. Dieser Schritt soll nachfolgend anhand des bereits zuvor betrachteten klassischen Kepler-Problems erläutert werden.

Beispiel 3.5: (fortgesetzt) Mit Hilfe des infinitesimalen Zugangs sollen die Lie-Symmetrien des klassischen Kepler-Problems berechnet werden, wobei die Bewegungsgleichung (3.17) in ebenen Polarkoordinaten

$$\ddot{r} - r\dot{\theta}^2 + \frac{k}{r^2} = 0, \qquad \frac{d}{dt}\left(\mu r^2\dot{\theta}\right) = 0$$

zugrundegelegt werden. Aus dem Ansatzvektorfeld

$$\boldsymbol{v}_G = \vartheta(t,r,\theta)\partial_t + \phi^1(t,r,\theta)\partial_r + \phi^2(t,r,\theta)\partial_\theta$$

ergibt sich das prolongierte Vektorfeld

$$\mathrm{pr}^{(2)}\boldsymbol{v}_G = \boldsymbol{v}_G + \sum_{j=1}^{2} \phi^i_j\left(t,r,\theta,\dot{r},\dot{\theta}\right)\partial_{z^i_j}$$

mit $z = (r,\theta)$ und den Koeffizientenfunktionen ϕ^i_j gemäß (3.25), wobei die zweiten Zeitableitungen durch Einsetzen der Bewegungsgleichungen eliminiert wurden (Restriktion auf $\mathcal{S}$). Die Anwendung des Vektorfeldes auf die Bewegungsgleichungen ergibt das folgende System linearer partieller Differentialgleichungen für die Koeffizientenfunktionen ϕ^i, $i = 1,2$, (mit $r, \mu \neq 0$)

$$\begin{aligned}
0 = {} & \dot{\theta}\left(2r\dot{\theta}\phi^2_\theta + \phi^1\dot{\theta} - \dot{\theta}\phi^1_{\theta\theta} - 2r\phi^2_t - \phi^1_r\dot{\theta}r\right) + r\phi^1_r k - \dot{r}^2\phi^1_{rr} + T_{tt}\dot{r} - 2\phi^1_{rt}\dot{r} - 2\phi^1_{t\theta}\dot{\theta} + \\
& 2\dot{r}^2 T_{rt} + \dot{r}^3 T_{rr} - \frac{2}{r^2}T_t k + \frac{2}{r}\phi^1_\theta\dot{r}\dot{\theta} + 2r\dot{\theta}\phi^2_r\dot{r} + \frac{2}{r^3}\phi^1 k + r\dot{\theta}^2 T_r\dot{r} - \frac{3}{r^2}T_r\dot{r}k - \\
& \frac{2}{r^2}T_\theta\dot{\theta}k - \frac{2}{r}\dot{r}^2\dot{\theta}T_\theta + \dot{\theta}^2\dot{r}T_{\theta\theta} - 2\dot{r}\phi^1_{r\theta}\dot{\theta} + 2\dot{r}T_{t\theta}\dot{\theta} + 2\dot{r}^2 T_{r\theta}\dot{\theta} - \phi^1_{tt}, \\
0 = {} & -r^2\left(T_r r + T_{\theta\theta}\right)\dot{\theta}^3 + \left(2\dot{r}r\left(T_\theta - 2rT_{r\theta}\right) + r^3\phi^2_r - r^2\left(2T_{t\theta} - \phi^2_{\theta\theta}\right) + 2r\phi^1_\theta\right)\dot{\theta}^2 \\
& \left(-\dot{r}^2 r^2 T_{rr} + \left(\left(2\phi^2_{r\theta} - 2T_{rt}\right)r^2 + 2\phi^1_r r - 2\phi^1\right)\dot{r} - \left(T_{tt} - 2\phi^2_{t\theta}\right)r^2 + 2r\phi^1_t + T_r k\right)\right)\dot{\theta} \\
& + \left(\phi^2_{rr}r^2 + 2\phi^2_r\right)r^2\dot{r}^2 + \left(2\phi^2_{rt}r^2 + 2r\phi^2_r\right)\dot{r} + \phi^2_{tt}r^2 - \phi^2_r k\,.
\end{aligned}$$

Durch partielles Ableiten nach den Ableitungskoordinaten lassen sich weitere differentielle Konsequenzen ableiten, und das resultierende System partieller Differentialgleichungen kann z. B. mit Hilfe eines Computer-Algebra-Systems gelöst werden:

$$\vartheta = c_1 t + c_2, \qquad \phi^1 = \frac{2}{3} c_1 r, \qquad \phi^2 = c_3, \qquad c_1, c_2, c_3 \in \mathbb{R}.$$

Mit dem o.a. Ansatz wurde die 3-dimensionale Lie-Algebra $\mathfrak{g} = \operatorname{span}\{\partial_t, \partial_\theta, t\partial_t + \frac{2}{3} r\partial_r\}$ gefunden. Die lokalen Wirkungen der Basisvektorfelder stimmen dabei mit den zuvor direkt berechneten Transformationen von Seite 52 überein:

erzeugendes Vektorfeld	Punkttransformation			Wirkung
$\boldsymbol{v}_G = \partial_t$	$\tilde{t} = t + a,$	$\tilde{r} = r,$	$\tilde{\theta} = \theta$	Zeittranslation
$\boldsymbol{v}_G = \partial_\theta$	$\tilde{t} = t,$	$\tilde{r} = r,$	$\tilde{\theta} = \theta + a$	Rotation um den Ursprung
$\boldsymbol{v}_G = t\partial_t + \frac{2}{3} r\partial_r$	$\tilde{t} = at,$	$\tilde{r} = a^{\frac{2}{3}} r,$	$\tilde{\theta} = \theta$	Orbitskalierung gem. dem 3. Keplerschen Gesetz

◁

4.4.1. Berechnung von Lie-Symmetrien von Systemen in Zustandsdarstellung

Aufgrund der speziellen Bedeutung innerhalb der regelungstechnischen Literatur soll das Erzeugendensystem für ein System in Zustandsdarstellung gesondert angegeben werden. Hierzu sei ein triviales Bündel (M, π, I), $I \subset \mathbb{R}$, $M = I \times \mathbb{R}^n \times \mathbb{R}^m$, mit globalen Koordinaten (t, x, u) zusammen mit einer klassische Zustandsdarstellung

$$x_1^k = f^k(t, x, u), \quad k = 1, 2, \ldots, n,$$

mit glatten Funktionen $f^k : M \to \mathbb{R}$ gegeben, für das ein Ansatzvektorfeld zur Berechnung der Lie-Symmetrien der Form

$$\boldsymbol{v}_G = \vartheta(t, x, u)\partial_t + \xi^k(t, x, u)\partial_{x^k} + \phi^i(t, x, u)\partial_{u^i}$$

betrachtet wird. Die Anwendung der ersten Prolongation des Vektorfeldes

$$\begin{aligned}\operatorname{pr}^{(1)}\boldsymbol{v}_G = \boldsymbol{v}_G + \left[\frac{\partial \xi^k}{\partial t} + \frac{\partial \xi^k}{\partial x^i} f^i + \frac{\partial \xi^k}{\partial u^j} u_1^j - f^k\left(\frac{\partial \vartheta}{\partial t} + \frac{\partial \vartheta}{\partial x^i} f^i + \frac{\partial \vartheta}{\partial u^j} u_1^j\right)\right] \partial_{x_1^k} \\ + \left[D_t \phi^i - u_1^i D_t \vartheta\right] \partial_{u_1^i}\end{aligned}$$

auf die Zustandsdarstellung ergibt das Erzeugendensystem

$$0 = \frac{\partial \xi^k}{\partial t} + \frac{\partial \xi^k}{\partial x^i} f^i + \frac{\partial \xi^k}{\partial u^j} u_1^j - f^k\left(\frac{\partial \vartheta}{\partial t} + \frac{\partial \vartheta}{\partial x^i} f^i + \frac{\partial \vartheta}{\partial u^j} u_1^j\right) - \frac{\partial f^k}{\partial t}\vartheta - \frac{\partial f^k}{\partial x^i}\xi^i - \frac{\partial f^k}{\partial u^j}\phi^j$$

mit $k = 1, \ldots, n$. Die affine Abhängigkeit in den Ableitungskoordinaten des Eingangs erlaubt die Aufteilung der Gleichung in das äquivalente System

$$\frac{\partial \xi^k}{\partial t} + \frac{\partial \xi^k}{\partial x^i} f^i - f^k\left(\frac{\partial \vartheta}{\partial t} + \frac{\partial \vartheta}{\partial x^i} f^i\right) - \frac{\partial f^k}{\partial t}\vartheta - \frac{\partial f^k}{\partial x^i}\xi^i - \frac{\partial f^k}{\partial u^j}\phi^j = 0, \tag{4.14a}$$

$$\sum_{j=1}^{m} \frac{\partial \xi^k}{\partial u^j} - f^k \frac{\partial \vartheta}{\partial u^j} = 0. \tag{4.14b}$$

Aus der zweiten Gleichung liest man zunächst ab, daß für den Spezialfall $\vartheta = \vartheta(t, x)$ auch $\xi^k = \xi^k(t, x)$ gelten muß. Tatsächlich lassen sich die Beziehungen (4.14b) dazu nutzen, das folgende Ergebnis abzuleiten.

Theorem 4.5 ((Kanatnikov u. Krishchenko, 1994)) *Für ein System in Zustandsdarstellung mit* Rg $\left[\frac{\partial f}{\partial u}\right]_M \geq 2$ *hängen die Koeffizientenfunktionen* ϑ *und* ξ^k, $k = 1, \ldots, n$, *nicht vom Eingang* u *ab.*

Für den Fall einer verallgemeinerten Zustandsdarstellung (3.30) müssen lediglich die Koeffizientenfunktionen des Ansatzvektorfeldes angepaßt werden

$$\boldsymbol{v}_G = \vartheta\left(t, x, u^{[\alpha]}\right)\partial_t + \xi^k\left(t, x, u^{[\alpha]}\right)\partial_{x^k} + \phi^i_j\left(t, x, u^{[\alpha]}\right)\partial_{u^i_j}, \quad j = 0, \ldots, \alpha_i,$$

wobei zu beachten ist, daß sich die Koeffizientenfunktionen ϕ^i_j, $j > 0$, aus der Prolongationsformel ableiten, d. h., es gilt $\phi^i_j = D^j_t \phi^i_0 - u^i_j D^j_t \vartheta$. An die Stelle des Eingangs u in Theorem 4.5 tritt entsprechend die jeweils höchste Eingangsableitung $u^i_{\alpha_i}$.

Durch Lösen des Erzeugendensystems (4.14) läßt sich theoretisch die vollständige Lie-Algebra zu einem gebenenen System in Zustandsdarstellung bestimmen. Praktisch wird dies jedoch nur in seltenen Fällen in der vollen Allgemeinheit gelingen, da die Bestimmungsgleichungen die Komplexität der Systemdifferentialgleichung „erben“. In der praktischen Berechnung führt daher oftmals die Verwendung gezielter Ansatzvektorfelder, d. h. die Vorgabe spezieller Koeffizientenfunktionen, z. B. mit reduzierter Variablenabhängigkeit, zum Ziel.

Aufgrund des algorithmischen Vorgehens (Wahl des Ansatzvektorfeldes, Prolongation, Herleiten des Erzeugendensystems, Lösen des Erzeugendensystems) war das Problem der automatisierten Symmetrieberechnung mit der erhöhten Verfügbarkeit von Computer-Algebra-Systemen (CAS) seit den 1970er bis in die 1990er-Jahren ein Feld aktiver Forschung, aus der zahlreiche Algorithmenpakete für verschiedene CAS-Plattformen hervorgegangen sind. Eine umfangreiche, wenngleich schon etwas ältere, Gegenüberstellung verschiedener Pakete läßt sich in Hereman (1995, 1997) nachlesen.

Berücksichtigung von Lie-Symmetrien beim Reglerentwurf

5. Struktur von Systemen in Zustandsdarstellungen mit Lie-Symmetrien

Die Untersuchung von Symmetrien gewöhnlicher Differentialgleichungen hat ihren Ursprung in den Arbeiten von Sophus Lie zur Lösung von Differentialgleichungen. Hierbei gelang es ihm, bekannte Lösungsverfahren durch seine neue Theorie basierend auf Lie-Symmetrien[1] zu begründen und zu erweitern (Lie, 1891). Ein wesentliches Ergebnis seiner Untersuchung liegt in der konstruktiven, sukzessiven Reduktion der Ordnung einer Differentialgleichung unter Verwendung der bekannten Symmetrien.

Obwohl die geschlossen Lösung der Systemdifferentialgleichungen im regelungstechnischen Kontext zumeist in den Hintergrund tritt, erlaubt die Untersuchung von Symmetrien der Modellgleichungen mitunter strukturelle Einblicke in das modellierte Problem. Insbesondere bedeutet die Existenz von Lie-Symmetrien, daß sich unter bestimmten Voraussetzungen eine Zerlegung des Differentialgleichungssystems in ein transformiertes System reduzierter Dimension und eine Kette von Integratoren finden läßt, dessen Betrachtung im Zuge des Reglerentwurfs günstig sein kann. Der Darstellung dieser Möglichkeit der Zerlegung wird in diesem Abschnitt nachgegangen, wobei eine leichte Erweiterung der Ergebnisse aus Grizzle u. Marcus (1983, 1985) auf Symmetriegruppen mit auflösbarer Lie-Algebra vorgenommen wird, und der in Zhao u. Zhang (1992) angegebene Ansatz zur Berechnung einer reduzierten Realisierung der Systemgleichung in Bezug zu dem im Kapitel 4.3 behandelten Normalisierungsverfahren gebracht wird.

5.1. Lokale Struktur von Systemen mit Zustandssymmetrie

Für die nachfolgenden Betrachtungen wird von einem System in klassischer Zustandsdarstellung

$$\dot{x} = f(x, u), \qquad t \in I \subset \mathbb{R}, x(t) \in X \subset \mathbb{R}^n, u(t) \in U \subset \mathbb{R}^m, \tag{5.1}$$

ausgegangen. Für dieses sei eine Lie-Gruppe G als Symmetriegruppe bekannt, deren Wirkung auf X durch die Elemente der Lie-Algebra

$$\mathfrak{g} = \operatorname{span}\{\boldsymbol{v}_1(x), \boldsymbol{v}_2(x), \ldots, \boldsymbol{v}_r(x)\} \tag{5.2}$$

erzeugt wird, wobei aufgrund der Symmetrieannahme die Tangentialbedingungen (3.23) mit $F^i = \dot{x}^i - f^i(x, u)$ gemäß Theorem 3.2 (Seite 54) erfüllt sind. Anhand der angegebenen Abhängigkeit der erzeugenden Vektorfelder ist klar, daß die erzeugte Symmetriegruppe

[1] Lie selbst bezeichnete diese als r-gliedrige infinitesimale Transformationen.

aus Transformationen besteht, die nur auf dem Zustandsraum wirken, sie sollen daher zur Unterscheidung als Zustandssymmetrien bezeichnet werden. (Der Grund für die Beschränkung auf Symmetrien, die lediglich auf dem Zustandsraum wirken, erschließt sich aus der späteren Diskussion von Symmetrien mit Wirkung auf den Eingang.)

Für jede Basis $\{\boldsymbol{v}_1, \ldots, \boldsymbol{v}_r\}$ der Lie-Algebra gibt es einen Satz von Konstanten $c_{ij}^k \in \mathbb{R}$, $i, j = 1, \ldots, r$, den sogenannten Strukturkonstanten der Lie-Algebra, mit denen sich die Lie-Klammern der Basisvektorfelder bezüglich der Basis darstellen lassen[2], d. h., es gilt

$$[\boldsymbol{v}_i, \boldsymbol{v}_j] = \sum_{k=1}^{r} c_{ij}^k \boldsymbol{v}_k \quad \text{für } i, j = 1, 2, \ldots, r,\ i \neq j.$$

Seien G und H zwei Lie-Gruppen, und sei durch $\varphi : H \to G$ ein Lie-Gruppen-Homomorphismus[3] gegeben, aus dem die Untermannigfaltigkeit $\tilde{G} = \varphi(H) \subset G$ hervorgeht. Dann heißt $\tilde{G}$ eine Lie-Untergruppe. Gleichsam ist durch einen Unterraum $\mathfrak{h} \subset \mathfrak{g}$ einer Lie-Algebra $\mathfrak{g}$ eine Unteralgebra von $\mathfrak{g}$ gegeben, wenn $\mathfrak{h}$ bezüglich der Lie-Klammer-Bildung abgeschlossen ist: $[\boldsymbol{v}, \boldsymbol{w}] \in \mathfrak{h}$ für alle $\boldsymbol{v}, \boldsymbol{w} \in \mathfrak{h}$ (siehe z. B. Warner, 1983). Ist durch (H, φ) eine Lie-Untergruppe mit Lie-Algebra $\mathfrak{h}$ zur Lie-Gruppe G mit Lie-Algebra $\mathfrak{g}$ gegeben, dann ist durch φ_* ein Lie-Algebra-Isomorphismus zwischen $\mathfrak{h}$ und der Unteralgebra $\varphi_*(\mathfrak{h}) \subset \mathfrak{g}$ erklärt.

Definition 5.1 (auflösbare Lie-Gruppe) Sei G eine Lie-Gruppe mit Lie-Algebra $\mathfrak{g}$. Die Lie-Gruppe heißt auflösbar (engl. solvable), wenn es eine Kette von Lie-Untergruppen

$$\{e\} = G_0 \subset G_1 \subset G_2 \subset \cdots \subset G_{r-1} \subset G_r = G,$$

derart gibt, daß für jedes $k = 1, 2, \ldots, r$ die Gruppe G_k eine k-dimensionale Untergruppe von G ist, und G_{k-1} eine normale Untergruppe[4] von G_k. Dies ist äquivalent dazu, daß es eine Kette von Unterlalgebren

$$\{0\} = \mathfrak{g}_0 \subset \mathfrak{g}_1 \subset \mathfrak{g}_2 \subset \cdots \subset \mathfrak{g}_{r-1} \subset \mathfrak{g}_r = \mathfrak{g},$$

derart gibt, daß $\dim \mathfrak{g}_k = k$ gilt, und jede Unteralgebra $\mathfrak{g}_{k-1}$ ein Ideal von $\mathfrak{g}_k$ ist:

$$[\mathfrak{g}_{k-1}, \mathfrak{g}_k] \subset \mathfrak{g}_{k-1}. \tag{5.3}$$

Aus der Bedingung (5.3) folgt, daß es eine Basis $\{\boldsymbol{v}_1, \ldots, \boldsymbol{v}_r\}$ für die Lie-Algebra gibt, für deren Elemente die Strukturgleichungen

$$[\boldsymbol{v}_i, \boldsymbol{v}_j] = \sum_{k=1}^{j-1} c_{ij}^k \boldsymbol{v}_k, \qquad \text{für } i < j \tag{5.4}$$

erfüllt sind.

Ein Spezialfall tritt ein, wenn die Strukturkonstanten für alle Basisvektorfelder verschwinden: $c_{ij}^k \equiv 0$. In diesem Fall handelt es sich um eine abelsche Lie-Gruppe, deren

[2] Bezüglich einer anderen Basis ergeben sich somit andere Konstanten.

[3] Eine glatte Abbildung $\varphi : G \to H$ zwischen zwei Lie-Gruppen G und H ist ein Lie-Gruppen-Homomorphismus, wenn diese die Gruppenoperation erhält: $\varphi(g_1 \cdot g_2) = \varphi(g_1) \cdot \varphi(g_2)$, $g_1, g_2 \in G$. Ist die Inverse von φ ebenfalls glatt, so erklärt φ einen Gruppen-Isomorphismus zwischen G und H.

[4] Eine Untergruppe H von G heißt normal, wenn $g^{-1}hg \in H$ für alle $g \in G$ und $h \in H$ gilt.

Basisvektorfelder miteinander kommutieren[5]. Dies läßt sich besonders leicht anhand der Baker-Campbell-Hausdorff-Formel[6] erkennen, die es erlaubt, eine unendliche Summe für das aus der Hintereinanderausführung zweier Flüsse von Elementen einer Lie-Algebra $\mathfrak{g}$ resultierende Vektorfeld anzugeben (siehe z. B. Miller (1972), einen allgemeinen Beweis nicht nur für Matrix-Lie-Gruppen findet man bei Hausner u. Schwartz, 1968):

$$\log(\exp(\boldsymbol{v}_1)\exp(\boldsymbol{v}_2)) = \boldsymbol{v}_1 + \boldsymbol{v}_2 + \frac{1}{2}[\boldsymbol{v}_1, \boldsymbol{v}_2] + \frac{1}{12}[\boldsymbol{v}_1, [\boldsymbol{v}_1, \boldsymbol{v}_2]] - \frac{1}{12}[\boldsymbol{v}_2, [\boldsymbol{v}_2, \boldsymbol{v}_1]] + \cdots$$

mit $\boldsymbol{v}_1, \boldsymbol{v}_2 \in \mathfrak{g}$. Alle Terme bis auf die ersten beiden gehen aus wiederholten Lie-Klammern der Vektorfelder $\boldsymbol{v}_1$ und $\boldsymbol{v}_2$ hervor. Aus $[\boldsymbol{v}_1, \boldsymbol{v}_2] = 0$ folgt somit unmittelbar $\log(\exp(\boldsymbol{v}_1)\exp(\boldsymbol{v}_2)) = \boldsymbol{v}_1 + \boldsymbol{v}_2$, d. h., die Flüsse der Vektorfelder kommutieren.

Ist die Lie-Algebra der betrachteten Gruppe nicht auflösbar, so kann gegebenenfalls eine nichttriviale abelsche Unteralgebra gefunden werden, das sogenannte Zentrum der Lie-Algebra: $\{\boldsymbol{v} \in \mathfrak{g} : [\boldsymbol{v}, \boldsymbol{w}] = 0 \, \forall \boldsymbol{w} \in \mathfrak{g}\}$. Die Elemente des Zentrums der Lie-Algebra erzeugen das Zentrum der Lie-Gruppe G: $\{g \in G : g \cdot h = h \cdot g \;\, \forall h \in G\}$.

5.1.1. Struktur der Zustandsdarstellung mit auflösbarer Lie-Symmetrie

Sei durch (5.2) eine auflösbare Lie-Algebra der Symmetriegruppe der Systemgleichungen gegeben. Aus den nachfolgenden Überlegungen geht hervor, daß aufgrund dieser Struktur die Vektorfelder $\boldsymbol{v}_1, \boldsymbol{v}_2, \ldots, \boldsymbol{v}_r$ bezüglich einer geeigneten Karte in einer Dreiecksform

$$\begin{aligned}
\boldsymbol{v}_1 &= \partial_{x^1} \\
\boldsymbol{v}_2 &= \varphi_2^1(x)\partial_{x^1} + \partial_{x^2} \\
\boldsymbol{v}_3 &= \varphi_3^1(x)\partial_{x^1} + \varphi_3^2((x))\partial_{x^2} + \partial_{x^3} \\
&\vdots \\
\boldsymbol{v}_{r-1} &= \varphi_{r-1}^1(x)\partial_{x^1} + \varphi_{r-1}^2(x)\partial_{x^2} + \ldots + \partial_{x^{r-1}} \\
\boldsymbol{v}_r &= \varphi_r^1(x)\partial_{x^1} + \varphi_r^2(x)\partial_{x^2} + \ldots + \varphi_r^{r-1}(x)\partial_{x^{r-1}} + \partial_{x^r}
\end{aligned} \tag{5.5}$$

notiert werden können. Diese Dreiecksgestalt der Lie-Klammern läßt sich nutzen, um zu zeigen, daß die Zustandsdarstellung (5.1) in eine $(n-r)$-dimensionale Zustandsdarstellung und eine Kette von r Integratoren zerlegt werden kann. Hierzu wird zunächst folgende Tatsache benötigt.

Proposition 5.1 (Warner, 1983, Prop. 1.53) *Sei durch $\boldsymbol{v}$ ein glattes Vektorfeld auf einer glatten r-dimensionalen Mannigfaltigkeit M gegeben, das im Punkt $p \in M$ nicht verschwindet. Dann gibt es eine Karte $(U, \varphi, \mathbb{R}^r)$ auf einer Umgebung U von p derart, daß das Vektorfeld bezüglich dieser Karte die Darstellung*

$$\boldsymbol{v}|_U = \partial_{u^1}|_U$$

hat.

[5] Die Reihenfolge ihrer Flüsse ist vertauschbar.

[6] Henry Frederick Baker, 1866–1956, britischer Mathematiker; John Edward Campbell, 1862–1924, irischer Mathematiker; Felix Hausdorff, 1868–1942, deutscher Mathematiker

Da die Vektorfelder $\boldsymbol{v}_1, \ldots, \boldsymbol{v}_r$ die Lie-Algebra der Symmetriegruppe aufspannen, sind diese linear unabhängig und folglich gilt $\boldsymbol{v}_i \neq 0$ auf X. Somit läßt sich in jedem Punkt $x \in X$ eine Umgebung $U_x \subset X$ und eine Karte $(U_x, \varphi, \mathbb{R}^r)$ finden, in der

$$\boldsymbol{v}_1 |_{U_x} = \partial_{x^1}|_{U_x}$$

gilt. Bezüglich dieser Karten haben die Vektorfelder somit die Form

$$\boldsymbol{v}_1 = \partial_{x^1}, \quad \boldsymbol{v}_j(x) = \varphi_j^k(x)\partial_{x^k} \quad \text{für } j = 2, \ldots, r.$$

Aus der Auflösbarkeit der Lie-Algebra folgt die Beziehung $[\,v_1, v_2\,] = c_{12}^1 v_1$, d. h., es gilt

$$\begin{pmatrix} \frac{\partial\varphi_2^1}{\partial x^1} & \frac{\partial\varphi_2^1}{\partial x^2} & \cdots & \frac{\partial\varphi_2^1}{\partial x^n} \\ \frac{\partial\varphi_2^2}{\partial x^1} & \frac{\partial\varphi_2^2}{\partial x^2} & \cdots & \frac{\partial\varphi_2^2}{\partial x^n} \\ \vdots & \vdots & \vdots & \vdots \\ \frac{\partial\varphi_2^n}{\partial x^1} & \frac{\partial\varphi_2^n}{\partial x^2} & \cdots & \frac{\partial\varphi_2^n}{\partial x^n} \end{pmatrix} \begin{pmatrix} 1 \\ 0 \\ 0 \\ \vdots \\ 0 \end{pmatrix} = \begin{pmatrix} c_{12}^1 \\ 0 \\ 0 \\ \vdots \\ 0 \end{pmatrix}.$$

Hieraus liest man unmittelbar die Bedingungen

$$\frac{\partial\varphi_2^1}{\partial x^1} = c_{12}^1, \quad \text{und} \quad \frac{\partial\varphi_2^k}{\partial x^1} = 0,\ k = 2, \ldots, n,\ j = 2, \ldots, r,$$

ab. Das Vektorfeld $\boldsymbol{v}_2$ kann somit als Linearkombination aus $\boldsymbol{v}_1$ und einem Vektorfeld $\bar{\boldsymbol{v}}_2 = \varphi_2^i(x^2, \ldots, x^r)\partial_{x^i}$ dargestellt werden, wobei $\bar{\boldsymbol{v}}_2$ als Vektorfeld auf dem $(n-1)$-dim. Teilraum $X \supset X_2 \simeq (x^2, \ldots, x^n)$ interpretiert werden kann. Da die infinitesimalen Erzeugenden linear unabhängig sind, gilt auch für $\bar{\boldsymbol{v}}_2 \neq 0$ auf X_2. Folglich läßt sich gemäß Proposition 5.1 eine Karte für X_2 mit Koordinaten $(\bar{x}^2, \ldots, \bar{x}^n)$ finden, so daß $\bar{\boldsymbol{v}}_2 = \partial_{\bar{x}^2}$ gilt. Geht man mit $\bar{x}^1 = x^1$ zu den Koordinaten $(\bar{x}^1, \ldots, \bar{x}^n)$ auf X über, so erhält man für die Vektorfelder $\boldsymbol{v}_1$, $\boldsymbol{v}_2$ und $\boldsymbol{v}_3$ die Darstellung

$$\boldsymbol{v}_1 = \partial_{\bar{x}^1}, \quad \boldsymbol{v}_2 = \bar{\varphi}_2^1(\bar{x})\partial_{\bar{x}^1} + \partial_{\bar{x}^2}, \quad \boldsymbol{v}_3 = \bar{\varphi}_3^1(\bar{x})\partial_{\bar{x}^1} + \bar{\varphi}_3^2(\bar{x})\partial_{\bar{x}^2} + \cdots + \bar{\varphi}_3^n(\bar{x})\partial_{\bar{x}^n}.$$

Aus (5.4) folgt nun die Gleichung

$$[\,\boldsymbol{v}_1, \boldsymbol{v}_3\,] = \begin{pmatrix} \frac{\partial\varphi_3^1}{\partial\bar{x}^1} & \frac{\partial\varphi_3^1}{\partial\bar{x}^2} & \cdots & \frac{\partial\varphi_3^1}{\partial\bar{x}^n} \\ \frac{\partial\varphi_3^2}{\partial\bar{x}^1} & \frac{\partial\varphi_3^2}{\partial\bar{x}^2} & \cdots & \frac{\partial\varphi_3^2}{\partial\bar{x}^n} \\ \vdots & \vdots & \vdots & \vdots \\ \frac{\partial\varphi_3^n}{\partial x^1} & \frac{\partial\varphi_3^n}{\partial x^2} & \cdots & \frac{\partial\varphi_3^n}{\partial x^n} \end{pmatrix} \begin{pmatrix} 1 \\ 0 \\ 0 \\ \vdots \\ 0 \end{pmatrix} = c_{13}^1 \begin{pmatrix} 1 \\ 0 \\ 0 \\ \vdots \\ 0 \end{pmatrix} + c_{13}^2 \begin{pmatrix} \bar{\varphi}_2^1 \\ 1 \\ 0 \\ \vdots \\ 0 \end{pmatrix},$$

und für die Koeffizientenfunktionen folgt unmittelbar $\frac{\partial\bar{\varphi}_3^k}{\partial\bar{x}^1} = 0$ für $k \geq 3$. Weiterhin leiten sich aus

$$\begin{aligned} [\,\boldsymbol{v}_2, \boldsymbol{v}_3\,] &= \begin{pmatrix} \frac{\partial\varphi_3^1}{\partial\bar{x}^1} & \frac{\partial\varphi_3^1}{\partial\bar{x}^2} & \cdots & \frac{\partial\varphi_3^1}{\partial\bar{x}^n} \\ \frac{\partial\varphi_3^2}{\partial\bar{x}^1} & \frac{\partial\varphi_3^2}{\partial\bar{x}^2} & \cdots & \frac{\partial\varphi_3^2}{\partial\bar{x}^n} \\ \vdots & \vdots & \vdots & \vdots \\ \frac{\partial\varphi_3^n}{\partial x^1} & \frac{\partial\varphi_3^n}{\partial x^2} & \cdots & \frac{\partial\varphi_3^n}{\partial x^n} \end{pmatrix} \begin{pmatrix} \bar{\varphi}_2^1 \\ 1 \\ 0 \\ \vdots \\ 0 \end{pmatrix} - \begin{pmatrix} \frac{\partial\bar{\varphi}_2^1}{\partial\bar{x}^1} & \frac{\partial\bar{\varphi}_2^1}{\partial\bar{x}^2} & \cdots & \frac{\partial\bar{\varphi}_2^1}{\partial\bar{x}^n} \\ 0 & 0 & \cdots & 0 \\ \vdots & \vdots & \vdots & \vdots \\ 0 & 0 & \cdots & 0 \end{pmatrix} \begin{pmatrix} \bar{\varphi}_3^1 \\ \bar{\varphi}_3^2 \\ \vdots \\ \bar{\varphi}_3^n \end{pmatrix} \\ &= c_{23}^1 \boldsymbol{v}_1 + c_{23}^2 \boldsymbol{v}_2 \end{aligned}$$

die Bedingungen $\frac{\partial \bar{\varphi}_3^k}{\partial \bar{x}^2} = 0$, $k \geq 3$. Aus der speziellen Struktur der Lie-Algebra folgt somit die Darstellung

$$\boldsymbol{v}_3 = \bar{\varphi}_3^1(\bar{x})\partial_{\bar{x}^1} + \bar{\varphi}_3^2(\bar{x})\partial_{\bar{x}^2} + \bar{\varphi}_3^1(\bar{x}^3, \ldots, \bar{x}^n)\partial_{\bar{x}^3} + \cdots + \bar{\varphi}_3^n(\bar{x}^3, \ldots, \bar{x}^n)\partial_{\bar{x}^n}.$$

Das Vektorfeld $\boldsymbol{v}_3$ läßt sich somit als Linearkombination aus $\boldsymbol{v}_1$, $\boldsymbol{v}_2$ sowie einem nicht verschwindenen Vektorfeld $\tilde{\boldsymbol{v}}_3$ auf $X_2 \supset X_3 \simeq (\bar{x}^3, \ldots, \bar{x}^n)$ darstellen, so daß es eine Karte für X_3 mit Koordinaten $(\tilde{x}^3, \ldots, \tilde{x}^n)$ gibt, in der $\tilde{\boldsymbol{v}}_3 = \partial_{\tilde{x}^3}$ gilt. Mit $\tilde{x}^1 = x^1$ und $\tilde{x}^2 = \bar{x}^2$ erhält man auf X somit die Darstellung

$$\boldsymbol{v}_1 = \partial_{\tilde{x}^1}, \quad \boldsymbol{v}_2 = \tilde{\varphi}_2^1(\tilde{x})\partial_{\tilde{x}^1} + \partial_{\tilde{x}^2}, \quad \boldsymbol{v}_3 = \tilde{\varphi}_3^1(\tilde{x})\partial_{\tilde{x}^1} + \tilde{\varphi}_3^2(\tilde{x})\partial_{\tilde{x}^2} + \partial_{\tilde{x}^3}\,.$$

Die Fortführung dieser Konstruktion für die übrigen $(r-3)$ Vektorfelder führt unter Ausnutzung der jeweils zuvor abgeleiteten Dreiecksgestalt schließlich auf eine Karte für X mit Koordinaten $(x^1, \ldots, x^n)$, bezüglich derer die infinitesimalen Vektorfelder die Darstellung (5.5) haben.

Diese Struktur läßt aufgrund der Annahme, daß es sich bei den Vektorfeldern um infinitesimale Symmetrien der Systemgleichung handelt, Rückschlüsse auf die interne Struktur der Zustandsdarstellung zu. Hierzu wird zunächst das Vektorfeld $\boldsymbol{v}_1 = \partial_{x^1}$ bzw. die Wirkung seiner Prolongation $\mathrm{pr}^{(1)}\boldsymbol{v}_1 = \boldsymbol{v}_1$ auf die Zustandsdarstellung angeschrieben:

$$\frac{\partial}{\partial x^1}\left(\dot{x} - f(x,u)\right) = -\frac{\partial f}{\partial x^1} = 0, \tag{5.6}$$

wobei die rechte Seite aus der Symmetrieannahme folgt. Hieraus liest man unmittelbar $f = f(x^2, \ldots, x^n, u^1, \ldots, u^m)$ ab. Wendet man das Vektorfeld $\boldsymbol{v}_2$ in der Darstellung (5.5) auf die Differentialgleichung für die Komponenten x^k, $k \geq 2$, an, so ergeben sich die Bedingungen

$$0 = \frac{\partial f^k}{\partial x^2}, \quad k = 2, \ldots, n,$$

so daß $f^k = f^k(x^3, \ldots, x^n, u^1, \ldots, u^m)$ gilt. Dieses Argument läßt sich sukzessive für die verbliebenen $(r-2)$ Vektorfelder $\boldsymbol{v}_3, \ldots, \boldsymbol{v}_r$ anwenden, und schließlich erhält man bezüglich der konstruierten Karte eine Zustandsdarstellung der Form

$$\begin{array}{rcl}
\dot{x}^1 & = & f^1(x^2, x^3, x^4, x^5 \ldots, x^n, u^1, \ldots, u^m) \\
\dot{x}^2 & = & f^2(x^3, x^4, x^5, \ldots, x^n, u^1, \ldots, u^m) \\
 & \vdots & \\
\dot{x}^{r-1} & = & f^1(x^r, x^{r+1}, \ldots, x^n, u^1, \ldots, u^m) \\
\dot{x}^r & = & f^r(x^{r+1}, \ldots, x^n, u^1, \ldots, u^m) \\
\hdashline
\dot{x}^{r+1} & = & f^{r+1}(x^{r+1}, \ldots, x^n, u^1, \ldots, u^m) \\
 & \vdots & \\
\dot{x}^n & = & f^n(x^{r+1}, \ldots, x^n, u^1, \ldots, u^m)
\end{array}
\left.\begin{array}{l} \\ \\ \\ \end{array}\right\} =: F(\xi, u) \tag{5.7}$$

bestehend aus einem $(n-r)$-dimensionalen Teilsystem $\dot{\xi} = F(\xi, u)$, $\xi = \left(x^{r+1}, \ldots, x^n\right)^T$, und einer Kette von r Integrationen mit Nichtlinearitäten $f^1, f^2, \ldots, f^r$ (vgl. Abbildung 5.1).

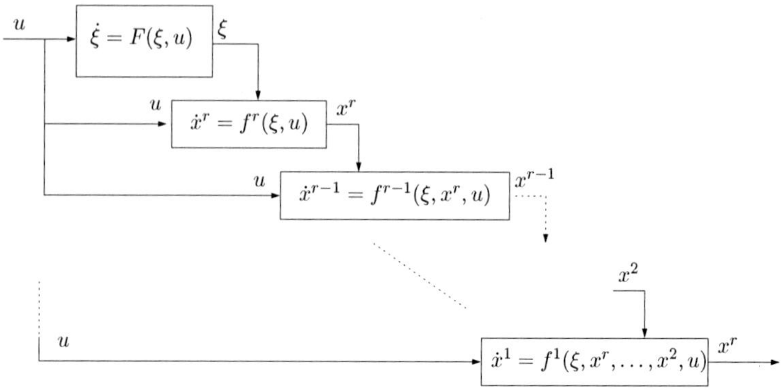

Abbildung 5.1.: Zerlegung eines Systems in Zustandsdarstellung mit r-dimensionaler auflösbarer Lie-Symmetrie in ein $(n-r)$-dimensionales Teilsystem $\dot{\xi} = F(\xi, u)$ und eine Kette von r Integratoren mit statischen Nichtlinearitäten $f^1, \ldots, f^r$.

5.1.2. Abelsche Lie-Algebra der Symmetriegruppe

Die obenstehende Zerlegung (5.7) in ein System reduzierter Ordnung plus Integratoren wurde für den Spezialfall einer abelschen Lie-Algebra bereits in Grizzle u. Marcus (1983, 1985) angegeben. Im abelschen Fall verschwinden alle Strukturkonstanten $c_{ij}^{\bullet}$ in (5.5), woraus sich beim Durchlaufen der obenstehenden Konstruktion die Bedingungen

$$\frac{\partial \varphi_j^k}{\partial x^i} = 0 \quad \text{für alle } j \neq i \text{ und } k \neq j$$

ergeben. Die Vektorfelder haben in der zuletzt gewählten Karte somit die Darstellung

$$\boldsymbol{v}_1 = \partial_{x^1}, \quad \boldsymbol{v}_2 = \partial_{x^2}, \quad \ldots, \quad \boldsymbol{v}_r = \partial_{x^r}.$$

Diese Struktur führt auf der Basis derselben Argumentation wie für den allgemeinen auflösbaren Fall auf die in Abbildung 5.1 dargestellte Struktur der Zustandsdarstellung.

5.1.3. Lie-Algebra ohne spezielle Struktur

Ist die Lie-Algebra der Symmetriegruppe weder auflösbar noch abelsch, so hat das obere r-dimensionale Teilsystem in Gleichung (5.7) nicht die dort angegebene Form einer Integratorkette. Die Aufteilung in zwei Teilsysteme gelingt jedoch trotzdem mit dem Unterschied, daß keine weitere Aussage über die Struktur des abgespaltenen r-dimensionalen Teilsystems getroffen werden kann. Zunächst gilt für die Lie-Klammern der linear unabhängigen infinitesimalen erzeugenden Vektorfelder

$$[\boldsymbol{v}_i, \boldsymbol{v}_j] = c_{ij}^1 \boldsymbol{v}_1 + c_{ij}^2 \boldsymbol{v}_2 + \cdots + c_{ij}^r \boldsymbol{v}_r.$$

Die zuvor durchgeführte Konstruktion einer Karte zur Darstellung der Vektorfelder in einer Dreiecksgestalt gelingt nun jedoch nicht mehr, da die Vektorfelder $\overline{\boldsymbol{v}}_2, \overline{\boldsymbol{v}}_3$ nicht mehr nur auf $\tilde{X}_2$ bzw. X_3 definiert sind – die Konstruktion bricht somit nach dem ersten Schritt ab. Jedoch spannen die Elemente der Lie-Algebra $\mathfrak{g}$ eine involutive Distribution auf, so daß sich aus dem Frobenius-Theorem ableiten läßt, daß es in jedem Punkt von X ein lokales Koordinatensystem gibt, in dem die Integralmannigfaltigkeiten (Orbits der Gruppenwirkungen) gerade Teilmannigfaltigkeiten sind, in denen $x^i = \text{const.}$, $i = r+1, \ldots, n$, gilt, d. h., die Gruppe wirkt nur entlang der ersten r Koordinatenrichtungen. (Eine Konstruktion der Karte findet man bei Warner (1983) im Beweis des Theorem 1.60.) Bezüglich dieser Karte haben die r infinitesimalen Erzeugenden die Form

$$\boldsymbol{v}_i = \varphi_i^1\left(x^1, \ldots, x^r\right) \partial_{x^1} + \varphi_i^2\left(x^1, \ldots, x^r\right) \partial_{x^2} + \cdots + \varphi_i^r\left(x^1, \ldots, x^r\right) \partial_{x^r},$$

und entlang eines Orbits der Gruppenwirkung unterscheiden sich die Koordinaten nur in den r Komponenten $x^1, \ldots, x^r$. Notiert man die Symmetriebedingung $\mathrm{pr}^{(1)}\boldsymbol{v}_i(\dot{x} - f(x, u))$ in diesen lokalen Koordinaten, so ergibt sich der Ausdruck

$$\left(\begin{array}{ccc|c} \frac{\partial \varphi_j^1}{\partial x^1} & \cdots & \frac{\partial \varphi_j^1}{\partial x^r} & \\ \vdots & \vdots & \vdots & 0_{r\times(n-r)} \\ \frac{\partial \varphi_j^r}{\partial x^1} & \cdots & \frac{\partial \varphi_j^r}{\partial x^r} & \\ \hline & 0_{(n-r)\times r} & & 0_{(n-r)\times(n-r)} \end{array}\right) \begin{pmatrix} f^1 \\ f^2 \\ f^3 \\ \vdots \\ f^n \end{pmatrix} - \left[\frac{\partial f}{\partial x}\right] \begin{pmatrix} \varphi_j^1 \\ \vdots \\ \varphi_j^r \\ 0 \\ \vdots \\ 0 \end{pmatrix} = [\,\boldsymbol{v}_f, \boldsymbol{v}_j\,] = 0, \qquad (5.8)$$

für $j = 1, \ldots, r$, d. h., die infinitesimalen Erzeugenden kommutieren mit dem Vektorfeld $\boldsymbol{v}_f = f^i \partial_{x^i}$. Hieraus folgt jedoch, daß die Lie-Algebra $\mathfrak{g}$ invariant bezüglich $\boldsymbol{v}_f$ ist, d. h., es gilt $[\,\boldsymbol{v}, \boldsymbol{v}_f\,] \in \mathfrak{g}$ für alle $\boldsymbol{v} \in \mathfrak{g}$. Betrachtet man nun die Elemente $\mathfrak{g} \ni \boldsymbol{e}_i = \partial_{x^i}$, $i = 1, \ldots, r$, so müssen die Gleichungen

$$[\,\boldsymbol{v}_f, \boldsymbol{e}_i\,] = -\begin{pmatrix} \frac{\partial f^1}{\partial x^i} \\ \frac{\partial f^2}{\partial x^i} \\ \vdots \\ \frac{\partial f^n}{\partial x^i} \end{pmatrix} = \lambda_i^1\left(x^1, \ldots, x^r\right) \partial_{x^1} + \cdots + \lambda_i^r\left(x^1, \ldots, x^r\right) \partial_{x^r}$$

für geeignete Funktionen λ_i^k in den gewählten Koordinaten erfüllt sein. Hieraus folgt jedoch für die Funktionen $f^{r+1}, \ldots, f^n$ gerade $f^k = f^k(x^{r+1}, \ldots, x^n, u^1, \ldots, u^m)$, $k = r+1, \ldots, n$.

Bemerkung 5.1 Eine genaue Betrachtung der Lie-Klammern (5.8) für alle infinitesimalen Erzeugenden führt ebenfalls zu dem angegebenen Ergebnis, denn aus den unteren r Zeilen folgt jeweils

$$\left(\frac{\partial f^k}{\partial x^1}, \ldots, \frac{\partial f^k}{\partial x^r}\right) \begin{pmatrix} \varphi_j^1 \\ \vdots \\ \varphi_j^r \end{pmatrix} = 0, \quad k = r+1, \ldots, n,$$

und durch Betrachtung aller r Lie-Klammern von $\boldsymbol{v}_f$ mit den erzeugenden Vektorfeldern entsteht das lineare Gleichungssystem

$$\begin{pmatrix} \frac{\partial f^{r+1}}{\partial x^1} & \cdots & \frac{\partial f^{r+1}}{\partial x^r} \\ \vdots & \vdots & \vdots \\ \frac{\partial f^n}{\partial x^1} & \cdots & \frac{\partial f^n}{\partial x^r} \end{pmatrix} \underbrace{\begin{pmatrix} \varphi_1^1 & \varphi_2^1 & \cdots & \varphi_r^1 \\ \vdots & \vdots & \cdots & \vdots \\ \varphi_1^r & \varphi_2^r & \cdots & \varphi_r^r \end{pmatrix}}_{=:\Phi} = 0_{r\times r}\,.$$

Aus der linearen Unabhängigkeit der Vektorfelder $\boldsymbol{v}_1, \ldots, \boldsymbol{v}_r$ folgt die Regularität der Matrix Φ, so daß die Bedingungen $\frac{\partial f^k}{\partial x^i} = 0$ für $i = 1, \ldots, r$ und $k = r+1, \ldots, n$ abgelesen werden können.

Im Unterschied zu einer Symmetrie mit auflösbarer Lie-Algebra erlaubt die Invarianz der Lie-Algebra $\mathfrak{g}$ bezüglich $\boldsymbol{v}_f$ somit lediglich eine Zerlegung der Zustandsdarstellung in ein $(n-r)$-dimensionales und ein r-dimensionales Teilsystem:

$$\begin{aligned} \dot{\xi} &= F_1(\xi, u) \\ \dot{\eta} &= F_2(\xi, \eta, u) \end{aligned} \tag{5.9}$$

mit $\xi = (x^{r+1}, \ldots, x^n)$, $\eta = (x^1, \ldots, x^r)$. Gemäß Proposition 5.1 kann das r-dimensionale Teilsystem (5.9) durch Wahl einer entsprechenden Karte in einen Integrator (mit statischer Nichtlinearität) und ein $(r-1)$-dimensionales Teilsystem zerlegt werden (vgl. Gleichung (5.6)):

$$\dot{\eta}^k = F_2^k\Big(\xi, \eta^2, \ldots, \eta^r, u^1, \ldots, u^m\Big) = F_2^k(\xi, \overline{\eta}, u)\,, \quad k = 1, \ldots, r,$$

wobei F_2^k für die Komponenten von F_2 bezüglich der neuen Karte steht. Mit $\bar{F}_2 = (F_2^2, \ldots, F_2^r)$ ergibt sich die in Abbildung 5.2 dargestellte Struktur für die Zustandsdarstellung in den neuen Koordinaten.

5.1.4. Lie-Algebra mit l-dimensionalem Zentrum

Besitzt die Lie-Algebra $\mathfrak{g}$ ein l-dimensionales Zentrum, so gibt es eine Basis $\{\boldsymbol{v}_1, \ldots, \boldsymbol{v}_r\}$ für $\mathfrak{g}$ mit der Eigenschaft

$$[\,\boldsymbol{v}_i, \boldsymbol{v}_j\,] = 0 \quad \text{für } i = 1, \ldots, l,\ j = 1, \ldots, r,$$

d. h., l Vektorfelder der Basis kommutieren mit allen r Basisvektorfeldern. Für die Strukturkonstanten der Lie-Algebra gilt folglich $c_{ij}^k = 0$ für $k = 1, 2, \ldots, l$, und es läßt sich eine Karte finden, bezüglich derer die Vektorfelder die Darstellung

$$\begin{aligned} \boldsymbol{v}_i &= \partial_{x^i}, && \text{für } i = 1, 2, \ldots, l+1, \\ \boldsymbol{v}_i &= \varphi_i^{l+1}\partial_{x^{l+1}} + \cdots + \varphi_i^r \partial_{x^r}, && \text{für } i = l+2, \ldots, r, \end{aligned}$$

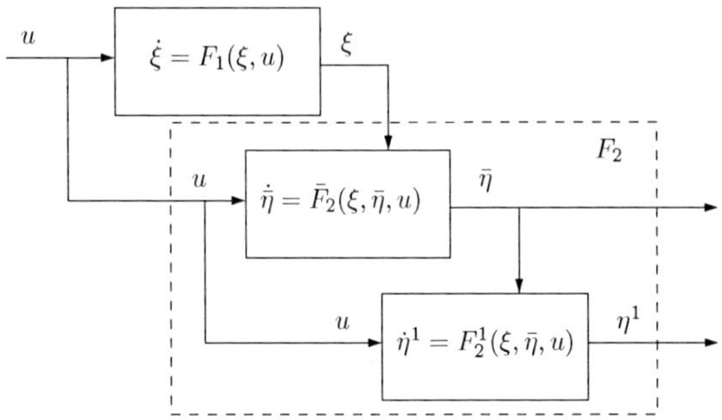

Abbildung 5.2.: Zerlegung eines Systems in Zustandsdarstellung mit r-dimensionaler Lie-Symmetrie in eine Kaskade bestehend aus einem $(n-r)$-dimensionalen Teilsystem $\dot{\xi} = F_1(\xi, u)$, einem $(r-1)$-dimensionalen Teilsystem $\dot{\bar{\eta}} = \bar{F}_2(\xi, \bar{\eta}, u)$ sowie einem Integrator mit Nichtlinearität $F_2^1(\xi, \bar{\eta}, u)$

haben. Unter Ausnutzung der Symmetriebedingungen erhält man bezüglich dieser Karte sodann die Systemdarstellung

$$\begin{aligned} \dot{\xi} &= F_1(\xi, u) && (n-r)\text{-dim. Teilsystem} \\ \dot{\eta} &= F_2(\xi, \eta, u) && (r-l-1)\text{-dim. Teilsystem} \\ \left.\begin{aligned} \dot{x}^{l+1} &= f^{l+1}(\xi, \eta, u) \\ \dot{x}^{l} &= f^{l}\big(\xi, \eta, x^{l+1}, u\big) \\ &\vdots \\ \dot{x}^{1} &= f^{1}\big(\xi, \eta, x^{l+1}, \dots, x^2, u\big) \end{aligned}\right\} & && l+1 \text{ Integratoren} \end{aligned}$$

mit $\xi = (x^{r+1}, \dots, x^n)$, $F_1 = (f^{r+1}, \dots, f^n)$, $\eta = \big(x^{l+2}, \dots, x^r\big)$, $F_2 = \big(f^{l+2}, \dots, f^r\big)$ (vgl. Abbildung 5.3).

5.2. Struktur der Zustandsdarstellung bei Lie-Symmetrie mit Wirkung auf den Eingang

Die im vorangegangenen Abschnitt angegebenen Zerlegung der Zustandsdarstellung auf der Grundlage der infinitesimalen erzeugenden Vektorfelder basiert auf der Konstruktion einer geeigneten Karte, bezüglich der die Flüsse der Vektorfelder lediglich entlang r Koordinatenrichtungen wirken. Werden anstelle reiner Zustandstransformationen auch Symmetrien mit Wirkung auf den Eingang u zugelassen, d. h. infinitesimale Erzeugende der Form

$$v_k = \varphi_k^i(x)\partial_{x^i} + \psi_k^j(x, u)\partial_{u^j}, \quad k = 1, \dots, r, \tag{5.10}$$

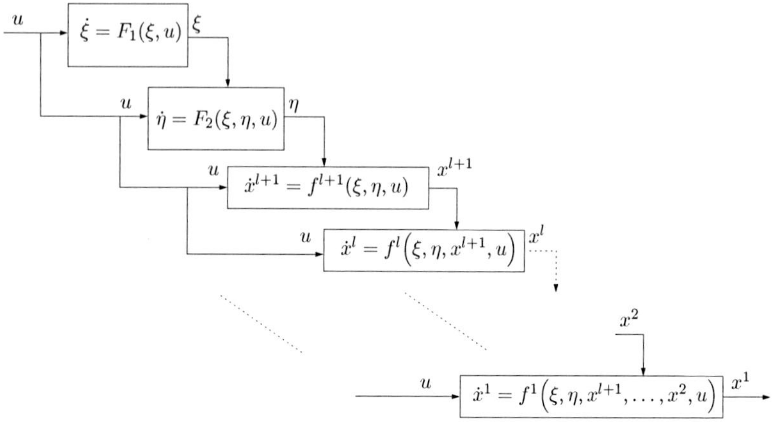

Abbildung 5.3.: Zerlegung eines Systems in Zustandsdarstellung mit r-dimensionaler Lie-Symmetrie und l-dimensionalem Zentrum

so läßt sich zwar wie zuvor eine Karte mit Koordinaten $(z^1, \dots, z^{n+m})$ für $X \times U$ finden[7], bezüglich der die Vektorfelder die Darstellung

$$\boldsymbol{v}_k = \tilde\varphi_k^1\left(z^1, \dots, z^r\right)\partial_{z^1} + \dots + \tilde\varphi_k^r\left(z^1, \dots, z^r\right)\partial_{z^r}$$

haben, jedoch gilt i. allg. $z^i = \zeta^i(x, u)$, $i = 1, \dots, r$. Durch das Auftreten des Eingangs u, läßt sich auf der Grundlage dieser Karte keine Zerlegung nach dem zuvor angegebenen Muster angeben. Für den Spezialfall, daß die r Vektorfelder

$$\tilde{\boldsymbol{v}}_k = \varphi_k^i(x)\partial_{x^i}, \quad k = 1, \dots, r,$$

eine Lie-Algebra $\tilde{\mathfrak{g}}$ auf X bilden, d. h. $[\,\tilde{\boldsymbol{v}}_i, \tilde{\boldsymbol{v}}_j\,] \in \tilde{\mathfrak{g}}$ für alle $\boldsymbol{v}_i, \boldsymbol{v}_j \in \mathfrak{g}$, lassen sich die vorangegangenen Zerlegungen anwenden, sobald die ursprüngliche Zustandsdarstellung durch eine (bezüglich dem Eingang) reguläre Zustandsrückführung derart transformiert wurde, daß die Symmetriegruppe eine reine Zustandssymmetrie ist. Dies gelingt, da die Elemente von $\tilde{\mathfrak{g}}$ eine involutive Distribution aufspannen. Wegen $r < n$ bedeutet dies, daß die Wirkung der Gruppe auf X frei ist, d. h., die Transformationsgleichungen für r Komponenten des Zustands lassen sich normalisieren:

$$\tilde x^1 = \varphi^1\left(x; a^1, \dots, a^r\right) = c_1, \quad \dots \quad , \quad \tilde x^r = \varphi^r\left(x; a^1, \dots, a^r\right) = c_r, \tag{5.11}$$

wobei φ^k, $k = 1, \dots, r$ für die lokale Wirkung der Symmetrie parametriert in den r Gruppenparametern $a^1, \dots, a^r$ steht. Aus den Normalisierungsgleichungen erhält man eine Abbildung $a = \gamma(x)$, und durch Einsetzen dieser in die Transformationsbeziehungen für den

[7]Die Koordinaten werden mit z^i bezeichnet, um diese von den Zuständen zu unterscheiden.

Eingang u ergeben sich m funktionale Invarianten

$$I_1(x,u) = \psi^1(x,u;\gamma(x))\,, \quad I_2(x,u) = \psi^2(x,u;\gamma(x))\,, \quad \ldots \quad , \quad I_m(x,u) = \psi^m(x,u;\gamma(x))\,,$$

wobei ψ^k, $k = 1,\ldots,m$, für die lokale Wirkung der Symmetriegruppe auf u steht. Die Invarianten $I_1,\ldots,I_m$ sind Diffeomorphismen bezüglich u und können als Zustansrückführung

$$\tilde{u}^1 = I_1(x,u)\,, \qquad \tilde{u}^2 = I_2(x,u)\,, \qquad \ldots \quad , \qquad \tilde{u}^m = I_m(x,u)\,.$$

aufgefaßt werden (Einführen eines alternativen Eingangs). In den neuen $(x,\tilde{u})$-Koordinaten haben die r infinitesimalen Erzeugenden gerade die Form einer Zustandssymmetrie, d. h., es gilt $\boldsymbol{v}_i = \tilde{\boldsymbol{v}}_i$, $i = 1,\ldots,r$. Die Zustandsdarstellung $\dot{x} = \tilde{f}(x,\tilde{u})$ hat dann eine Struktur entsprechend der Beschaffenheit der Lie-Algebra $\tilde{\mathfrak{g}}$.

Bemerkung 5.2 Die angegebenen Ergbenisse zur Struktur einer Zustandsdarstellung mit Zustandssymmetrie für den abelschen bzw. nicht-abelschen Fall mit Zentrum wurden in Grizzle u. Marcus (1985) in koordinatenfreier Weise formuliert, wobei ein System in Zustandsdarstellung im Faserbündel $(\mathcal{E},\pi,\mathcal{B})$ mit Basismannigfaltigkeit $\mathcal{B} \simeq (x^1,\ldots,x^n)$, totaler Mannigfaltigkeit $\mathcal{E} \simeq (x^1,\ldots,x^n,u^1,\ldots,u^m)$ und $\pi : \mathcal{E} \to \mathcal{B}$ betrachtet wird:

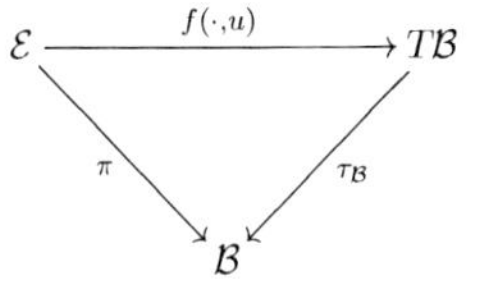

Auf der Grundlage dieses Zuganges lassen sich neben den lokalen Ergebnissen auch globale Versionen der Zerlegung formulieren. Hierzu wird die Zustandsdarstellung auf einen Anteil entlang der Orbits der Symmetriegruppe G und in einen Anteil „von Orbit zu Orbit" auf der glatten Mannigfaltigkeit[8] $\mathcal{B}/G$ zerlegt (siehe auch Abraham u. Marsden, 1987).

Bemerkung 5.3 Bei der Formulierung von Ergebnissen zur Erreichbarkeit und Beobachtbarkeit für nichtlineare Systeme in Zustandsdarstellung spielen invariante involutive Distributionen $\Delta \subset TX$ eine Rolle, die entlang der Flüsse von f invariant sind, d. h., es gilt $[\,f,\Delta\,] \subset \Delta$ (vgl. Isidori, 1995). Aus der Beziehung (5.8) liest man ab, daß es sich bei der durch die infinitesimalen erzeugenden Vektorfelder aufgespannten involutiven Distribution $\Delta_G = \operatorname{span}\{\boldsymbol{v}_1,\ldots,\boldsymbol{v}_r\}$ um eine bezüglich f invariante Distribution handelt. Entsprechend stimmen die Überlegungen zur Systemstruktur für Systeme mit einer r-dimensionalen invarianten Distribution in Abschnitt 1.7 aus Isidori (1995) mit der in (5.9) angegebenen Zerlegung überein.

5.3. Übergang zu einer reduzierten Zustandsdarstellung

Die zuvor durchgeführte Konstruktion einer geeigneten Rückführung zur Überführung eines Systems mit Lie-Symmetrie mit Wirkung auf den Eingang in ein äquivalentes System

[8] Diese Mannigfaltigkeit ist wohldefiniert, wenn die Gruppenwirkung eigentlich und frei auf $\mathcal{B}$ ist (Abraham u. Marsden, 1987, Proposition 4.1.23).

mit mit Zustandssymmetrie stellt gleichzeitig einen Ansatz dar, um auf eine (lokale) Systemdarstellung mit reduzierter Zustandsdimension überzugehen. Die Idee besteht darin, eine Zerlegung der Differentialgleichung in einen Teil entlang der Wirkung der Symmetriegruppe (entlang der Orbits bzw. auf der Lie-Gruppe) und einen zweiten Teil, der die Bewegung „von Orbit zu Orbit" beschreibt (vgl. Abbildung 5.4) durchzuführen. Dabei soll davon ausgegangen werden, daß die Wirkung von G (lokal) frei auf X mit Orbitdimension $s = r$ ist, d. h. eine Normalisierung wie zuvor in (5.11) durchführbar ist. Wendet man die erhaltene Abbildung $a = \gamma(x)$ auf die verbleibenden $(n - r)$ Transformationsbeziehungen für die Zustandsvariablen $x^{r+1}, \ldots, x^n$ an, so ergeben sich die Invarianten

$$z^1 = \varphi^{r+1}(x, \gamma(x)), \quad z^2 = \varphi^{r+2}(x, \gamma(x)), \quad \ldots \quad , \quad z^{n-r} = \varphi^n(x, \gamma(x)).$$

Diese neuen Koordinaten sind per Konstruktion entlang der Gruppenorbits konstant. Da dies auch für die normalisierten Koordinaten $x^1, \ldots, x^r$ gilt, erhält man durch Einsetzen der Normalisierungskonstanten einen Diffeomorphismus $z^i = \zeta^i(x^{r+1}, \ldots, x^n)$, $i = 1, \ldots, n-r$, der entlang der Orbits invariante neue Koordinaten definiert. Darüber hinaus ist die resultierende Zustandsdarstellung

$$\dot{z}^i = \frac{\partial \zeta^i}{\partial x^j} f^j(x, u)\bigg|_{x=\left(c_{[r]}, \zeta^{-1}(z)\right)} = \tilde{f}(z, u), \quad i = 1, \ldots, n-r,$$

gerade eine reduzierte Zustandsdarstellung[9] von der Dimension $(n - r)$.

Es bleibt noch die Frage zu klären, durch welche Gleichung die Bewegung entlang der Orbits beschrieben wird. Hierfür macht man sich klar, daß die Betrachtung der aus der Normalisierung hervorgegangenen Abbildung

$$\gamma : X \to \mathbb{R}^r \simeq G, \quad a = \gamma(x)$$

entlang der Lösungen von f gerade die inverse Entwicklung der Bewegung entlang der Orbits bezüglich des durch die Normalisierung fixierten Orbitrepräsentanten beschreibt (das Element $\gamma(x)$ der Gruppe transformiert einen Punkt x entlang des Orbits $\mathcal{O}_x$ auf den Orbitrepräsentanten des Orbits). Man könnte nun den durch die Gruppenmultiplikation $m(\cdot, \cdot)$ gegebenen Zusammenhang zwischen $g^{-1} \simeq \gamma(x)$ und $g \simeq \tilde{\gamma}$ ausnutzen, um über den Satz der Umkehrfunktion die Lie-Ableitung von $L_f \tilde{\gamma}$ zu bestimmen. Einfacher ist es jedoch mitunter eine zweite Normalisierung durchzuführen, indem man fordert, daß der durch die Normalisierungskonstanten $c_1, \ldots, c_r$ fixierte Orbitrepräsentant $(c_1, \ldots, c_r) \in \mathbb{R}^r$ entlang der Orbits auf x abgebildet wird. Dabei ist klar, daß die Koordinaten z konstant entlang dieser Translation entlang der Orbits sind, d. h., es werden die obigen Normalisierungsgleichungen lediglich in „umgekehrter Richtung" betrachtet. Hierzu werden die ersten Transformationsbeziehungen der Symmetrie in $(\xi, z) = (x^1, \ldots, x^r, z^1, \ldots, z^{n-r})$-Koordinaten notiert und die Normalisierungsgleichungen

$$\tilde{\varphi}^1(c_1, \ldots, c_r, z; a) = x^1, \quad \tilde{\varphi}^2(c_1, \ldots, c_r, z; a) = x^2, \quad \ldots \quad , \quad \tilde{\varphi}^r(c_1, \ldots, c_r, z; a) = x^r$$

[9] Durch das Einsetzen der Normalisierungskonstanten sowie des (entlang der Orbits) mitgeführten Koordinatensystems γ in f erhält man die sogenannte Invariantisierung $\iota(f)$ von f (engl. invariantization), Details finden sich z. B. in Fels u. Olver (1999).

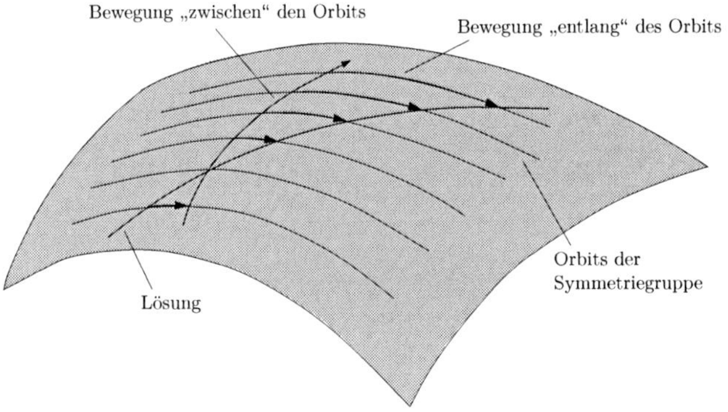

Abbildung 5.4.: Übergang zu einer reduzierten Zustandsdarstellung durch Aufteilung der Bewegung in einen Anteil auf G und einen Anteil auf M/G (vgl. Abraham u. Marsden (1987), Abb. 4.3-1)

nach den Gruppenparametern a aufgelöst. Man erhält die Abbildung $a = \tilde{\gamma}(\xi, z)$, und die Bewegung auf G wird lokal durch die Differentialgleichung

$$\dot{a} = \frac{\partial \tilde{\gamma}}{\partial \xi} f^{[r]}(x,u)\Big|_{x=(\xi,\zeta^{-1}(z))} + \frac{\partial \tilde{\gamma}}{\partial z} \tilde{f}(z,u) = f_g(\xi, v)$$

mit $v = (z, u)$ beschrieben.

Bemerkung 5.4 In diesem Abschnitt wurden lediglich lokale Konstruktionen nahe des neutralen Elements der Lie-Gruppe und in einer Umgebung jedes Punktes $x \in X$ betrachtet. Für eine globale Aussage ist es notwendig zu zeigen, daß eine derartige eindeutige Zerlegung des Vektorfeldes $\boldsymbol{v}_f = f^k(x,u)\partial_{x^k}$ in einen Anteil entlang der Orbits und in einen Anteil von Orbit zu Orbit durchgehend gelingt. Ein geeignetes abstrakteres Bild wird in Grizzle u. Marcus (1985) auf der Grundlage des Bündels $(X \times U, \pi_G, X/G \times U)$, $\pi_G : X \times U \to X/G \times U$, $\pi_G(x, u) = (\mathcal{O}_x, u)$, angegeben. Unter der Voraussetzung, daß die Gruppe frei und eigentlich auf X wirkt ist die Mannigfaltigkeit der Orbits X/G eine glatte Mannigfaltigkeit und π_G ist eine Submersion, so daß die Bündelkonstruktion gerechtfertig ist (vgl. Abraham u. Marsden, 1987, Proposition 4.1.23). Das Vektorfeld $\boldsymbol{v}_f$ kann aufgrund der durch die Orbits erzeugten Blätterung global eindeutig in einen horizontalen Anteil in $T(M/G)$ und einen vertikalen Anteil zerlegt werden, so daß ein global definiertes Quotientensystem auf $X/G \times U$ angegeben werden kann. Die Details dieser Konstruktion können in Grizzle u. Marcus (1985) und auch in Nijmeijer u. van der Schaft (1982, 1985) nachgelesen werden.

Die Fasern des Bündels $(X \times U, \pi_G, X/G \times U)$ sind alle diffeomorph zu G, weshalb man das Bündel auch als Hauptfaserbündel (engl. principal fiber bundle) mit der Strukturgruppe G bezeichnet (Kobayashi u. Nomizu, 1963). Die durch die Lie-Gruppe G eingebrachte globale Struktur erlaubt nun, Vektorfelder eindeutig in der oben beschriebenen Weise zu zerlegen, es ein eindeutiger Zusammenhang zwischen dem vertikalen und dem horizontalen Anteil. Hierbei wird jedem Vektorfeld über die sog. Zusammenhangsform dasjenige Element der Lie-Algebra $\mathfrak{g}$ zugeordnet, das in jedem Punkt mit dem vertikalen Anteil des Vektorfeldes übereinstimmt (tangential zur Faser bzw. zu den Gruppenorbits).

Beispiel 5.1: (reduzierte Zustandsdarstellung für das kinematische Fahrzeug).
Die angebene Konstruktion einer reduzierten Zustandsdarstellung soll für das Modell des kinematischen Fahrzeugs durch Ausnutzen der bekannten Rotationssymmetrie des Modells durchgeführt werden. Ausgehend von der Zustandsdarstellung

$$\dot{y} = v \begin{pmatrix} \cos\theta \\ \sin\theta \end{pmatrix}, \quad \dot{\theta} = \frac{v}{l} \tan\varphi$$

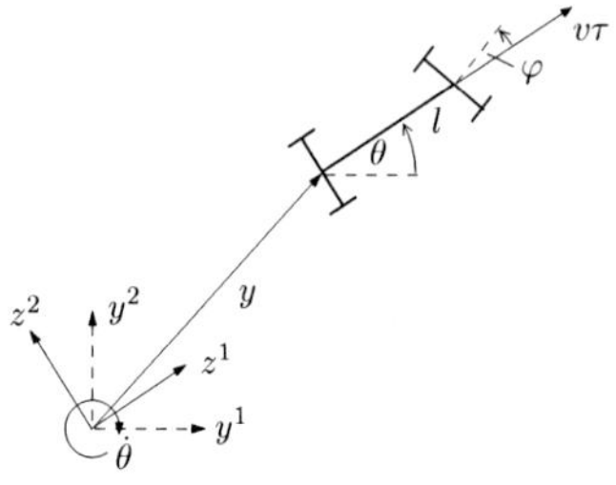

mit dem Zustand (y^1, y^2, θ) und dem Eingang (v, φ) wird die Transformationsgleichung für θ normalisiert

$$\tilde{\theta} = \theta + a = 0 \quad \Rightarrow \quad a = \gamma(\theta) = -\theta,$$

wobei a den Gruppenparameter (Rotationswinkel) bezeichnet. Einsetzen in die Transformationsbeziehung für die Position des Hinterachsmittelpunktes y ergibt die neuen (rotationsinvarianten) Koordinaten

$$z = R_{(-\theta)} y = R_\theta^T y,$$

mit Rotationsmatrizen $R_\bullet \in SO(2)$. Die Bewegung des Fahrzeugs entlang der invarianten Koordinaten z beschreibt die Differentialgleichung

$$\begin{aligned} \dot{z} &= \left[\begin{pmatrix} \cos\theta & \sin\theta \\ -\sin\theta & \cos\theta \end{pmatrix} \begin{pmatrix} \cos\theta \\ \sin\theta \end{pmatrix} \cdot v + \dot{\theta} \begin{pmatrix} -\sin\theta & \cos\theta \\ -\cos\theta & -\sin\theta \end{pmatrix} \begin{pmatrix} \cos\theta & -\sin\theta \\ \sin\theta & \cos\theta \end{pmatrix} z \right]_{\theta=0} \\ &= v \begin{pmatrix} 1 \\ 0 \end{pmatrix} + \frac{v}{l} \tan\varphi \begin{pmatrix} z^2 \\ -z^1 \end{pmatrix}, \end{aligned}$$

bei der es sich um eine zweidimensionale Zustandsdarstellung mit neuem Zustand (z^1, z^2) handelt. Die neuen Koordinaten z beschreiben gerade die Position des Hinterachsmittelpunktes bezüglich eines um den Koordinatenursprung um θ verdrehten Koordinatensystems, das mit der Winkelgeschwindigkeit $-\dot{\theta}$ rotiert ($\tilde{\theta} \equiv 0$). Da die Bewegungsanteile Translation entlang der Tangentialrichtung mit der Geschwindigkeit v und Rotation des Koordinatensystems mit der Winkelgeschwindigkeit $-\dot{\theta}$ voneinander entkoppelt sind, ergibt sich als Bewegungsgleichung gerade die Überlagerung der beiden Anteile (vgl. nebenstehende Abbildung). Zur Berechnung der Abbildung $\tilde{\gamma}$ wird aus der Normalisierungsgleichung $0 + a = \theta$ die Lösung $\tilde{\gamma} = \theta$ abgelesen. Folglich wird die Bewegung auf G gerade durch die zweite Gleichung der Zustandsdarstellung beschrieben: $\dot{\theta} = \frac{v}{l} \tan\varphi$, $\theta \simeq g \in G$.

◁

Bemerkung 5.5 Der reduzierten lokalen Realisierung eines Systems in Zustandsdarstellung mit Lie-Symmetrien widmen sich Zhao u. Zhang (1992). Ein weiteres Beispiel, bei dem durch Verwendung eines mitgeführten Koordinatensystems eine Reduktion der Zustandsdimension gelingt ist das Modell einer Asynchronmaschine (Rotationssymmetrie), die in diesem Zusammenhang in Martin u. Rouchon (1998) diskutiert wird.

6. Entwurf invarianter Folgeregler

Es wird sich nun der Aufgabe zugewandt, für ein gegebenes Streckenmodell in Zustandsdarstellung Folgeregler zu entwerfen, die bestehende Symmetrien des ungeregelten Systems unberührt lassen. Dabei wird von einer klassischen Zustandsdarstellung[1]

$$\begin{aligned} \dot{x} &= f(x,u), & t &\in I \subset \mathbb{R}, x(t) \in X \subset \mathbb{R}^n, u(t) \in U \subset \mathbb{R}^m, \\ y &= h(x,u), & y(t) &\in Y \subset \mathbb{R}^m, \end{aligned} \tag{6.1}$$

ausgegangen, die um einen glatten Ausgang y erweitert wurde, für den ein Folgeregelungsproblem formuliert wird. Die Systemgleichungen werden in lokalen Koordinaten notiert, wobei diese auf den trivialen Bündeln (M, π, I), $M = I \times X \times U$, $M \simeq (t, x^i, u^j)$, und (N, ρ, I), $N = I \times Y$, $N \simeq (t, y^i)$, mit glatten Funktionen $f = (f^i)$ und $h = (h^j)$ definert sind. Dem geometrischen Bild der Zustandsdarstellung entspricht eine Teilmannigfaltigkeit $\mathcal{S} = \{(t, x^i, u^j, x_1^i, u_1^j) \in J^1\pi : x_1^i - f^i(t, x, u) = 0,\ i = 1, \dots, n\}$.

Im Rahmen des Folgeregelungsproblems wird davon ausgegangen, daß für den interessierenden Ausgang y eine glatte Solltrajektorie geplant worden ist, die sich aus einem Schnitt in $J^\delta\rho \simeq (t, y^j, y_1^j, \dots, y_\delta^j)$, $\delta \geq 0$ ergibt, d. h.

$$y_d : I \to J^\delta\rho \simeq I \times Y^{(\delta)}, \quad t \mapsto (t, y_d^j(t), y_{d,1}^j(t), \dots, y_{d,\delta}^j(t)),$$

wobei sich die konkrete endliche Ableitungsordnung δ aus dem Reglerentwurf ergibt[2].

Die Grundidee des invarianten Reglerentwurfs soll nun zunächst anhand einer Zustandsrückführung $u = \mu(x)$ erläutert werden. Sei durch $\Phi : M \to M$, $(t, x, u) \mapsto (t, \varphi(x), \psi(x, u))$ eine Punktsymmetrie für ein System in Zustandsdarstellung gegeben,

$$\frac{\partial \varphi}{\partial x} f(x, u) = f(\varphi(x), \psi(x, u)).$$

Aus der Forderung, daß auch das um die Rückführung ergänzte System diese Punktsymmetrie aufweisen soll, erwächst die Bedingung

$$\frac{\partial \varphi}{\partial x} f(x, \mu(x)) = f(\varphi(x), \mu(\varphi(x))) = f(\varphi(x), \psi(x, \mu(x))). \tag{6.2}$$

[1] An dieser Stelle könnte allgemeiner auch von einer zeitvarianten Zustandsdarstellung $\dot{x} = f(t, x, u)$ ausgegangen werden, eine entsprechende Erweiterung der Symmetrietransformationen wäre unmittelbar gegeben. Es wird sich jedoch im folgenden auf den üblichen zeitinvarianten Fall beschränkt. Zum einen umfaßt der zeitinvariante Fall bereits eine große Systemklasse, so daß gängige Entwurfsverfahren für diese Teilklasse entwickelt wurden. Zum anderen werden durch eine Berücksichtigung der Zeitabhängigkeit alle Ergebnisse zusätzlich lokal bezüglich der Zeit (vgl. z. B. die Definition des relativen Grades im zeitvarianten Fall in Ilchmann u. Müller (2007) und die Diskussion der Eingangs-Ausgangs-Linearisierbarkeit mittels statischer Zustandsrückführungen in Pereira da Silva (2008)).

[2] Die k-te Ableitung der j-ten Komponente der Solltrajektorie wird als $y_{d,k}^j$ notiert.

Gilt nun, daß die Rückführung äquivariant bezüglich $\varphi \times \psi$ ist, d. h. gilt

$$\mu \circ (\varphi(x), \psi(x, u)) = \psi \circ (x, \mu(x)) \quad \Leftrightarrow \quad \mu(\varphi(x)) = \psi(x, \mu(x)), \tag{6.3}$$

dann ist die Symmetriebedingung (6.2) erfüllt und die Symmetrie bleibt auch mit Rückführung erhalten. Als Spezialfall äquivarianter Rückführungen gilt dies sofort für invariante Rückführungen mit $\mu(x) = \mu(\varphi(x))$ für invariante Eingänge u mit $\psi = \mathrm{id}_u$. Tatsächlich werden nachfolgend ausschließlich auf diese Weise invariante Rückführungen entworfen, da es für die Berechnung der im Zuge dieses Ansatzes notwendigen invarianten Folgefehler für Lie-Symmetrien ein konstruktives Berechnungsverfahren gibt. Es wird also im folgenden darum gehen, mit Hilfe bekannter Entwurfsverfahren Rückführungen (in der Regel entlang geplanter Solltrajektorien) zu entwerfen, die bezüglich der Symmetrie invariant sind. Die Verwendung invarianter Folgefehler für den Entwurf bezüglich einer Lie-Symmetrie G invarianter Rückführung wurde in Rouchon u. Rudolph (1999) vorgeschlagen, das konstruktive Verfahren wird in Martin u. a. (2004) angegeben.

6.1. G-Invarianz, G-verträglicher Ausgang, G-invarianter Ausgangsfehler

Zur vereinheitlichten Darstellung werden zunächst einige Begriffe definiert, die Martin u. a. (2004) entnommen sind. Ausgehend von einer klassischen Zustandsdarstellung (6.1) sei eine Lie-Symmetrie in Form einer lokalen Transformationsgruppe

$$(\varphi_g \times \psi_g)_{g \in G} : (x, u) \mapsto (\varphi_g(x), \psi_g(x, u)) \tag{6.4}$$

gegeben, $\varphi_g = (\varphi_g^i)$, $\psi_g = (\psi_g^j)$. Gemäß (4.1) läßt sich die Wirkung der Transformationsgruppe lokal durch r Gruppenparameter $a = (a^1, \ldots, a^r)$ parametrieren,

$$\varphi_g = \varphi(x; a), \qquad \psi_g = \psi(x, u; a), \quad a \in \mathbb{R}^r.$$

Zudem gehen die Transformationsbeziehungen (6.4) aus dem Fluß der infinitesimalen erzeugenden Vektorfelder

$$\boldsymbol{v}_k = \left.\frac{d}{da^k}\right|_{a=0} \varphi^i(x; a)\partial_{x^i} + \left.\frac{d}{da^k}\right|_{a=0} \psi^j(x, u; a)\partial_{u^j}, \quad k = 1, 2, \ldots, r,$$

hervor[3].

Definition 6.1 (G-Invarianz) Eine System in Zustandsdarstellung ist G-invariant bezüglich einer Transformationsgruppe $(\varphi_g \times \psi_g)_{g \in G}$, wenn für alle $g \in G$, $(x, u) \in X \times U$ gilt

$$D_t \varphi_g(x, u) = f(\varphi_g(x), \psi_g(x, u)). \tag{6.5}$$

[3]Man beachte, daß $a = 0$ das neutrale Element e der Gruppe parametriert.

Offenbar ist das gleichbedeutend mit der Forminvarianz der Differentialgleichung. Bezeichnen $\tilde{x}$ und $\tilde{u}$ die transformierten Variablen, so geht ein G-invariantes System in den transformierten Variablen in die Form

$$\frac{d}{dt}\tilde{x} = f\left(\tilde{x}, \tilde{u}\right)$$

über (vgl. auch Beispiel 2.2 auf Seite 28). Ist zu einer gegebenen G-invarianten Zustandsdarstellung ein Ausgang $y = h(x, u)$ für ein Regelungsproblem eingeführt, so stellt sich die Frage, ob sich für diesen ein invarianter Folgefehler einführen läßt. Zunächst induziert die lokale Transformationsgruppe $(\varphi_g \times \psi_g)_{g \in G}$ auf M über $h : X \times U \to Y$ eine Abbildung $\rho : h \circ (\varphi \times \psi) : X \times U \times \mathbb{R}^r \to Y$. Ist duch die induzierte Abbildung ρ selbst eine Transformationsgruppe auf Y erklärt, so wird der Ausgang y als G-verträglich bezeichnet und die induzierte Transformationgruppe $(\rho_g)_{g \in G}$ notiert.

Definition 6.2 (G-veträglicher Ausgang) Ein Ausgang $y = h(x, u)$ heißt G-verträglich, wenn es eine induzierte lokale Transformationsgruppe $(\rho_g)_{g \in G}$ auf Y gibt, so daß $h \circ (\varphi_g \times \psi_g) = \rho_g \circ h$ für alle $g \in G$ gilt.

Für die Berechnung eines G-verträglichen Ausganges $y = h(x, u)$ lassen sich aus der folgenden Überlegung Bedingungen in Form partieller Differentialgleichungen für die Funktionen $h^i(x, u)$, $i = 1, \ldots, m$, ableiten. Bezeichne

$$\mathcal{F}(x) = \{f(x, u),\, u \in U\} \subset T_x X$$

das Geschwindigkeitsfeld zu einem gegebenen System in Zustandsdarstellung mit Ausgang $y = h(x)$, das invariant bezüglich der Wirkung einer Symmetrietransformation ist. Aus $\mathcal{F}$ geht über die Ausgangsabbildung h die m-dimensionale glatte Distribution $\Delta = \operatorname{span}\{h_*(\mathcal{F})\}$ hervor, die alle Tangentialvektoren der Ausgangskurven umfaßt. Die induzierte Abbildung ρ definiert eine Transformation auf dem Ausgangsraum Y, genau dann, wenn die Wirkung der Transformationsgruppe auf M die Distribution Δ invariant beläßt. Da die Invarianz von $\mathcal{F}$ aus der Symmetrieeigenschaft folgt, verbleibt als Bedingung, daß die Kodistribution

$$\Omega = \operatorname{span}\left\{dh^1(x), dh^2(x), \ldots, dh^m(x)\right\}$$

invariant entlang der Gruppenorbits ist, d. h., es gilt

$$\omega \in \Omega \quad \Rightarrow \quad L_{v_k}\omega \in \Omega \quad \text{für } k = 1, 2, \ldots, r. \tag{6.6}$$

Beispiel 6.1: (Berechnung G-verträglicher Ausgänge).

Es wird erneut das Beispiel des kinematischen Fahrzeugs aus Abschnitt 1.1 unter der Maßgabe herangezogen, G-verträgliche Ausgänge bezüglich $SE(2)$ zu berechnen. Die Lie-Algebra wird durch die drei Vektorfelder

$$\boldsymbol{v}_1 = -y^2\partial_{y^1} + y^1\partial_{y^2} + \partial_\theta, \qquad \boldsymbol{v}_2 = \partial_{y^1}, \qquad \boldsymbol{v}_3 = \partial_{y^2}$$

aufgespannt. Zudem wird von einer Zustandsdarstellungen der Modellgleichungen (1.1) mit dem Zustand $x = \left(y^1, y^2, \theta\right)$ und dem Eingang $u = (v, \varphi)$ in Verbindung mit einem 2-dimensionalen glatten Ausgang $\left(h^1(x), h^2(x)\right)$ ausgegangen. Über die glatten Funktionen h^1 und h^2 entsteht die glatte Kodistribution $\Omega = \operatorname{span}\{dh^1(x), dh^2(x)\}$, die bezüglich der Gruppenwirkung invariant sein muß. Dies bedeutet jedoch, daß auch ihr Annihilator $\Omega^\perp = \operatorname{span}\{\boldsymbol{w}\}$, der durch ein glattes Vektorfeld $\boldsymbol{w}(x) = w^1(x)\partial_{x^1} + w^2(x)\partial_{x^2} + w^3(x)\partial_{x^3}$ aufgespannt wird, abgeschlossen bezüglich der Gruppenwirkung sein muß. Hierbei lassen sich die Funktionen w^i, $i = 1, 2, 3$, aus den Bedingungen $\langle\, dh^i, \boldsymbol{w} \,\rangle = 0$ ableiten:

$$w^1(x) = \frac{\partial h^1}{\partial z^2}\frac{\partial h^2}{\partial \theta} - \frac{\partial h^1}{\partial \theta}\frac{\partial h^2}{\partial z^2}, \quad w^2(x) = \frac{\partial h^1}{\partial \theta}\frac{\partial h^2}{\partial z^1} - \frac{\partial h^1}{\partial z^1}\frac{\partial h^2}{\partial \theta}, \quad w^3(x) = \frac{\partial h^1}{\partial z^1}\frac{\partial h^2}{\partial z^2} - \frac{\partial h^1}{\partial z^2}\frac{\partial h^2}{\partial z^1}.$$

Die Auswertung der Lie-Ableitung von $\boldsymbol{w}$ entlang der infnitesimalen Erzeugenden $\boldsymbol{v}_i$, $i = 1, 2, 3$, und die Anwendung der Bedingung, daß die resultierenden Vektorfelder durch Elemente von Ω annihiliert werden, führt auf ein System von sechs linearen partiellen Differentialgleichungen für h^1 und h^2

$$\langle\, dh^i, [\,\boldsymbol{w}, \boldsymbol{v}_k\,] \,\rangle = 0, \qquad i = 1, 2,\ k = 1, 2, 3.$$

Über verschiedene Ansatzfunktionen für h^1 und h^2 lassen sich Aussagen zu in Frage kommenden G-verträglichen Ausgängen treffen. So stellt sich heraus, daß jedes Paar glatter Funktionen $h^i(z^1, z^2)$, $i = 1, 2$, einen G-verträglichen Ausgang bildet, so daß (y^1, y^2) eine mögliche Wahl darstellt. Für den Ansatz $h^i = h^i(z^1, \theta)$ erhält man dagegen die Lösungen

$$\begin{aligned} &h^1 = h^1(z^1, \theta), && h^2 = \text{const.}; && h^1 = h^1(z^1), && h^2 = h^2(z^1);\\ &h^1 = h^1(\theta), && h^2 = h^2(\theta); && h^2 = h^2(z^1, \theta), && h^1 = h^1(-h^2(z^1, \theta)), \end{aligned}$$

die keine für eine Regelung geeigneten Ausgänge darstellen, weil die Komponenten entweder zum Teil konstant oder nicht differentiell unabhängig voneinander sind.

◁

Die Bedeutung G-verträglicher Ausgänge wird mit Blick auf das im Kapitel 4.3 erläuterte Normalisierungsverfahren zur konstruktiven Berechnung eines vollständigen Satzes funktionaler Invarianten zu einer gegebenen Transformationsgruppe in Verbindung mit dem Ziel, invariante Ausgangsrückführungen zu entwerfen, ersichtlich. Gelingt es, invariante Ausgangsfehler zu definieren, so führt die Definition einer Fehlerdynamik für diese Fehler auf invariante Rückführungen. Voraussetzung für die Anwendbarkeit des Normalisierungsalgorithmus auf einen Ausgang ist, daß es eine induzierte Transformationsgruppe auf Y gibt, der Ausgang somit gerade G-verträglich im Sinne der obigen Definition ist. Aus den üblichen Anforderungen an eine Fehlerfunktion ergibt sich die Definition für einen G-verträglichen Ausgangsfehler.

Definition 6.3 (G-verträglicher Ausgangsfehler)
Eine glatte Abbildung $I : Y \times Y^{(\delta)} \to \mathbb{R}^m$, $(y, y_d^{[\delta]}) \mapsto I(y, y_d^{[\delta]})$ ist ein G-verträglicher Ausgangsfehler, wenn $I(y, y_d^{[\delta]})$ invertierbar bezüglich y für alle $y_d^{[\delta]}(t) \in Y^{(\delta)}$ ist, I entlang der Solltrajektorie verschwindet, $I(y_d, y_d^{[\delta]}) = 0$ für alle $y_d \in Y$, und I eine Invariante von $(\rho_g)_{g\in G}$ ist, d. h. $I(y, y_d^{[\delta]}) = I(\rho_g(y), \rho_g^{[\delta]}(y_d^{[\delta]}))$ für alle $g \in G$, $y(t) \in Y$ und $y_d^{[\delta]}(t) \in Y^{(\delta)}$ gilt.

Unabhängig vom Entwurfsverfahren, das zum Reglerentwurf zur Anwendung kommen soll, läßt sich ein invarianter Folgeregler in Form einer statischen Zustandsrückführung definieren.

Definition 6.4 (G-invarianter Folgerregler) Sei durch $\dot{x} = f(x, u)$ eine G-invariante Zustandsdarstellung mit G-verträglichem Ausgang $y = h(x, u)$ gegeben, für den eine glatte Solltrajektorie $t \mapsto y_d(t)$ geplant wurde. Eine statische Zustandsrückführung $u = \alpha(x, y_d^{[\delta]})$ ist ein G-invarianter Folgeregler, wenn die folgenden Bedingungen erfüllt sind:

- Für jede Lösung des Systems $\dot{x}(t) = f(x(t), \alpha(x(t), y_d^{[\delta]}(t)))$ auf dem Intervall $t \in [0, \infty)$ gilt $y(t) = h(x(t), \alpha(x, y_d^{[\delta]}(t))) \to y_d(t)$ für $t \to \infty$.
- Die Rückführung ist invariant unter der Wirkung von $(\varphi_g \times \psi_g)_{g \in G}$:

$$\alpha(\varphi_g(x), \rho_g^{[\delta]}(y_d^{[\delta]})) = \alpha(x, y_d^{[\delta]}) \quad \text{für alle } g \in G, x(t) \in X \text{ und } y_d^{[\delta]}(t) \in Y^{(\delta)}.$$

Anstelle der vollständigen Bezeichnung „G-invariant" wird, sofern der Bezug auf eine Symmetriegruppe G eindeutig ist, nachfolgend verkürzt die Kurzform „invariant" verwendet.

6.2. Entwurf invarianter Folgeregler mittels Eingangs-Ausgangs-Linearisierung für Systeme mit wohldefinierten relativen Grad

Als erstes Entwurfsverfahren soll der Entwurf mittels Eingangs-Ausgangs-Linearisierung betrachtet werden. Die dargestellten Ergebnisse wurden in Martin u. a. (2004) im Zuge eines konstruktiven Beweises für die Existenz eines invarianten Folgereglers für Systeme mit wohldefinierten relativen Grad und lokal effektiv wirkender Symmetriegruppe angegeben, und diese dienen als Ausgangspunkt für die anschließende Übertragung des Ansatzes auf weitere Entwurfsverfahren.

Für ein System in Zustandsdarstellung (6.1) mit Symmetriegruppe G und Ausgang $y = (h^i(x))$, $i = 1, \ldots, m$, sei ein Folgeregelungsproblem für den Ausgang gestellt. Zudem sei der vektorielle relative Grad $(r^1, r^2, \ldots, r^m)$ bezüglich des Ausgangs y wohldefiniert (vgl. Definition A.13 im Anhang).

Theorem 6.1 (Martin u. a., 2004) *Existiert $\delta \geq 0$ in der Art, daß $\operatorname{Rg} \left.\frac{\partial \rho_g^{[\delta]}}{\partial a}\right|_{a=0}$ entlang der Solltrajektorie gilt, dann existiert lokal ein G-verträglicher Ausgangsfehler.*

Beweis Es soll hier lediglich eine Beweisskizze angegeben werden. Die Rangannahme bedeutet, daß für ein festes δ durch Normalisierung nach den Gruppenparametern aufgelöst werden kann, d.h. $g = \gamma(y_d^{[\delta]})$. Einsetzen von γ in die Transformationsbeziehung für y liefert m funktionale Invarianten $I^i(y, y_d^{[\delta]}) = \rho_g \cdot y^i\big|_{g=\gamma(y_d^{[\delta]})}$ (vgl. Kapitel 4.3.1). Da ρ_g, $g \in G$, ein lokaler Diffeomorphismus ist (Gruppenwirkung), lassen sich die m Funktionen $e^i(y, y_d^{[\delta]}) := I^i(y, y_d^{[\delta]}) - I^i(y_d, y_d^{[\delta]})$, $i = 1, \ldots, m$, lokal nach y auflösen. Zudem gilt offenbar $e^i(y_d, y_d^{[\delta]}) = 0$ wie in Definition 6.3 gefordert. ∎

Bemerkung 6.1 Im Zuge der Definition der Prolongation einer Transformationsgruppe auf Seite 79 wurde darauf hingewiesen, daß es für Lie-Gruppen mit lokal effektiver Wirkung ein $\delta \geq 0$ deart gibt, daß die δ-te Prolongation der Gruppenwirkung regulär bzgl. der Gruppenparameter wird. Folglich bleibt die Frage zu klären, wann aus einer lokal effektiven Transformationsgruppe $(\varphi_g \times \psi_g)_{g \in G}$ auf $X \times U$ über die Ausgangsabbildung h eine gleichsam lokal effektiv wirkende Transformationsgruppe $(\rho_g)_{g \in G}$ hervorgeht. Hierzu sei an das Theorem 4.1 von S. 76 erinnert, das besagt, daß lokale Effektivität mit der linearen Unabhängigkeit der infinitesimalen erzeugenden Vektorfelder übereinstimmt.

Bemerkung 6.2 (Lockerung der Rangbedingung) Bereits im Kapitel 4.3 wurde darauf verwiesen, daß der Normalisierungsalgorithmus auch dann zum Ergebnis führt, wenn die Gruppenwirkung nicht lokal frei wird (z.B. wenn die Gruppendimension r die (konstante) Orbitdimension $s < r$ übersteigt). Durch Normalisierung von s Gruppenparametern kann die Konstruktion eines verträglichen Ausgangsfehlers wie zuvor für $s = r$ erfolgen, die restlichen $r - s$ Gruppenparameter treten in den Funktionen für die Invarianten nicht explizit auf.

Für Systeme mit wohldefinierten relativen Grad läßt sich nun folgendes Ergebnis angeben.

Theorem 6.2 (Existenz eines invarianten Folgereglers, Martin u. a., 2004)
Sei durch $\dot{x} = f(x, u)$ ein G-invariantes System mit G-verträglichem Ausgang $y = h(x, u)$ gegeben, für den eine glatte Solltrajektorie $t \mapsto y_d(t)$ geplant worden ist. Ist der relative Grad $(r^1, \ldots, r^m)$ wohldefiniert und gibt es ein $\delta \geq 0$ gemäß Theorem 6.1, dann exisitiert ein invarianter Ausgangsfehler mit identischen relativen Grad, und eine mittels Eingangs-Ausgangs-Linearisierung entworfene stabilisierende statische Rückführung ist ein invarianter Folgeregler.

Beweis (Skizze) Die Existenz eines invarianten Ausgangsfehlers wurde vorausgesetzt, wobei von derselben Konstruktion wie in der Beweisskizze zu Theorem 6.1 Gebrauch gemacht wird: Durch Anwendung des Normalisierungsalgorithmus auf die Wirkung von $(\rho_g)_{g \in G}$ auf die Solltrajektorie ergibt sich eine Abbildung $g = \gamma(y_d^{[\delta]})$ für ein $\delta \geq 0$. Durch Einsetzen von γ in die Transformationsbeziehungen für den Ausgang y ergeben sich m funktionale Invarianten

$$I^i\left(y, y_d^{[\delta]}\right) = \rho_g(y^i)\Big|_{g=\gamma(y_d^{[\delta]})}, \; i = 1, \ldots, m.$$

Für den Ausgang $Y = (I^i)$ folgt aus der Wohldefiniertheit des relativen Grades für y der identische relative Grad für Y. Somit existiert eine Systemdarstellung in Byrnes-Isidori-Normalform (siehe Anhang A.3)

$$\begin{aligned} \dot{\xi}_0^i = \xi_1^i, \quad \dot{\xi}_1^i = \xi_2^i, \quad \ldots \quad \dot{\xi}_{r^i-2}^i = \xi_{r^i-1}^i, \\ \dot{\xi}_{r^i-1}^i = g^i(\xi, u) =: v^i, \end{aligned}$$

mit $\xi_1^i = I^i$, $i = 1, \ldots, m$, und neuen (invarianten) Eingängen v^i sowie der „internen Dynamik“

$$\dot{\eta} = Q(\xi, \eta, v), \quad \eta(t) \in \mathbb{R}^{n-r},$$

für $r = \sum_i^m r^i < n$, $g = (g^i)$, $\mathrm{Rg}\left[\frac{\partial g}{\partial u}\right] = m$. Der tiefgestellte Index k in ξ_k^i kennzeichnet die k-te Komponente innerhalb des Vektors $\xi^i = (\xi_k^i)$, die aufgrund der Anfangsindex 0 mit der k-ten Ableitung des i-ten Ausgangs Y^i übereinstimmt. Die Symmetrieeigenschaft bleibt vom Koordinatenwechsel unberührt, d.h., in den neuen Koordinaten ist die Normalform unter der Wirkung der Symmetrie forminvariant, aufgrund der speziellen Wahl des Ausgangs Y mithin invariant. Durch Vorgabe einer glatten Solltrajektorie ist auch eine glatte Solltrajektorie $t \mapsto I^i(y_d(t), y_d^{[\delta]}(t)) =: Y_d^i(t)$ festgelegt. Eine statische Rückführung der Form

$$v^i = Y_{d,r^i}^i - \sum_{k=0}^{r^i-1} \lambda_k^i \left[\xi_{k+1}^i - Y_{d,k}^i\right], \quad i = 1, \ldots, m, \tag{6.7}$$

mit konstanten Reglerkoeffizienten $\lambda_k^i > 0$ in der Art, daß sich ein Hurwitz-Polynom ergibt, stabilisiert den Ausgang lokal asymptotisch entlang der Solltrajektorie. Aus der Regularität von g bezüglich u folgt die lokale Existenz einer Zustandsrückführung

$$u = \tilde{\alpha}\left(\xi, Y_d^{[r]}\right) = \alpha\left(x, y_d^{[r+\delta]}\right)$$

entlang der Solltrajektorie für y_d. Da sowohl die Koordinaten ξ^i als auch die Solltrajektorie für Y_d invariant unter der Symmetrietransformation sind, handelt es sich um eine invariante Rückführung. Es bleibt noch zu zeigen, daß die Symmetrie auch für die interne Dynamik erhalten bleibt. Dies folgt jedoch unmittelbar aus der Invarianz der Rückführung für u und der Bedingung (6.3), denn aufgrund der Symmetrieeigenschaft von Q gilt in den transformierten Koordinaten die Gleichung

$$\dot{\tilde{\eta}} = Q\left(\tilde{\xi}, \tilde{\eta}, \tilde{v}\right) = Q\left(\tilde{\xi}, \tilde{\eta}, v\right) = Q(\xi, \tilde{\eta}, g(\xi, u)),$$

die durch die Invarianz der Rückführung $v = \alpha(\xi, Y_d^{[r]})$ erhalten bleibt. ∎

Bemerkung 6.3 Die durchgeführte Konstruktion einer invarianten statischen Rückführung kann auf Systeme ausgeweitet werden, für die der relative Grad gemäß Definition A.13 nicht wohldefiniert ist, die jedoch rechts-invertierbar sind[4]. Diese können durch quasistatische Rückführungen eingangs-ausgangs-linearisiert werden: Für eine geeignete m positive Indizes $(q^1, \ldots, q^m)$ existieren integrallos ineinander überführbare Rückführungen (siehe z.B. Rothfuss (1997) für eine ausführliche Darstellung)

$$v^i = Y_{q^i}^i = \beta\left(x, u^{[\nu]}\right) \quad \text{und} \quad u^i := \tilde{\beta}\left(\xi, v^{[\nu]}\right), \quad \nu > 0,$$

so daß die obenstehende Konstruktion (6.7) entsprechend für die linearisierende Rückführung β durchgeführt werden kann.

[4]Ein System ist rechtsinvertierbar, wenn seine Ausgangskomponenten nicht untereinander verkoppelt sind. Die Frage der Rechtsinvertierbarkeit nichtlinearer Systeme bezüglich eines Ausgangs wurde in den 1980er Jahren erforscht, siehe z.B. Hirschorn (1979), Fliess (1986), Nijmeijer (1986), Decusse u. Moog (1987), Respondek u. Nijmeijer (1988).

6.3. Entwurf invarianter Rückführungen durch sukzessive Berücksichtigung von Integratoren („integrator backstepping")

Durch gezielte Nutzung einer speziellen Form der Systemgleichungen kann der Reglerentwurf mitunter in kleinere, besser handhabbare Teilprobleme zerlegt werden, deren sukzessives Lösen letztlich auf die gewünschte Rückführung führt. Diese Idee ist der Kern des sogenannten „integrator backstepping", das sich seit den 1990er-Jahren einer großen Beliebtheit erfreut (siehe z. B. Seto u. a., 1994; Brogliato u. a., 1995; Zhong-Ping u. Nijmeijer, 1997; Ngo u. a., 2005). Das Entwurfsverfahren wird z. B. in Khalil (1996), Kapitel 13, und in Krstić u. a. (1995) erläutert, siehe auch Rudolph (2005). An dieser Stelle soll lediglich gezeigt werden, wie die im vorangegangenen Abschnitt dargestellte Konstruktion invarianter Rückführungen auf dieses Entwurfsverfahren übertragen werden kann.

Bemerkung 6.4 Innerhalb dieses Abschnitts wird abweichend zur Vermeidung weiterer Indizes der untere Index nicht zur Notation von Ableitungsordnungen von Vektorkomponenten sondern als fortlaufender Zähler für Tupel/Vektoren genutzt. So bezeichnen die Vektoren $u_1, u_2, \ldots, u_p$ eine Partitionierung des Eingangsvektors $u = (u_1, \ldots, u_p)$, und Zeitableitungen werden für vektorielle Größen wie zuvor durch einen hochgestellten Index notiert.

6.3.1. Systeme in rückgekoppelter Form (Dreiecksgestalt)

Für die sukzessive Berücksichtigung von Integratoren wird vorausgesetzt, daß sich die Zustandsdarstellung in der folgenden rückgekoppelten Form (engl. feedback form) befindet:

$$
\begin{array}{rcl}
\dot{\xi}_1 &=& f_1(\xi_1, \xi_2) \\
\dot{\xi}_2 &=& f_2(\xi_1, \xi_2, \xi_3) \\
&\vdots& \\
\dot{\xi}_{\kappa_1} &=& f_{\kappa_1}(\xi_1, \xi_2, \ldots, \xi_{\kappa_1+1}, u_1) \\
\hdashline
\dot{\xi}_{\kappa_1+1} &=& f_{\kappa_1+1}(\xi_1, \xi_2, \ldots, \xi_{\kappa_1+1}, \xi_{\kappa_1+2}, u_1) \\
&\vdots& \\
\dot{\xi}_{\kappa_2} &=& f_{\kappa_2}(\xi_1, \xi_2, \ldots, \xi_{\kappa_1}, \ldots, \xi_{\kappa_2}, \xi_{\kappa_2+1}, u_1, u_2) \\
\hdashline
\dot{\xi}_{\kappa_2+1} &=& f_{\kappa_2+1}(\xi_1, \xi_2, \ldots, \xi_{\kappa_1}, \ldots, \xi_{\kappa_2}, \xi_{\kappa_2+1}, \xi_{\kappa_2+2}, u_1, u_2) \\
&\vdots& \\
\hdashline
&\vdots& \\
\hdashline
&\vdots& \\
\dot{\xi}_{\kappa_p} &=& f_{\kappa_p}(\xi_1, \ldots, \xi_{\kappa_1}, \ldots, \xi_{\kappa_2}, \ldots, \xi_{\kappa_3}, \ldots\ldots, \xi_{\kappa_p}, u_1, u_2, \ldots, u_p) \\
y &=& \xi_1
\end{array}
\tag{6.8}
$$

Hierbei wurden die Eingangskomponenten gemäß des vektoriellen relativen Grades (vgl. Anhang A.3) mit $y = \xi_1$ in p Vektoren

$$
u_i = \left(u_i^1, \ldots, u_i^{m_i}\right), \quad i = 1, 2, \ldots, p, \text{ und } m = m_1 + m_2 + \cdots + m_p,
$$

gruppiert, wobei jedem Vektor der relative Grad seiner Komponenten κ_i und die Anzahl der Eingangskomponenten m_i zugeordnet wird, $u = (u_1, u_2, \ldots, u_p)$, wobei $\sum_{k=1}^{p} m_k\kappa_k = n$ gilt. Enstprechend setzt sich jeder Blockzustand ξ_k, $k = 1, \ldots, \kappa_p$ aus

$$m(k) = \begin{cases} m & \text{für } k \leq \kappa_1, \\ m - m_1 & \text{für } \kappa_1 < k \leq \kappa_2, \\ m - m_1 - m_2 & \text{für } \kappa_2 < k \leq \kappa_3, \\ \vdots & \vdots \\ m_p & \text{für } \kappa_{p-1} < k \leq \kappa_p, \end{cases}$$

Komponenten zusammen, wobei $x = (\xi_1, \ldots, \xi_{\kappa_p})$ gilt. Wesentliche Voraussetzung für das Entwurfsverfahren ist die lokale Auflösbarkeit der Funktionen f_k nach dem nächst höheren Blockzustand ξ_{k+1} bzw. nach dem nächst höheren Eingang u_i, d. h. die Annahme

$$\begin{aligned} \mathrm{Rg}\left[\frac{\partial f_k}{\partial \xi_{k+1}}\right] &= m(k+1) && \text{für } k \notin \{\kappa_1, \kappa_2, \ldots, \kappa_p\}, \\ \mathrm{Rg}\left[\frac{\partial f_k}{\partial(\xi_{k+1}, u_i)}\right] &= m(\kappa_i) = m_i + m(\kappa_i + 1) && \text{für } k = \kappa_i, \end{aligned} \tag{6.9}$$

auf $X \times U$.

Bemerkung 6.5 Systeme in der Form (6.8) sind unter den Rangbedingungen (6.9) differentiell flach, denn mit der Wahl des (flachen) Ausgangs $y = \xi_1$ erhält man

$$\begin{aligned} \dot{\xi}_1 &= f_1(\xi_1, \xi_2) && \Rightarrow \xi_2 = f_1^{-1}(\xi_1, \dot{\xi}_1) = \Xi_2(\xi_1, \dot{\xi}_1) \\ \dot{\xi}_2 &= f_2(\xi_1, \xi_2(\xi_1, \dot{\xi}_1), \xi_3) && \Rightarrow \xi_3 = f_2^{-1}(\xi_1, \Xi_2(\xi_1, \dot{\xi}_1), \dot{\Xi}_2(\xi_1, \dot{\xi}_1, \ddot{\xi}_1)) \\ & && \quad = \Xi_3(\xi_1, \dot{\xi}_1, \ddot{\xi}_1) \\ &\vdots \\ \dot{x}_{\kappa_1} &= f_{\kappa_1}(\xi_1, \Xi_2(\xi_1^{[1]}), \ldots, \Xi_{\kappa_1}(\xi_1^{[\kappa_1-1]}), \xi_{\kappa+1}, u_1) && \Rightarrow \xi_{\kappa_1+1} = \Xi_{\kappa_1+1}\left(\xi_1^{[\kappa_1]}\right),\ u_1 = \nu_1\left(\xi_1^{[\kappa_1]}\right) \\ \dot{\xi}_{\kappa_1+1} &= f_{\kappa_1+1}\left(\xi_1, \Xi_2(\xi_1^{[1]}), \ldots, \Xi_{\kappa_1+1}(x_1^{[\kappa_1]}), \xi_{\kappa_1+2}, u_1\right) && \Rightarrow \xi_{\kappa_1+2} = \Xi_{\kappa_1+2}\left(\xi_1^{[\kappa_1+1]}\right) \\ &\vdots \\ \dot{\xi}_{\kappa_p} &= f_{\kappa_p}(\xi_1, \Xi_2(\xi_1^{[1]}), \ldots, \Xi_{\kappa_p}(\xi_1^{[\kappa_p-1]}), u_1, \ldots, u_p) && \Rightarrow u_p = \nu_p\left(\xi_1^{[\kappa_p]}\right) \end{aligned}$$

d. h., alle weiteren Zustandsgrößen und Eingänge lassen sich durch Funktionen des flachen Ausgangs und dessen Zeitableitungen ausdrücken.

Der rekursive Reglerentwurf erfolgt entlang der Dreiecksgestalt indem zunächst für die virtuellen Stellgrößen ξ_k, $k = 2, 3, \ldots, \kappa_1$ stabilisierende Rückführungen auf der Grundlage geeignerter Ljapunov-Funktionen entworfen werden, die schließlich auf eine statische Zustandsrückführung für u_1 führen. Die wiederholte Anwendung dieses Vorgehens auf die verbleibenden Zeilen der Systemgleichungen (6.8) führt dann auf Rückführungen für den gesamten Eingang. Dies soll am folgenden kleinen Beispiel erläutert werden.

Beispiel 6.2: (Backstepping für das kinematische Fahrzeug). Die Gleichungen des Modells des kinematischen Fahrzeugs (1.1) haben bereits die Form (6.8). Mit der Wahl $\xi_1 = \left(x^1, x^2\right)^T$, $u_1 = v$, $\xi_2 = \theta$, $u_2 = \frac{1}{l}\tan\varphi$ notiert man die Systemgleichungen zu

$$\begin{aligned}\dot{\xi}_1 &= u^1 \begin{pmatrix}\cos\xi_2^1\\ \sin\xi_2^1\end{pmatrix} &&=: f_1(\xi_2, u_1)\\ \dot{\xi}_2 &= u^1 u^2 &&=: f_2(u_1, u_2)\end{aligned}$$

und es gilt $\kappa_1 = 1$, $m_1 = 1$, $\kappa_2 = 2$, $m_2 = 1$. Die Rangbedingungen liefert die bekannte Bedingung

$$\det\left[\frac{\partial f_1}{\partial(\xi_2, u_1)}\right] = \det\begin{pmatrix}-u^1\sin\xi_2 & \cos\xi_2\\ u^1\cos\xi_2 & \sin\xi_2\end{pmatrix} = -u^1 \overset{!}{\neq} 0, \quad \frac{\partial f_2}{\partial u_2} = u^1 \overset{!}{\neq} 0,$$

die aus der Tatsache herrührt, daß das Fahrzeug im Stillstand nicht gesteuert werden kann.

Ein Entwurf eines Folgereglers für den Ausgang $y = \xi_1$ mittels Backstepping könnte z. B. wie folgt aussehen. Im ersten Schritt wird das System $\dot{\xi}_1 = f_1(\xi_2, u_1)$ mit dem Eingang (ξ_2, u_1) betrachtet. Der Ausgangs ξ_1 soll einer (glatten) Solltrajektorie $t \mapsto y_d(t)$ folgen, so daß bezüglich dieser ein Folgefehler $e_1 := \xi_1 - y_d$ eingeführt wird. Dieser soll gemäß einer geeigneten Fehlerdynamik $\dot{e}_1 = \alpha(e_1) = \left(\alpha^1(e_1), \alpha^2(e_1)\right)^T$ abklingen, d. h.

$$\dot{\xi}_1 = f_1(\xi_2, u_1) = \dot{y}_d + \alpha(e_1) = u^1\begin{pmatrix}\cos\xi_2^1\\ \sin\xi_2^1\end{pmatrix}.$$

Bei angenommener Vorwärtsfahrt $u^1 > 0$ und geeignet geplanter Solltrajektorie ergibt sich die Rückführung

$$u_1 = u^1 = \sqrt{\left(\alpha^1 + \dot{y}_d^1\right)^2 + \left(\alpha^2 + \dot{y}_d^2\right)^2} = \nu_1\left(\xi_1, y_d^{[1]}\right), \quad \xi_{2,d} = \arctan\left(\frac{\alpha^2 + \dot{y}_d^2}{\alpha^1 + \dot{y}_d^1}\right) = \xi_{2,d}\left(\xi_1, y_d^{[1]}\right).$$

Des weiteren wird angenommen, daß zu der Fehlerdynamik für e_1 eine passende Ljapunov-Funktion $V_1(e_1)$ gefunden wurde, für die $L_\alpha V_1 = \frac{\partial V_1}{\partial e_1}\alpha(e_1) \leq 0$ für $\|e_1\| \geq 0$ gilt.

Im Backstepping-Schritt wird nun die Rückführung für u_2 entworfen, indem der Folgefehler $e_2 = \xi_2 - \xi_{2,d}$ eingeführt und seine Lie-Ableitung entlang von Lösungen von $f_{[2]} = (f_1, f_2)$ untersucht wird. Dies geschieht durch Ansetzen einer potentiellen Ljapunov-Funktion $V_2(e_1, e_2) = V_1(e_1) + \frac{1}{2}e_2^2$ und Untersuchung ihrer Lie-Ableitung, wobei ausgenutzt wird, daß sich ξ_2 durch den Fehler e_2 durch $\xi_2 = e_2 + \xi_{2,d}$ ausdrücken läßt[5]:

$$L_{f_{[2]}}V_2 = \frac{\partial V_1}{\partial e_1}\left(f_1(\xi_1, e_2 + \xi_{2,d}) - \dot{y}_d\right) + e_2\left[u^2\nu_1\left(\xi_1, y_d^{[1]}\right) - L_{f_1}\xi_{2,d}\left(\xi_1, \xi_2, y_d^{[2]}\right)\right].$$

Aus der Nebenrechnung

$$\begin{aligned}R_1(\xi_1, e_2)\,e_2 &= \int_0^1 D_2 f_1\left(\xi_1, \xi_{2,d} + \eta e_2\right) e_2 d\eta = \int_0^1 \frac{\partial f_1\left(\xi_1, \xi_{2,d} + \eta e_2\right)}{\partial\eta} d\eta\\ &= f_1\left(\xi_1, x_{2,d} + e_2\right) - f_1\left(\xi_1, \xi_{2,d}\right),\end{aligned} \tag{6.10}$$

wobei D_2 für die Ableitung nach dem zweiten Argument steht, läßt sich die Abweichung des Wertes von f_1 entlang der tatsächlichen Trajektorie von dem nominellen Wert auf der Solltrajektorie $t \mapsto y_d(t)$ anschreiben. Im vorliegenden Beispiel ergibt sich der Ausdruck

$$\begin{aligned}R_1\left(\xi_1, e_2, y_d^{[1]}\right) &= \int_0^1 u^1 \frac{\partial}{\partial\xi_2}\begin{pmatrix}\cos\xi_2\\ \sin\xi_2\end{pmatrix}\Bigg|_{\xi_2 = \eta e_2 + \xi_{2,d}} d\eta = u^1\int_0^1\begin{pmatrix}-\sin\left(\eta e_2 + \xi_{2,d}\right)\\ \cos\left(\eta e_2 + \xi_{2,d}\right)\end{pmatrix} d\eta\\ &= -\frac{\nu_1(\xi_1, y_d^{[1]})}{e_2}\begin{pmatrix}\cos\xi_{2,d} - \cos\left(e_2 + \xi_{2,d}\right)\\ \sin\xi_{2,d} - \sin\left(e_2 + \xi_{2,d}\right)\end{pmatrix}.\end{aligned}$$

[5]Zur verbesserten Lesbarkeit werden nur die Abhängigkeiten von den Zustandsvariablen und der Solltrajektorie angegeben.

Man beachte, daß R_1 auch für $e_2 \to 0$ definiert ist, denn

$$\lim_{e_2 \to 0} R_1(\xi_1, e_2) = \nu_1\left(\xi_1, y_d^{[1]}\right) \begin{pmatrix} -\sin \xi_{2,d} \\ \cos \xi_{2,d} \end{pmatrix}.$$

Unter Verwendung von R_1 notiert man die Lie-Ableitung

$$L_{f_{[2]}} V_2 = L_\alpha V_1 + e_2 \left(u^2 \cdot \nu_1 - L_{f_1} \xi_{2,d} + \frac{\partial V_1}{\partial e_1} R_1\right) \stackrel{!}{=} L_{\dot{e}_1} V_1 - \lambda_2 e_2^2$$

und leitet aus der Vorgabe der Ljapunov-Funktion auf der rechten Seite die Rückführung für u^2 ab

$$u^2 = \nu_2\left(\xi_1, \xi_2, y_d^{[2]}\right) = \frac{1}{\nu_1}\left[L_{f_1} \xi_{2,d} - \frac{\partial V_1}{\partial e_1} R_1 - \lambda_2 e_2\right].$$

◁

Aus den Überlegungen aus Abschnitt 1.1 ist bekannt, daß der für das Backstepping verwendete Folgefehler nicht invariant bezüglich einer Rotation um den Ursprung ist. Auf einen invarianten Folgereglerentwurf mittels Backstepping wird im folgenden Abschnitt eingegangen.

6.3.2. Entwurf invarianter Folgeregler mittels Backstepping

Das rekursive Vorgehen beim Reglerentwurf mittels Backstepping ist durch die Dreiecksgestalt der Zustandsdarstellung motiviert. Soll ein invarianter Folgefehler verwendet werden, so muß dieser ebenfalls diese Struktur respektieren, d. h., es muß für die in jedem Entwurfsschritt eingeführten Fehler e_k, $k = 1, 2, \ldots, \kappa_p$,

$$\frac{\partial e_k}{\partial \xi_l} = 0 \text{ für } l > k+1, \quad k = 1, \ldots, \kappa_p,$$
$$\frac{\partial e_k}{\partial u_l} = 0 \text{ für } k \leq \kappa_l, \quad l = 1, \ldots, p,$$

gelten. M.a.W. die gewählte Folgefehlerdefinition im k-ten Schritt darf lediglich von den Zuständen $\xi_1, \ldots, \xi_k$ und den bereits durch Rückführungen definierten Eingängen $u_1, \ldots, u_l$, mit $\kappa_l \leq k$, sowie der Solltrajektorie und deren Zeitableitungen abhängen. Im Regelfall wird der Fehler so gewählt werden, daß dieser nicht explizit von u abhängt. Diese Bedingungen sind für den üblichen Backstepping-Entwurf bereits durch die Dreiecksgestalt selbst erfüllt. Unter der Wirkung einer angenommenen Symmetriegruppe G bleibt zwar die Dreiecksgestalt in den transformierten Zustands- und Eingangsgrößen erhalten, jedoch ist nicht garantiert, daß deren funktionale Abhängigkeit in den untransformierten Größen die notwendige Dreiecksgestalt erhält.

Aus den Überlegungen aus Kapitel 6.2 folgt jedoch sofort, daß, sofern es sich beim Ausgang $y = \xi_1$ um einen G-verträglichen Ausgang handelt, der sukzessive Entwurf einer invarianten Rückführung gelingt. Dies folgt aus der folgenden Überlegung.

Zunächst bedeutet die G-Verträglichkeit von $y = \xi_1$, daß der transformierte Ausgang $\tilde{y}$ eine Funktion von y ist, d. h. $\tilde{y} = \rho_g(y) = \tilde{\xi}_1$. Ein Durchlaufen des Normalisierungsalgorithmus für den Ausgang liefert die bekannte Abbildung $g = \gamma(y_d^{[\delta]})$, $\delta \geq 0$, und einen ersten mit der Dreiecksgestalt verträglichen invarianten Fehler

$$e_1 = I_1\left(\xi_1, y_d^{[\delta]}\right) - I_1\left(y_d, y_d^{[\delta]}\right) \quad \text{mit } I_1\left(\xi_1, y_d^{[\delta]}\right) = \rho_g(\xi_1)\big|_{g=\gamma(y_d^{[\delta]})}.$$

Aus der Forminvarianz der Systemgleichungen unter der Grupppenwirkung folgt, daß $\tilde{\xi}_1$ wieder ein flacher Ausgang des transformierten Systems ist. Folglich gilt für den transformierten zweiten Zustand $\tilde{\xi}_2$

$$\tilde{\xi}_2 = f_1^{-1}\Big(\tilde{\xi}_1, \dot{\tilde{\xi}}_1\Big) = f_1^{-1}\Big(\rho_g(\xi_1), \rho_g^{(1)}(\xi_1^{[1]})\Big) = \varphi_g^2(\xi_1, \xi_2)\,.$$

Hier bezeichnet φ_g^2 die zweite Komponente der vektorwertigen Gruppenwirkung auf den Zustand. Auch für die spezielle Wahl $g = \gamma(y_d^{[\delta]})$ gilt obenstehende Zusammenhang, und folglich hat der aus der Transformationsbeziehung für den zweiten Zustand abgeleitete Fehler

$$e_2 = I_2\Big(\xi_1, \xi_2, y_d^{[\delta]}\Big) - I_2\Big(\xi_1, \xi_{2,d}, y_d^{[\delta]}\Big) \quad \text{mit } I_2\Big(\xi_1, \xi_2, y_d^{[\delta]}\Big) = \varphi_g \cdot \xi_2\big|_{g=\gamma(y_d^{[\delta]})}$$

eine mit der Dreiecksgestalt verträgliche Form. Dies gilt weiterhin für alle durch Transformation der Zustände ξ_k, $k > 2$, unter Anwendung von γ berechneten invarianten Fehler

$$e_k = I_k\Big(\xi_1, \ldots, \xi_k, y_d^{[\delta]}\Big) - I_k\Big(\xi_1, \ldots, \xi_{k-1}, \xi_{k,d}, y_d^{[\delta]}\Big), \quad I_k\Big(\xi_1, \ldots, \xi_k, y_d^{[\delta]}\Big) = \varphi_g \cdot \xi_k\big|_{g=\gamma(y_d^{[\delta]})}, \tag{6.11}$$

die somit eine geeignete Wahl von Folgefehlern für einen Backstepping-Entwurf darstellen. Durch sukzessives Vorgeben von Fehlerdynamiken für diese invarianten Fehler wird eine invariante Zustandsrückführung für I_1 entlang der Solltrajektorie für y entworfen, die wie gewünscht verträglich mit der Symmetriegruppe G ist.

Es stellt sich die Frage, ob ein invarianter Entwurf auch auf der Grundlage eines nicht G-verträglichen Ausgangs erfolgen kann. Hierzu sei angenommen, daß durch $I_1(\xi_1, y_d^{[\delta]})$ eine Invariante gegeben sei, die für den ersten Backstepping-Schritt verwendet werden soll, wobei es sich bei ξ_1 um keinen G-verträglichen Ausgang handeln möge,

$$I_1(\xi_1) = I_1\Big(\tilde{\xi}_1\Big) = I_1\Big(\varphi_g^1(\xi_1, \xi_2, \ldots, \xi_{\kappa_p})\Big)\,.$$

Hieraus leiten sich jedoch sofort die Gleichungen

$$\frac{\partial}{\partial \xi_k} I_1 = 0 = \left[\frac{\partial I_1}{\partial \xi_1}\right] \frac{\partial \varphi_g^1}{\partial \xi_k}(\xi_1, \xi_2, \ldots, \xi_{\kappa_p}), \quad k = 1, 2, \ldots, \kappa_p,$$

ab, aus denen aufgrund der Regularität der Jacobi-Matrix $\left[\frac{\partial I_1}{\partial \xi_1}\right] \in \mathbb{R}^{m \times m}$ (I_1 ist als Gruppenwirkung ein Diffeomorphismus auf Y) unmittelbar $\varphi_g^1 = \varphi_g^1(\xi_1)$ folgt. Somit ist $y = \xi_1$ ein G-verträglicher flacher Ausgang, was der Anfangsannahme widerspricht.

Aus dieser kurzen Überlegung folgt somit, daß nur für G-verträgliche Ausgänge eine Konstruktion invarianter, mit der Dreiecksgestalt verträglicher Folgefehler mit Hilfe des Normalisierungsansatzes gelingt.

Beispiel 6.2: (fortgesetzt) Auf der Grundlage der in (6.11) vorgeschlagenen verträglichen Fehler soll eine bezüglich Translation und Rotation um den Ursprung invariante Rückführung für das kinematische Fahrzeug entlang einer Solltrajektorie mittels Backstepping entworfen werden. Die Transformationsbeziehungen für den Ausgang $y = \xi_1 = \left(x^1, x^2\right)^T$ lauten

$$\tilde{\xi}_1 = \begin{pmatrix} \cos a^1 & -\sin a^1 \\ \sin a^1 & \cos a^1 \end{pmatrix} \xi_1 + \begin{pmatrix} a^2 \\ a^3 \end{pmatrix}, \qquad a^1 \in \mathbb{R} \mod 2\pi,\ a^2, a^3 \in \mathbb{R}. \tag{6.12}$$

Offenbar ist dieser Ausgang G-verträglich, und unter Hinzunahme der Wirkung auf die erste Ableitung

$$\dot{\tilde{\xi}}_1 = \begin{pmatrix} \cos a^1 & -\sin a^1 \\ \sin a^1 & \cos a^1 \end{pmatrix} \dot{\xi}_1$$

können die Gruppenparameter z. B. über die Normalisierung $\tilde{\xi}_1 = 0$, $\dot{\tilde{\xi}}_1^1 = 0$ als Funktion der Solltrajektorie $t \mapsto y_d(t)$ und deren ersten Ableitung bestimmt werden. Durch die Wahl der Normalisierungskonstanten ergeben sich die Beziehungen

$$\sin a^1 = \frac{\dot{y}_d^1}{\sqrt{(\dot{y}_d^1)^2 + (\dot{y}_d^2)^2}}, \quad \cos a^1 = \frac{\dot{y}_d^2}{\sqrt{(\dot{y}_d^1)^2 + (\dot{y}_d^2)^2}}, \quad a^2 = \frac{y_d^2\dot{y}_d^1 - \dot{y}_d^2 y_d^1}{\sqrt{(\dot{y}_d^1)^2 + (\dot{y}_d^2)^2}}, \quad a^3 = \frac{y_d^1\dot{y}_d^1 + \dot{y}_d^2 y_d^1}{\sqrt{(\dot{y}_d^1)^2 + (\dot{y}_d^2)^2}}\,.$$

Einsetzen in die Transformationsgleichung (6.12) ergibt die Invariante

$$I_1\left(y, y_d^{[1]}\right) = \frac{1}{\sqrt{(\dot{y}_d^1)^2 + (\dot{y}_d^2)^2}} \begin{pmatrix} (y^1 - y_d^1)\dot{y}_d^2 - (y^2 - y_d^2)\dot{y}_d^1 \\ (y^1 - y_d^1)\dot{y}_d^1 + (y^2 - y_d^2)\dot{y}_d^2 \end{pmatrix},$$

bei der es sich um die Darstellung des Folgefehlers in einem mitgeführten Koordinatensystem aus Tangential- und Normalenbektor an der Solltrajektorie handelt. Hierbei handelt es sich bereits um einen geeigneten invarianter Folgefehler für den ersten Backstepping-Schritt ($I_1|_{y=y_d} = 0$), $e_1 = I_1$. Da die Gruppe als Translation auf $\xi_2^1 = \theta$ wirkt, ist der übliche Folgefehler $e_2 = \xi_2^1 - \xi_{2,d}^1$ invariant.

◁

6.4. Regler mit Gleitregime („sliding mode")

Zur Realisierung entworfener Regelgesetze kommen häufig schaltende Stellglieder zum Einsatz[6]. Ursprünglich aufgrund der einfachen Bauweise und Robustheit gegen Störungen bevorzugt (z.B. Relais-Schaltungen, Zwei-/Dreipunktregler) werden insbesondere seit der Verfügbarkeit schnell schaltender Leistungstransistoren elektrische Leistungsendstufen zunehmend durch Schaltverstärker realisiert. Neben der Möglichkeit, kontinuierliche Ersatzmodelle z.B. durch eine zeitlich Mittelung über die Schaltperiodendauer für den Reglerentwurf zu verwenden, bietet der Entwurf von Regelgesetzen mit sogenanntem Gleitregime („sliding mode") einen Zugang, Regelgesetzte mit schaltendem Anteil direkt zu entwerfen.

Aufgrund der engen Verwandtschaft des zuvor betrachteten Backstepping-Ansatzes mit der Grundidee der Sliding-Mode-Regelung, lassen sich die Überlegungen zum Entwurf invarianter Folgeregeler auch auf dieses Verfahren übertragen.

6.4.1. Grundidee der Sliding-Mode-Regelung

An dieser Stelle soll lediglich die dem Entwurfsverfahren zugrunde liegened Idee skizziert werden. Detailliertere Einführungen können in Slotine u. Li (1991) und Khalil (1996) nachgelesen werden, als einführende Überblicksartikel mit weiterführenden Literaturstellen seien Utkin (1977), Decarlo u. a. (1988) und Young u. a. (1999) sowie als Monographien Utkin (1978, 1992); Utkin u. a. (1999) genannt.

[6] Aufgrund des Umschaltens des Eingangs zwischen zwei Rückführvarianten (im einfachsten Fall zwischen zwei Konstantwerten) werden Systeme mit diskontinuierlichem Eingang auch als strukturvariable Systeme (engl. variable structure systems) bezeichnet.

Ausgangspunkt für die nachfolgende Betrachtung ist erneut eine spezielle Form der Zustandsdarstellung

$$\dot{\xi}_1 = f_1(\xi_1, \xi_2) \tag{6.13a}$$
$$\dot{\xi}_2 = f_2(\xi_1, \xi_2) + G(\xi_1, \xi_2)\, u, \tag{6.13b}$$

mit $\xi_1 = \left(\xi_1^1, \dots, \xi_1^{n-m}\right)^T$, $\xi_2 = \left(\xi_2^1, \dots, \xi_2^m\right)^T$, $\xi = (\xi_1^T, \xi_2)^T$, $u = \left(u^1, \dots, u^m\right)^T$, $G(\xi_1, \xi_2) \in \mathbb{R}^{m \times m}$, $f = (f_1, f_2)$, die mitunter als „regular form" bezeichnet wird. Letztlich handelt es sich hierbei um eine spezielle Form der bereits für das Backstepping genutzten Dreiecksgestalt. Für die Komponenten des Eingangs sei angenommen, daß diese in Abgängigkeit einer Schaltfunktion $\sigma : X \to \mathbb{R}^m$, $\sigma = (\sigma^i)$, jeweils durch stetige Rückführungen

$$u^i(t,\xi) = \begin{cases} u_+^i(t,\xi), & \text{für } \sigma^i(\xi) > 0 \\ u_-^i(t,\xi), & \text{für } \sigma^i(\xi) < 0 \end{cases}, \quad i = 1, 2, \dots, m, \tag{6.14}$$

vorgegeben werden[7]. Weiterhin wird üblicherweise angenommen, daß der Ursprung $(\xi_1^T, \xi_2^T) = (0, 0)$ eine Ruhelage des betrachteten Systems ist, sowie daß G auf X regulär ist.

Angenommen, es gelingt nun für das Teilsystem (6.13a) mit ξ_2 als fiktive Stellgröße eine Rückführung $\mu(\xi_1)$ zu entwerfen, so daß der Ursprung $\xi_1 = 0$ des Systems $\dot{\xi}_1 = f_1(\xi_1, \mu(\xi_1))$ asymptotisch stabil ist, d.h., mit einer geeigneten Ljapunov-Funktion

$$V_1(\xi_1) : \mathbb{R}^{m-n} \to \mathbb{R}, \qquad \text{gilt } L_{f_1} V_1\big|_{\xi_2 = \mu(t,\xi_1)} \leq 0 \,\text{für } \|\xi_1\| \geq 0.$$

Nun führt man die Schaltfunktion über die Folgefehler

$$\sigma^i(\xi) = \xi_2^i - \mu^i(\xi_1), \quad i = 1, 2, \dots, m,$$

ein, die eine sogenannte Schaltfläche $S = \{\xi \in X : \sigma(\xi) = 0\} \subset X$ definiert. Das Ziel des Reglerentwurfs ist es, dafür Sorge zu tragen, den Verlauf von Trajektorien, die nicht auf der Schaltfläche beginnen, in endlicher Zeit auf die Schaltfläche zu lenken, und die Schaltfläche invariant unter der Rückführung zu gestalten. Letzere Forderung heißt, daß sich die Lösungen nach Erreichen der Schaltfläche nur noch tangential zu dieser entwickeln. Aus der vorausgesetzten asymptotischen Stabilität des Ursprungs für das erste Teilsystem auf der Schaltfläche sowie der Annahme, daß der Ursprung für das Gesamtsystem eine Ruhelage ist, folgt, daß die Lösungen entlang der Schaltfläche in den Ursprung „gleiten". Hierbei soll zunächst die Existenz derartiger Lösungen vorausgesetzt werden (vgl. Bemerkung 6.6).

Die Definition der Eingangskomponenten (6.14) berücksichtigt den Fall $\sigma = 0$ nicht, d.h., für eine Bewegung auf der Schaltfläche ist der Eingang nicht definiert. Um das Verhalten der Lösungen entlang der Schaltfläche trotzdem untersuchen zu können, wird davon ausgegangen, daß sich aus einem Grenzübergang für unendlich schnelles Umschalten zwischen u_+^i und u_-^i einer Umgebung der Schaltfläche eine äquivalente kontinuierliche Stellgröße u_{eq} aus der Gleichung[8]

$$\begin{aligned} L_F \sigma(\xi) &= f_2(\xi) + G(\xi) u - \frac{\partial}{\partial t}\mu(t,\xi) - L_{f_1}\mu(t,\xi_1) = 0 \\ \Leftrightarrow\ u_{\mathrm{eq}}(\xi) &= G^{-1}(\xi)\left[-f_2(\xi) + L_{f_1}\mu(t,\xi_1) + \frac{\partial}{\partial t}\mu(t,\xi)\right] \end{aligned} \tag{6.15}$$

[7] Dies schließt ausdrücklich den Fall des Umschaltens zwischen zwei konstanten Werten ein.

[8] Dies ist offenbar gerade die Bedingung, daß f auf der Schaltfläche tangential zu dieser verläuft (vgl. Proposition 2.1).

mit $F(\xi) = \partial_t + f(\xi)\partial_\xi$, $\sigma(\xi) = 0$, ergibt (Utkin, 1977). Unter dieser Annahme ergeben sich auf der Schaltfläche $\sigma = 0$ die Gleichungen

$$\begin{aligned}\dot{\xi}_1 &= f_1(\xi_1, \mu(t, \xi_1))\\ \dot{\xi}_2 &= \frac{\partial \mu}{\partial t} + \frac{\partial \mu}{\partial \xi_1} f_1(\xi_1, \mu(t, \xi_1)).\end{aligned} \tag{6.16}$$

Die Schaltfläche S heißt Gleitebene, wenn u_{eq} für alle Punkte $\xi \in S$ definiert ist. In diesem Fall „gleiten" die Lösungen von (6.16) entlang der Gleitebene aufgrund der Annahme $0 = \dot{\xi}_1 = f_1(0, \xi_2) \Leftrightarrow \xi_2 = 0$ asymptotisch in den Ursprung.

Bis hierher ungeklärt ist die Frage nach dem Aufreten des Gleitzustandes entlang der Schaltfläche. Offenbar hängt dies davon ab, ob die Schaltfläche lokal attraktiv ist, d.h., ob Trajektorien, die in einer Umgebung der Schalfläche verlaufen, auf diese führen, und welchen Einzugsbereich die Schaltfläche hat. Die Beantwortung dieser Fragen ist Teil des Entwurfsprozesses und muß im Einzelfall beantwortet werden. In der Regel wird hierzu die Lie-Ableitung der Schaltfunktion σ

$$L_F\sigma = f_2(\xi) + G(\xi)u - \frac{\partial \mu}{\partial t} - \frac{\partial \mu}{\partial \xi_1} f_1(\xi) \tag{6.17}$$

entlang von Lösungen herangezogen und versucht, mit einem Ljapunov-Argument zu zeigen, daß die Schaltfunktion σ entlang von Trajektorien, die im Einzugsgebiet der Schaltfläche liegen, in endlicher Zeit gegen Null konvergiert.

Bemerkung 6.6 Aufgrund der Unstetigkeit der rechten Seite der Gleichung (6.13b) gelten die üblichen Ergebnisse zur Existenz und Eindeutigkeit von Lösungen nicht. Die praktische Anwendung von Schaltreglern zeigt jedoch, daß unter bestimmten Voraussetzung Lösungen in einer Umgebung der eingeführten Schaltfläche verlaufen. Dies führte zunächst auf Untersuchungen von Lösungen durch die Berücksichtigung von Modellen zur Beschreibung von Schaltverzögerungen (Hysterese, Totzeit), die in realen Systemen immer auftreten (siehe z.B. André u. Seibert, 1956). Dieses Vorgehen macht jedoch für unterschiedliche Ausprägungen des nicht-idealen Schaltens eine gesonderte Untersuchung notwendig.

Um ohne die spezielle Betrachtung der Schaltverzögerung auszukommen wird in Utkin (1971, 1972) der Ansatz formuliert, anstelle des diskontinuierlichen Eingangs einen abweichenden Eingang zu betrachten, der aufgrund kleiner Störungen (wie z.B. Schaltverzögerungen) die Verwendung des üblichen Lösungsbegriffes erlaubt, jedoch dazu führt, daß anstelle des idealen Gleitens auf der Schaltfläche die Bewegung in einer Grenzschicht um die Schalftfläche stattfindet (siehe auch Utkin u. a., 1999). Insbesondere für eingangsaffine Systeme läßt sich unter bestimmten Annahmen zeigen, daß die sich für den Grenzübergang zu einer verschwindenen Grenzschicht einstellende Lösung eindeutig und unabhängig von der Störung ist. Hierbei stimmt die Lösung mit der über die äquivalente kontinuierliche Stellgröße u_{eq} (vgl. Bedingung (6.15)) gefundenen Lösung auf der Schaltfläche überein.

Die Behandlung des idealen Schaltens gelingt dagegen durch die Verwendung des sogenannten Filippovschen Lösungsbegriffes, der in Filippov (1964) eingeführt wurde (vgl. auch Filippov, 1988). Hierbei ist zu beachten, daß die Lösungen auf der Schaltfläche im Sinne dieses Lösungsbegriffs im allgemeinen nicht mit den Lösungen übereinstimmen, die sich über die Methode der äquivalenten Stellgröße nach Utkin ergeben (Utkin u. a., 1999).

Bemerkung 6.7 Bei der sogenannten „regular form" (6.13) handelt es sich um einen Spezialfall der Byrnes-Isidori-Normalform mit vektoriellen relativen Grad $(1, \ldots, 1) \in \mathbb{R}^m$ des Ausgangs $y = \xi_2$ bezüglich u. Liegt eine allgemeine eingangs-affine Zustandsdarstellung $\dot{x} = f(x) + g^i(x)u^i$ vor, so kann diese in die Form (6.13) gebracht werden, genau dann wenn die Distribution $G(x) = \operatorname{span}\{g^1(x), \ldots, g^m(x)\}$ involutiv ist (siehe z.B. Isidori, 1995; Perruquetti u. a., 1997).

6.4.2. Entwurf G-invarianter Regler mit Gleitregime

Durch die Verwendung invarianter Folgefehler lassen sich auch mit Symmetrien verträgliche Folgeregler mit Gleitregime entwerfen. Dies soll nachfolgend für einen Spezialfall skizziert werden. Als Ausgangspunkt dient die Systemdarstellung (6.13), wobei davon ausgegangen werden soll, daß es wie beim zuvor diskutierten Backstepping-Entwurf für das Teilsystem (6.13a) einen G-verträglichen flachen Ausgang y gibt. Für diesen wird eine glatte Solltrajektorie $t \mapsto y_d(t)$ geplant. Um in der nachfolgenden Darstellung die auftretenden Ordnungen von Zeitableitungen der Solltrajektorie innerhalb der Ausdrücke nicht im einzelnen mitzuzählen – diese sind für die Diskussion von untergeordneter Bedeutung –, wird die Schreibweise $\bar{y}_d$ verwendet, die für die jeweilige passende Anzahl von Zeitableitungen steht. Zudem wird die Lie-Ableitung entlang der Solltrajektorie durch $L_{\bar{\boldsymbol{y}}_d}$ mit dem jeweils bis zur passenden Ableitung definierten Vektorfeld $\bar{\boldsymbol{y}}_d = \sum_{i=1}^{j} y_d^{(i)} \partial_{y_d^{(i-1)}}$ notiert.

In einem ersten (abgeschlossenen) Entwurfsschritt wurde auf der Grundlage eines invarianten Folgefehlers eine mit der Symmetrie G verträgliche Rückführung $\xi_2 = \xi_{2,d}(\xi_1, \bar{y}_d)$ für das Teilsystem (6.13a) entworfen, wobei durch Anwendung des Normalisierungsalgorithmus die Abbildung $g = \gamma(\bar{y}_d)$ hervorgegangen ist. Aus der Flachheitseigenschaft folgt, daß auch die Solltrajektorie für den ersten Blockzustand ξ_1 als Funktion des flachen Ausgangs und seinen Zeitableitungen auszudrücken ist: $\xi_{1,d} = \xi_{1,d}(\bar{y}_d)$. Auf der Grundlage der Normalisierung wird zunächst ein invarianter Folgefehler

$$e_1(\xi_1, \bar{y}_d) = I_1(\xi_1, \bar{y}_d) - I_1(\xi_{1,d}(\bar{y}_d), \bar{y}_d) \quad \text{mit } I_1(\xi_1, \bar{y}_d) = \varphi_g \cdot \xi_1\big|_{g=\gamma(\bar{y}_d)}$$

eingeführt, für den eine Ljapunov-Funktion $V_1(e_1)$ bekannt sei, so daß für die Ableitung von V_1

$$DV_1(\xi_1, \xi_2, \bar{y}_d) = L_{f_1} V_1(\xi_1, \xi_2, \bar{y}_d) + L_{\bar{\boldsymbol{y}}_d} V_1(\xi_1, \xi_2 \bar{y}_d)$$

entlang von Lösungen von f_1 die Bedingung

$$DV_1(\xi_1, \xi_2, \bar{y}_d)\big|_{\xi_2 = \xi_{2,d}(\xi_1, \bar{y}_d)} \leq 0 \quad \text{für alle } \|e_1\|_2 \geq 0$$

erfüllt ist. Für den Entwurf einer Rückführung für u wird nun die invariante Schaltfläche über die Schaltfunktion

$$\sigma(\xi_1, \xi_2, \bar{y}_d) = I_2(\xi_1, \xi_2, \bar{y}_d) - I_2(\xi_1, \xi_{2,d}(\xi_1, \bar{y}_d), \bar{y}_d) \quad \text{mit } I_2(\xi_1, \xi_2, \bar{y}_d) = \varphi_g \cdot \xi_2\big|_{g=\gamma(\bar{y}_d)}$$

eingeführt, und die Funktion $V_2(e_1, \sigma) = V_1(e_1) + \frac{1}{2}\sigma^T \sigma$ entlang von Lösungen des Gesamtsystems betrachtet:

$$\begin{aligned} L_f V_2 = {} & L_{f_1} V_1(\xi_1, \xi_2, \bar{y}_d) + L_{\bar{\boldsymbol{y}}_d} V_1(\xi_1, \bar{y}_d) \\ & + \sigma^T(\xi_1, \xi_2, \bar{y}_d) \left[L_f \sigma(\xi_1, \xi_2, u, \bar{y}_d) + L_{\bar{\boldsymbol{y}}_d} \sigma(\xi_1, \xi_2, \bar{y}_d) \right]. \end{aligned}$$

Im folgenden wird nun angenommen, daß $DV_1(\xi_1, \xi_2, \bar{y}_d)$ auf einer r_σ-Umgebung

$$U_{r_\sigma} = \left\{ \left(\xi_1, \xi_2, y_d^{[\delta]}\right) \in X \times Y^{(\delta)} : \|\sigma\|_2 \leq r_\sigma,\, r_\sigma > 0 \right\}$$

Lipschitz-stetig[9] ist, d.h., es gilt

$$\|DV_1(\xi_1, \xi_2, \bar{y}_d) - DV_1(\xi_1, \xi_{2,d}(\xi_1, \bar{y}_d), \bar{y}_d)\|_1 \leq L_{r_\sigma} \|\xi_2 - \xi_{2,d}(\xi_1, \bar{y}_d)\|_1 = L_{r_\sigma} \|\,\sigma(\xi_1, \xi_2, \bar{y}_d)\|_1$$

mit $L_{r_\sigma} \geq 0$ und der Betragssummennorm $\|\cdot\|_1$. Mit Hilfe dieser Annahme erhält man die Abschätzung

$$\begin{aligned} L_f V_2 = {} & DV_1(\xi_1, \xi_{2,d}, \bar{y}_d) + DV_1(\xi_1, \xi_2, \bar{y}_d) - DV_1(\xi_1, \xi_2, \bar{y}_d)|_{\xi_2 = \xi_{2,d}} \\ & + \sigma^T(\xi_1, \xi_2, \bar{y}_d)\, \dot{\sigma}(\xi_1, \xi_2, u, \bar{y}_d) \\ \leq {} & DV_1(\xi_1, \xi_{2,d}, \bar{y}_d) + L_{r_\sigma} \|\,\sigma(\xi_1, \xi_2, \bar{y}_d)\|_1 + \sigma^T(\xi_1, \xi_2, \bar{y}_d) \left(\frac{\partial \sigma}{\partial \xi_1}(\xi_1, \xi_2, \bar{y}_d) \cdot f_1(\xi_1, \xi_2) \right. \\ & \left. + \frac{\partial \sigma}{\partial \xi_2}(\xi_1, \xi_2, \bar{y}_d)\,(f_2(\xi_1, \xi_2) + G(\xi_1, \xi_2)u) + L_{\bar{\boldsymbol{y}}_d}\sigma(\xi_1, \xi_2, \bar{y}_d) \right). \end{aligned}$$

Unter Ausnutzung der Beziehung $\|\,\sigma(\xi_1, \xi_2, \bar{y}_d)\|_1 = \sigma^T(\xi_1, \xi_2, \bar{y}_d)\, \mathrm{SGN}(\sigma(\xi_1, \xi_2, \bar{y}_d))$ mit

$$\mathrm{SGN}(\sigma) = \begin{pmatrix} \mathrm{sgn}\,(\sigma^1(\xi_1, \xi_2, \bar{y}_d)) \\ \mathrm{sgn}\,(\sigma^2(\xi_1, \xi_2, \bar{y}_d)) \\ \vdots \\ \mathrm{sgn}\,(\sigma^m(\xi_1, \xi_2, \bar{y}_d)) \end{pmatrix},$$

läßt sich die Rückführung

$$u = -G^{-1} \left(\frac{\partial \sigma}{\partial \xi_2} \right)^{-1} \left(\frac{\partial \sigma}{\partial \xi_2} f_2 + L_{\bar{\boldsymbol{y}}_d}\sigma + \frac{\partial \sigma}{\partial \xi_1} f_1 + (k + L_{r_\sigma})\, \mathrm{SGN}(\sigma) \right) =: \mu(\xi_1, \xi_2, \bar{y}_d) \tag{6.18}$$

mit $k > 0$ angeben, für die

$$L_f V_2 \leq DV_1|_{\xi_2 = \xi_{2,d}} - k\sigma^T\, \mathrm{SGN}(\sigma) \leq 0, \qquad \text{für } \|(e_1, \sigma)\|_2 \geq 0$$

auf U_{r_σ} gilt. Mit Hilfe dieser Abschätzung läßt sich somit zeigen, daß durch die Rückführung (6.18) unter den gemachten Annahmen zur Lipschitz-Stetigkeit eine lokale Stabilisierung entlang der Solltrajektorie gelingt. Zudem verlaufen Trajektorien, die innerhalb der Umgebung U_{r_σ} der Schaltfläche verlaufen auf die Schaltfläche zu:

$$V_3(\sigma) = \frac{1}{2}\sigma^T\sigma : \quad L_f V_3 = -k\sigma^T\, \mathrm{SGN}(\sigma) < 0 \quad \text{für alle } \|\,\sigma\|_2 > 0.$$

Schließlich verbleibt die Invarianz des um die Rückführung ergänzten Systems bzgl. der vorausgesetzten Symmetriegruppe G für das zweite Teilsystem (6.13b) mit Rückführung zu

[9] Seien (U, d_U) und (V, d_V) zwei metrische Räume mit ihrer jeweiligen Metrik d_U und d_V. Eine Abbildung $\phi : U \to V$ heißt Lipschitz-stetig, wenn es eine Konstante $L \geq 0$ derart gibt, daß für alle $u, u' \in U$ gilt: $d_V(\phi(u), \phi(u')) \leq L \cdot d_U(u, u')$ (Königsberger, 2001).

prüfen. Diese folgt jedoch aus der Koordinatenunabhängigkeit der Symmetrieeigenschaft: Wird mittels des in Abhängigkeit der Solltrajektorie parametrierten Diffeomorphismus σ auf eine Systemdarstellung in (ξ_1, σ)-Koordinaten übergegangen, so ist die Invarianz unmittelbar aus $\dot{\sigma} = -k\sigma^T \operatorname{SGN}(\sigma)$ ersichtlich, da σ selbst eine Invariante der Gruppe ist. Die Invarianz der ersten (Block-)Systemgleichung bleibt von dem Koordinatenwechsel unberührt und folglich ist die Invarianz in (ξ_1, σ)-Koordinaten leicht zu erkennen.

Bemerkung 6.8 Ein Beispiel für den Entwurf einer invarianten Rückführung mit Gleitregime wird im Unterkaptiel 7.2 auf Seite 145 gegeben.

6.5. Symmetrie durch Rückführung

Die bisher dargestellten Ansätze hatten zum Ziel, bekannte Symmetrien eines Regelungsproblemes beim Reglerentwurf zu berücksichtigen und zu erhalten. Die Motivation zum Erhalt dieser Symmetrien war zunächst durch die ihnen zugeschriebene „Natürlichkeit" für das betrachtete Problem gegeben. Anders als in den klassischen Arbeiten zu Symmetrien von gewöhnlichen Differentialgleichungen werden in der Regelungstechnik unterbestimmte Differentialgleichungssysteme betrachtet, die durch eine Steuerung und Regelung geeignet ergänzt werden. Dabei werden häufig im Zuge des Reglerentwurfs neue Eingänge über reguläre statische Rückführung eingeführt, um gewünschte Systemeigenschaften zu erzeugen (man denke z. B. an die Kompensation gewisser Störungen wie Gravitationseinflüssen etc.), die für den weiteren Entwurf nützlich oder sogar notwendig sind.

Dieser Ansatz überträgt sich in natürlicher Weise auch auf die Diskussion von Symmetrien aus der umgekehrten Perspektive. Sei G eine Transformationsgruppe auf $X \times U$ mit Lie-Algebra

$$\mathfrak{g} = \operatorname{span}\{\boldsymbol{v}_1(x,u), \dots, \boldsymbol{v}_r(x,u)\} \tag{6.19}$$

und Vektorfeldern $\boldsymbol{v}_k$ von der Form (5.10), wobei bekannt sei, daß die Tangentialbedingungen

$$\operatorname{pr}^{(1)}\boldsymbol{v}_k(\dot{x} - f(x,u)) = 0, \qquad k = 1, \dots, r, \tag{6.20}$$

nicht erfüllt seien. Existiert eine Eingangstransformation $v = \mu(x,u)$ derart, daß das System

$$\dot{x} = \tilde{f}(x,v) = f\Big(x, \mu^{-1}(x,v)\Big) = f(x, \nu(x,v)) \tag{6.21}$$

die Symmetrie G aufweist, d. h. die Gleichungen

$$\operatorname{pr}^{(1)}\boldsymbol{v}_k(\dot{x} - f(x,\nu(x,v))) = 0, \qquad k = 1, \dots, r, \tag{6.22}$$

erfüllt sind? M.a.W. ist es möglich, die Symmetrie durch eine geeignete Rückführung zu „erzeugen"? Diesem Problem sowie der Frage, inwiefern die positive Antwort für den Entwurf von Regelungen mit speziellen Eigenschaften nützlich sein kann, soll in diesem Abschnitt nachgegangen werden.

Bemerkung 6.9 Systeme, die durch statische Rückführungen ineinander übergehen, bilden eine Äquivalenzklasse, man sagt, sie sind äquivalent bis auf Rückführung (engl. feedback equivalent). Dieses Konzept wird in der regelungstechnischen Literatur insbesondere bei der Frage nach der Äquivalenz zu linearen steuerbaren Systemen angewandt (siehe hierzu z. B. Isidori, 1995; Nijmeijer u. van der Schaft, 1990). Die Äquivalenz dieser Systeme läßt sich z. B. geometrisch begründen, indem die Bündelkonstruktion aus Bemerkung 5.2 herangezogen wird. Eine statische Rückführung definiert in diesem Kontext in adaptierten Koordinaten über $(x,u) \to (x, v := \mu(x,u))$ einen Bündelisomorphismus $\mu : \mathcal{E} \to \mathcal{E}$ (eine fasertreue, bijektive Abbildung, deren Umkehrung ebenfalls fasertreu ist), der lediglich neue Koordinaten für die Faser $\pi^{-1}(x)$ in Abhängigkeit vom Basispunkt einführt. Die beiden Systeme sind äquivalent, wenn das Diagramm

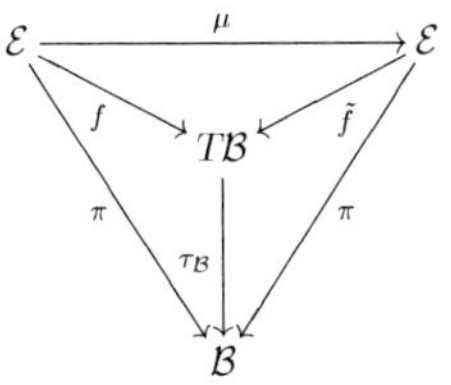

kommutiert (vgl. Nijmeijer u. van der Schaft, 1982), denn dann handelt es sich folglich um dieselbe Differentialgleichung in veränderten Koordinaten für die Fasern (vgl. Gleichung (6.21)). Die obige Fragestellung lautet in dieser Betrachtungsweise: Ist f über eine Rückführung äquivalent zu einem System $\tilde{f}$, welches die gewünschte Symmetrie aufweist?

6.5.1. Berechnung einer Rückführung zu einer gegebenen Symmetrie

Die linearen partiellen Differentialgleichungen (6.22) stellen Bestimmungsgleichungen für eine geeignete Rückführung μ dar. Im Hinblick auf die Lösung und Interpretation der Gleichungen sollen einige kurze Überlegungen angestellt werden. Den Ausgangspunkt bildet die Tatsache, daß sich zu der in (6.19) angegebenen Basis für $\mathfrak{g}$ unter der Annahme, daß es ρ Basisvektorfelder gibt, für die die Vektorfelder

$$\tilde{\boldsymbol{v}}_k(x) = \varphi_k^i(x)\partial_{x^i}$$

linear unabhängig sind, eine weitere Basis angeben läßt, die durch Vektorfelder

$$\begin{aligned} \tilde{\boldsymbol{v}}_k(x) &= \varphi_k^i(x)\partial_{x^i}, & k &= 1,\dots,\rho, \\ \tilde{\boldsymbol{w}}_k(x,u) &= \psi_k^j(x,u)\partial_{u^j}, & k &= \rho+1,\dots,r, \end{aligned}$$

gegeben ist, d. h., die Lie-Algebra zerfällt in einen Teil $\mathfrak{g}_X$, der aus Zustandssymmetrien besteht, und einen Teil $\mathfrak{g}_U$, der Eingangstransformationen erzeugt. Betrachtet man die Tangentialbedingungen (6.22) mit dieser speziellen Basis, so erhält man

$$\left[\frac{\partial \tilde{\boldsymbol{v}}_k}{\partial x} f - \left(\frac{\partial f}{\partial x} + \frac{\partial f}{\partial u}\frac{\partial \nu}{\partial x}\right)\tilde{\boldsymbol{v}}_k\right]_{u=\nu(x,v)} = \left[\tilde{f}, \tilde{\boldsymbol{v}}_k\right] = 0, \qquad k = 1,\dots,\rho, \tag{6.23a}$$

$$-\frac{\partial f}{\partial u}\tilde{\boldsymbol{w}}_k = 0, \qquad k = \rho+1,\dots,r. \tag{6.23b}$$

Die oberen Gleichungen besagen, daß die Vektorfelder $\tilde{\boldsymbol{v}}_k$ der neuen Basis mit $\tilde{f}$ kommutieren müssen, während aus den unteren Gleichungen abgelesen werden kann, daß f entlang der Flüsse der Vektorfelder $\tilde{\boldsymbol{w}}_k$ invariant sein muß. Man beachte, daß sich hinsichtlich der Invarianzbedingungen bezüglich der Eingangstransformation keine Änderungen durch die Rückführung ergeben. Dies wird anhand der geometrischen Deutung der Rückführung gemäß Bemerkung 6.9 ersichtlich – es ergäben sich dieselben Bedingungen notiert in den neuen Koordinaten. Hieraus folgt, daß die Bedingungen (6.23b) erfüllt sein müssen, damit die Suche nach einer Rückführung erfolgreich sein kann. Darüber hinaus lassen sich für beide Forderungen Verbindungen zu bekannten Begriffen in der Literatur angeben.

Die in den Bedingungen (6.23a) ausgedrückte Eigenschaft, daß die Basisvektorfelder $\tilde{\boldsymbol{v}}_k$ mit $\tilde{f}$ kommutieren müssen bedeutet, daß es eine Rückführung $\mu(x, u)$ derart geben muß, daß die involutive Distribution $\Delta(x) = \operatorname{span}\{\tilde{\boldsymbol{v}}_k(x),\ k = 1, \ldots, \rho\}$ bezüglich $\tilde{f}$ invariant ist:

$$\left[\Delta, \tilde{f}\right] \subset \Delta.$$

Die Eigenschaft einer Distribution, die durch eine Rückführung invariant bzgl. f wird (engl. controlled invariant distribution), findet in der regelungstechnischen Literatur z. B. bei der Diskussion der lokalen Dekomposition oder der Eingangs-Ausgangs-Entkopplung Anwendung (Nijmeijer u. van der Schaft, 1990; Isidori, 1995). In der Tat läßt die Existenz einer solchen Distribution ebenfalls Rückschlüsse über die Struktur der Differentialgleichungen im Sinne der in Kapitel 5 dargestellten Zerlegung für Lie-Algebren ohne spezielle Struktur zu (Nijmeijer u. van der Schaft, 1982). Die Existenz einer Rückführung in der Art, daß die Distribution Δ invariant entlang der Lösungen von $\tilde{f}$ wird ist, wie sich den Ausführungen zu den in Nijmeijer u. van der Schaft (1985) eingeführten „partiellen Symmetrien“ (engl. partial symmetries)[10] entnehmen läßt, nur *notwendig* dafür, daß $\mathfrak{g}_X$ als Symmetrie durch eine geeignete Rückführung „erzeugt“ werden kann – die Forderung nach der Kommutativität der Flüsse ist mithin strenger als die Forderung nach Invarianz der Distribution.

Beispiel 6.3: (Tiefsetzsteller). Betrachtet werde das lineare kontinuierliche Modell[11] eines Tiefsetzstellers (buck converter)

$$L\dot{z}^1 = qV_{\text{in}} - z^2, \quad C\dot{z}^2 = z^1 - \frac{z^2}{R} \tag{6.24}$$

mit dem Spulenstrom $z^1 = i_L$, der Kondensatorspannung $z^2 = u_C$ sowie der äquivalenten Schalterstellung $q \in [0, 1]$. Um Transformationen der Last und der Eingangsspannung zu betrachten, werden die Gleichungen um die trivialen Beziehungen $z^3 = V_{\text{in}}$, $z^4 = R$ sowie

$$\dot{V}_{\text{in}} = 0, \qquad \dot{R} = 0$$

ergänzt. Für den Betrieb des Tiefsetzstellers seien folgende Szenarien interessant, für die jeweils ein identisches Regelverhalten erzielt werden soll:

- Änderung der Versorgungsspannung V_{in},

[10] Anstelle der Äquivarianz der Differentialgleichung, d. h. $(\varphi_g)_* \cdot f = f \cdot (\varphi_g \times \psi_g)$, wird die abgemilderte Bedingung $(\varphi_g)_* \cdot f \mod \mathfrak{g}_X = f \cdot (\varphi_g \times \psi_g) \mod \mathfrak{g}$ angesetzt, d. h. Äquivarianz „bis auf Elemente aus dem Tangentialraum der Gruppenorbits“. Für Details siehe Nijmeijer u. van der Schaft (1985).

[11] Dieses erhält man analog zu den Überlegungen zum Hochsetzsteller in Abschnitt 1.2 aus dem gemittelten Modell für unendlich schnelles Schalten.

- Änderung der Ausgangsspannung u_C, sowie
- geänderte resistive Last R bei identischer Ausgangsspannung u_C.

Anhand der ersten Gleichung in (6.24) ist zu erkennen, daß eine Veränderung der Versorgungsspannung durch eine geänderte Einschaltdauer kompensiert werden kann, wohingegen für die anderen Szenarien Transformationen des Zustands anzunehmen sind. Es werden daher für die o.a. Szenarien die folgenden infinitesimalen Erzeugenden einer erst teilbestimmten Transformationsgruppe angesetzt

$$\boldsymbol{v}_1 = \partial_{z^3}, \qquad \boldsymbol{v}_2 = \phi_2^1(z,q)\partial_{z^1} + \partial_{z^2}, \qquad \boldsymbol{v}_3 = \phi_3^1(z,q)\partial_{z^1} + \partial_{z^4}.$$

Es wird nun der Frage nachgegangen, ob es eine Rückführung $\mu(z,w)$ derart gibt, daß die durch die drei Vektorfelder erzeugte Transformationsgruppe eine Symmetrie der aus der Rückführung hervorgehenden Modellgleichungen gibt. Zunächst wird hierzu das um die Rückführung ergänzte System

$$\dot{z} = \begin{pmatrix} \frac{1}{L}\left(\mu(z,q)z^3 - z^2\right) \\ \frac{1}{C}\left(z^1 - \frac{z^2}{z^4}\right) \\ 0 \\ 0 \end{pmatrix} = \tilde{f}(z,q)$$

notiert, aus dem zusammen mit den Symmetriebedingungen (6.20) die Gleichungen

$$[\,\tilde{f}, \boldsymbol{v}_1\,] = \left(\frac{\partial \mu}{\partial z^3} z^3 + \mu, 0, 0, 0\right)^T = 0$$

$$[\,\tilde{f}, \boldsymbol{v}_2\,] = \begin{pmatrix} \frac{1}{L}\left(\frac{\partial \phi_2^1}{\partial z^1}\left(\mu z^3 - z^2\right)\right) + \frac{1}{C}\left(\frac{\partial \phi_2^1}{\partial z^2}\left(z^1 - \frac{z^2}{z^4}\right)\right) - \frac{z^3}{L}\left(\frac{\partial \mu}{\partial z^1}\phi_2^1 + \frac{\partial \mu}{\partial z^4}\right) \\ -\frac{1}{C}\left(\phi_2^1 + \frac{z^2}{(z^4)^2}\right) \\ 0 \\ 0 \end{pmatrix} = 0$$

$$[\,\tilde{f}, \boldsymbol{v}_3\,] = \begin{pmatrix} \frac{1}{L}\frac{\partial \phi_3^1}{\partial z 1}\left(\mu z^3 - z^2\right) + \frac{1}{C}\frac{\partial \phi_3^1}{\partial z^2}\left(z^1 - \frac{z^2}{z^4}\right) - \frac{1}{L}\left(\frac{\partial \mu}{\partial z^1} z^3 \phi_3^1 + \frac{\partial \mu}{\partial z^2} z^3 - 1\right) \\ -\frac{1}{C}\phi_3^1 + \frac{1}{C z^4} \\ 0 \\ 0 \end{pmatrix} = 0$$

hervorgehen. Aus dem zweiten und dritten Gleichungssystem liest man die Lösungen

$$\phi_2^1(z^2, z^4) = -\frac{z^2}{(z^4)^2} = -\frac{z^2}{R^2} \qquad \text{und} \qquad \phi_3^1(z^4) = \frac{1}{z^4} = \frac{1}{R}$$

für die Koeffizientenfunktionen der infinitesimalen Erzeugenden ab. Wegen $\frac{\partial \phi_i^1}{\partial z^1} = 0$, $i = 1,3$, und $\frac{\partial \phi_3^1}{\partial z^j} = 0$, $j = 1,2,3$, verbleibt ein reduziertes Differentialgleichungssystem, dessen Lösung auf

$$\mu(z,w) = \frac{L}{C z^3 z^4} z^1 + \frac{C(z^4)^2 - L}{C z^3 (z^4)^2} z^2 + \frac{1}{z^3} H\left(z^1 - \frac{z^2}{z^4}, w\right)$$

mit einer frei wählbaren Funktion H führt. Um die Rückführung regulär bezüglich des neuen Eingangs w zu gestalten wird $H = w$ gewählt. Aus dieser Wahl geht das äquivalente System

$$\dot{z} = \begin{pmatrix} \frac{1}{L}w + \frac{z^1}{C z^4} - \frac{z^2}{C(z^4)^2} \\ \frac{1}{C}\left(z^1 - \frac{x^2}{z^4}\right) \\ 0 \\ 0 \end{pmatrix}$$

hervor. Der Ausgang $y = z^2 = u_C$ stellt einen flachen Ausgang des Modells des Tiefsetzstellers dar[12]. Für eine invariante Folgeregelung ist zunächst anhand der infinitesimalen Erzeugenden abzulesen, daß y bzgl. $\boldsymbol{v}_1$ und $\boldsymbol{v}_3$ invariant ist. Für die Konstruktion eines invarianten Folgefehlers muß daher nur die durch $\boldsymbol{v}_2$ erzeugte Transformation herangezogen werden. Diese wirkt jedoch als Translation $\tilde{y} = y + a$, so daß der übliche Folgefehler $e = y - y_d$ bereits ein invarianter Folgefehler ist. ◁

6.6. Differentiell flache Systeme

In diesem Abschnitt wird auf die Symmetrieeigenschaften endlichdimensionaler differentiell flacher Systeme eingegangen. Flache Systeme zeichnen sich dadurch aus, daß es für diese gelingt, differentiell unabhängige Systemgrößen als Komponenten eines sogenannten flachen Ausgangs derart zu finden, daß sich alle weiteren Größen als Funktionen des flachen Ausgangs und seinen Zeitableitungen parametrieren lassen (Fliess u. a., 1995a; Rothfuss, 1997; Rudolph, 2003a). Die praktische Bedeutung dieses Zuganges ergibt sich aus der Tatsache, daß für zahlreiche Modelle technischer Prozesse flache Ausgänge gefunden werden konnten, mit Hilfe derer der Steuerungs- und Folgeregelungsentwurf stark vereinfacht wird. Der differentiellen Flachheit liegt eine besonders „einfache" Systemstruktur zugrunde, die sich in dem in der vorliegenden Arbeit angewandten geometrischen Rahmen als Lie-Bäcklund-Äquivalenz zu einem (unendlichdimensionalen) trivialen System darstellt (Fliess u. a., 1999). Um die Verbindung zu den bisher betrachteten endlichdimensionalen Systemen herzustellen, soll hier zunächst von einer Definition im Endlichdimensionalen ausgegangen werden.

Definition 6.5 (differentiell flaches System) Sei durch $q - m$ glatte Funktionen $F^i : J^k\pi \to \mathbb{R}$ ein unterbestimmtes Differentialgleichungssystem

$$F^i\Big(z, \dot{z}, \dots, z^{(k)}\Big) = 0, \qquad i = 1, \dots, q - m, \tag{6.25}$$

gegeben (vgl. auch Gleichung (3.26) in Abschnitt 3.4). Das System heißt *(differentiell) flach*, falls es ein m-Tupel $(y^1, \dots, y^m)$ von Funktionen $\phi^i : J^{\alpha_i}\pi \to \mathbb{R}$ der Systemgrößen z^i, $i = 1, \dots, q$, und ihren Ableitungen

$$y^i = \phi^i\Big(z, \dot{z}, \dots, z^{(\alpha_i)}\Big), \quad i = 1, \dots, m,$$

gibt, für die folgende Bedingungen erfüllt sind

i) Es existiert keine Differentialgleichung $R\Big(y, \dot{y}, \dots, y^{(\delta)}\Big) = 0$ über die die Komponenten des flachen Ausganges verkoppelt sind, d. h., die Komponenten y^i des flachen Ausgangs sind differentiell unabhängig.

ii) Alle Komponenten von z können (lokal) durch den flachen Ausgang und seine Zeitableitungen ausgedrückt werden, d. h., es gibt (hinreichend) glatte Funktionen ψ^i :

[12] Das gilt gemäß der im nachfolgenden Abschnitt angestellten Überlegungen für eine gesamte Äquivalenzklasse von Systemen, die über endogene Rückführungen ineinander übergehen.

$J^{\beta_i}\pi \to \mathbb{R}$ mit

$$z^i = \psi^i\Big(y, \dot{y}, \ldots, y^{(\beta_i)}\Big), \quad i = 1, \ldots, q.$$

Folglich lassen sich auch alle Ableitungen der Systemgrößen als Funktionen des flachen Ausgangs und seiner Zeitableitungen anschreiben.

Bemerkung 6.10 Eine formale Definition der differentiellen Flachheit auf der Grundlage eines differentialgebraischen Zugangs findet man z. B. in Fliess u. a. (1995a); Rudolph (2003a).

Im allgemeinen handelt es sich bei den Abbildungen $\Phi = (\phi^i)$ und $\Psi = (\psi^i)$ der Form nach nicht um klassische Berührungstransformationen, denn betrachtet man diese zunächst unabhängig von der betrachteten Differentialgleichung, so geht die Ordnung einer Differentialgleichung durch die Transformation verloren (sie erhöht sich). Aus der Definition geht jedoch bereits hervor, daß es gelingt, durch Vorgabe von Zeitverläufen für den flachen Ausgang die Trajektorien für z vollständig zu parametrieren. Es handelt sich somit um eine spezielle Darstellung des Differentialgleichungssystems, in der die Gleichungen (6.25) trivial erfüllt sind $(0 = 0)$ – die Komponenten des flachen Ausgangs sind differentiell unabhängig. Um einem solchen trivialen System eine differenzierbare Mannigfaltigkeit im Sinne des geometrischen Rahmens aus Kapitel 3 zuzuordnen, d. h. eine glatte Mannigfaltigkeit mit involutiver Cartan-Distribution, muß an dieser Stelle auf einen unendlichdimensionalen Zugang zurückgegriffen werden (vgl. auch Fliess u. a., 1994, 1999).

Definition 6.6 (triviales System, Fliess u. a., 1999) Sei durch $(\mathbb{R}\times\mathbb{R}^m, \pi, \mathbb{R})$ ein triviales Bündel mit globalen Koordinaten $(t, y) = (t, y^1, \ldots, y^m)$ gegeben. Ein triviales System ist eine differenzierbare Mannigfaltigkeit $\mathcal{M}^m_\infty = (J^\infty\pi, \operatorname{span}\{\boldsymbol{v}^\infty_m\})$ mit dem Cartan-Vektorfeld $\boldsymbol{v}^\infty_m = \partial_t + \sum_{j>0} y^i_j \partial_{y^i_{j-1}}$.

Ein triviales System ist somit gerade durch m unabhängige Integratorketten beliebiger Länge gegeben. Eine Verbindung zwischen dem impliziten Differentialgleichungssystem (6.25) und der geometrischen Beschreibung eines trivialen Systems herzustellen wird eine weitere differenzierbare Mannigfaltigkeit $\mathcal{M}_F$ herangezogen, die sich direkt aus der in Gleichung (3.27) angegebenen lokalen expliziten Darstellung

$$\bar{z}^i_k = f^i\Big(\bar{z}^{[k-1]}, u^{[k]}\Big), \quad i = 1, \ldots, q - m, \tag{6.26}$$

der Differentialgleichung und ihrer differentiellen Konsequenzen ergibt (vgl. Abschnitt 3.5.2):

$$\begin{aligned} \mathcal{M}_f &= \Big(J^{k-1}\bar{\pi} \times_{\mathcal{B}} J^\infty\rho, \operatorname{span}\{\boldsymbol{v}_f\}\Big), \quad \text{mit} \\ \boldsymbol{v}_f &= \partial_t + \sum_{j<k} \bar{z}^i_j\, \partial_{\bar{z}^i_{j-1}} + f^i\Big(\bar{z}^{[k-1]}, u^{[k]}\Big)\, \partial_{\bar{z}^i_{k-1}} + \sum_{j>0} u^i_j \partial_{u^i_{j-1}}. \end{aligned}$$

Hierbei wurde die explizite Form (6.26) entsprechend der Diskussion zur Herleitung des Vektorfeldes (3.38) auf Seite 64 ausgenutzt, um die höheren Zeitableitungen von $\bar{z}$ als Funktion der Ableitungen bis zur $(k-1)$-ten Ordnung von $\bar{z}$ und höheren Zeitableitungen des Eingangs auszudrücken.

Bemerkung 6.11 Durch Einführen eines Zustands $x = \left(\bar{z}, \dot{\bar{z}}, \ldots, \bar{z}^{(k-1)}\right)^T$ erhält man eine lokale (verallgemeinerte) Zustandsdarstellung für das Differentialgleichungssystem (6.25)

$$x_1^i = \tilde{f}^i\left(x, u^{[k]}\right), \quad i = 1, \ldots, (q-m)(k-1), \tag{6.27}$$

mit dem zugehörigen Cartan-Vektorfeld $\boldsymbol{v}_{\tilde{f}} = \partial_t + \tilde{f}^i\left(x, u^{[k]}\right)\partial_{x^i} + \sum_{j>0} u_j^i \partial_{u_{j-1}^i}$. Das Auftreten der Eingangsableitungen auf der rechten Seite der Zustandsdarstellung verdeutlicht nochmal die Motivation für die Definition der verallgemeinerten Zustandsdarstellung, siehe z. B. Fliess (1990).

Die in der obenstehenden Definition der differentiellen Flachheit angegebenen Abbildungen Φ und Ψ induzieren durch ihre unendlichen Prolongationen $\Phi_\infty : \mathcal{M}_f \to \mathcal{M}_\infty^m$

$$(z, \dot{z}, \ddot{z}, \ldots) \mapsto \left(\Phi(z^{[\alpha]}), D_t\Phi(z^{[\alpha+1]}), D_t^2\Phi(z^{[\alpha+1]}), \ldots\right) = (y, \dot{y}, \ddot{y}, \ldots)$$

mit $\alpha = \max\{\alpha_i\}$, sowie $\Psi_\infty : \mathcal{M}_\infty^m \to \mathcal{M}_f$

$$(y, \dot{y}, \ddot{y}, \ldots) \mapsto \left(\Psi(z^{[\beta]}), D_t\Psi(z^{[\beta+1]}), D_t^2\Psi(z^{[\beta+1]}), \ldots\right) = (z, \dot{z}, \ddot{z}, \ldots)$$

und $\beta = \max\{\beta_i\}$ einen Lie-Bäcklund-Isomorphismus zwischen den beiden differenziellen Mannigfaltigkeiten $\mathcal{M}_f$ und $\mathcal{M}_\infty^m$, d. h., die beiden differenzierbaren Mannigfaltigkeiten sind Lie-Bäcklund-äquivalent. Da die Zeit hierbei nicht mittransformiert wird, entspricht dies der differentiellen Äquivalenz aus Abschnitt 3.4.2. Wird die Zeit mitransformiert, so erhält man die orbitale Äquivalenz (vgl. Abschnitt 3.4.2). Dies motiviert die folgende Definition.

Definition 6.7 (differentielle und orbitale Flachheit, Fliess u. a., 1999)
Ein System von gewöhnlichen Differentialgleichungen heißt *differentiell flach* genau dann, wenn es differentiell äquivalent zu einem trivialen System ist, es heißt *orbital flach*, wenn es (orbital) äquivalent zu einem trivialen System ist.

Aus dieser Definition läßt sich unmittelbar folgendes schließen. Seien $\mathcal{M}_f$ und $\mathcal{N}_g$ zwei differenzierbare Mannigfaltigkeiten, die über einen Lie-Bäcklund-Isomorphismus (μ, ν), $\mu : \mathcal{M}_f \to \mathcal{N}_g$, $\nu : \mathcal{N}_g \to \mathcal{M}_f$ zueinander äquivalent sind. Sei weiterhin für $\mathcal{M}_f$ ein flacher Ausgang y und ein Lie-Bäcklund-Isomorphismus $(\Phi_\infty, \Psi_\infty)$ zu $\mathcal{M}_\infty^m$ bekannt. Dann folgt unmittelbar, daß $\mathcal{N}_g$ ebenfalls flach ist, wobei sich ein flacher Ausgang aus dem Bild $\Phi \circ \nu$ des flachen Ausgangs von $\mathcal{M}_f$ ergibt, und der Lie-Bäcklund-Isomorphismus zwischen $\mathcal{N}_g$ und $\mathcal{M}_\infty^m$ durch $(\Phi_\infty \circ \nu, \mu \circ \Psi_\infty)$ gegeben ist. Überträgt man diese Überlegung auf eine Lie-Bäcklund-Transformation auf $\mathcal{M}_\infty^m$, so folgt unmittelbar, daß hieraus ein weiterer flacher Ausgang hervorgeht – es gibt somit beliebig viele flache Ausgänge, die ineinander durch Lie-Bäcklund-Abbildungen übergehen.

Beispiel 6.4: (kinematisches Fahrzeug: Lie-Bäcklund-Äquivalenz zu einem trivialen System). Ein bekannter flacher Ausgang für die Modellgleichungen des kinematischen Fahrzeugs

$$\dot{z}^1 = v\cos\theta, \qquad \dot{z}^2 = v\sin\theta, \qquad \dot{\theta} = \frac{v}{l}\tan\varphi,$$

ist die Position des Hinterachsmittelpunktes $y = (y^1, y^2) = (z^1, z^2)$. Die verbleibenden Systemgrößen können durch die Beziehungen

$$z^1 = y^1, \quad z^2 = y^2, \quad \theta = \arctan \frac{y_1^2}{y_1^1}, \quad v = \pm\sqrt{(y_1^1)^2 + (y_1^2)^2}, \quad \varphi = \arctan\left(l \frac{y_2^2 y_1^1 - y_2^1 y_1^2}{((y_1^1)^2 + (y_1^2)^2)^{\frac{3}{2}}} \right).$$

aus dem flachen Ausgang und seinen Zeitableitungen bis zur 2. Ordnung berechnet werden. Ausgehend von den trivialen Bündeln $(I \times X, \pi_x, I)$, $\mathbb{R} \supset I \simeq (t)$, $X = \mathbb{R}^2 \times S^1 \simeq (z^1, z^2, \theta)$, und $(I \times U, \pi_u, I)$, $U = \mathbb{R} \times S^1 \simeq (v, \varphi)$, ergibt sich die differenzierbare Mannigfaltigkeit $\mathcal{M}_f = (\pi_x \times_I J^\infty \pi_u, \mathrm{span}\{\boldsymbol{v}_f\})$, mit dem Cartan-Vektorfeld

$$\boldsymbol{v}_f = \partial_t + v \cos\theta \partial_{z^1} + v \sin\theta \partial_{z^2} + \frac{v}{l} \tan\varphi \partial_\theta + \dot{v}\partial_v + \dot{\varphi}\partial_\varphi + \ddot{v}\partial_{\dot{v}} + \cdots .$$

Aus der differentiellen Flachheit folgt, daß die Gleichungen des kinematischen Fahrzeugs differentiell äquivalent zu dem trivialen System $\mathcal{M}_\infty^2$ mit dem Cartan-Vektorfeld $\boldsymbol{v}_\infty^2 = \partial_t + y_1^1 \partial_{y^1} + y_1^2 \partial_{y^2} + y_2^1 \partial_{y_1^1} + y_2^2 \partial_{y_1^2} + \cdots$ sind. Tatsächlich prüft man leicht nach, daß die Bedingungen $\Phi_*(\boldsymbol{v}_f) = \boldsymbol{v}_\infty^2$ und $\Psi_*(\boldsymbol{v}_\infty^2) \subset \mathrm{span}\{\boldsymbol{v}_f\}$ erfüllt sind. ◁

6.6.1. Symmetrien flacher Systeme

Durch die Äquivalenz eines flachen Systems zu einem trivialen System $\mathcal{M}_\infty^m$ genügt es, sich bei der Analyse der in Frage kommenden Symmetrietransformationen auf das triviale System zu beschränken. Gemäß der in Kapitel 3.3.2 angestellten Überlegungen ist eine Lie-Bäcklund-Abbildung auf $\mathcal{M}_\infty^m$ gerade eine Symmetrie der Differentialgleichung, d. h., jede Abbildung

$$\varphi : \mathcal{M}_\infty^m \to \mathcal{M}_\infty^m, \quad \text{mit } \varphi_*(\boldsymbol{v}_\infty^m) \in \mathrm{span}\{\boldsymbol{v}_\infty^m\}$$

ist eine Symmetrie der Differentialgleichung (vgl. Gleichung (3.15)). Insbesondere gilt dies für alle Lie-Bäcklund-Abbildungen φ, die nur auf den flachen Ausgang y wirken. Folglich besitzen flache System unendlich viele Symmetrien, insbesondere definieren Übergänge zwischen flachen Ausgängen Symmetrietransformationen. Umgekehrt gilt auch, daß jede Symmetrie, die auf $\mathcal{M}_f$ definiert ist, mit einer Lie-Bäcklund-Abbildung auf $\mathcal{M}_\infty^m$ korrespondiert. Die Zusammenhänge faßt das folgende Diagramm zusammen.

$$\begin{array}{ccc}
\mathcal{M}_f & \xrightarrow{\tilde{\varphi} = \Psi_\infty \circ \varphi \circ \Phi_\infty} & \mathcal{M}_f \\
\Phi_\infty \downarrow \uparrow \Psi_\infty & & \Phi_\infty \downarrow \uparrow \Psi_\infty \\
\mathcal{M}_\infty^m & \xrightarrow{\varphi} & \mathcal{M}_\infty^m
\end{array}$$

Die voranstehende Diskussion wurde im Unterschied zu den vorangegangenen Symmetriebetrachtungen in einem unendlichdimensionalen Kontext geführt, der sich aufgrund der Allgemeinheit des Flachheitskonzeptes (bzw. der Form der Transformationen Φ und Ψ) ergab. Allerdings legt die Definition des flachen Ausgangs als Funktion der Systemgrößen sowie *endlich vieler* Zeitableitungen die Vermutung nahe, daß es möglich ist, eine Verbindung zwischen der ursprünglichen Systemdarstellung und einem trivialen System endlicher Kettenlänge herzustellen.

Hierzu sei im folgenden angenommen, daß die Systemgleichungen in einer lokalen (verallgemeinerten) Zustandsdarstellung (6.27) vorliegen. Die Komponenten des flachen Ausgangs ergeben sich entsprechend als Funktionen

$$y^i = \phi^i\Big(x, u^{[\delta_i]}\Big), \quad i = 1, \dots, m,$$

wobei die Zustandsdarstellung verwendet wurde, um Zeitableitungen von z höher als $k-1$ auszudrücken. Umgekehrt können die Komponenten des Zustands x sowie des Eingangs u über

$$\begin{aligned} x^i &= A^i\Big(y, \dot{y}, \dots, y^{[\tilde{\beta}_i]}\Big), \qquad & i &= 1, \dots, (q-m)(k-1), \\ u^j &= B^j\Big(y, \dot{y}, \dots, y^{[\tilde{\gamma}_i]}\Big), \qquad & j &= 1, \dots, m, \end{aligned} \tag{6.28}$$

(lokal) als Funktionen des flachen Ausgangs und dessen Zeitableitungen angeschrieben werden. Mit einer geeigneten Wahl von konstanten Ableitungsordnungen $\{\kappa_1, \dots, \kappa_m\}$ („hoch genug") läßt sich somit ein triviales System endlicher Länge mit dem Zustand

$$\xi = \Big(\xi^1, \xi^2, \dots, \xi^{n_1}, \xi^{n_1+1}, \dots, \xi^{n_2}, \dots, \xi^n\Big) = \Big(y^1, y^1_1, \dots, y^1_{\kappa_1-1}, y^2, \dots, y^2_{\kappa_2-1}, \dots y^m_{\kappa_m-1}\Big),$$

mit $n_i = \sum_{j=1}^i \kappa_j$ und $n = \sum_{i=1}^m n_i$ der Form

$$\begin{aligned} \dot{\xi}^i &= \xi^{i+1} \\ \dot{\xi}^{\kappa_j-1} &= v^j \end{aligned}, \quad i = 1, \dots, n,\ n \notin \{n_1, \dots, n_m\}, \quad j = 1, \dots, m, \tag{6.29}$$

und dem neuen Eingang $v = (v^1, \dots v^m)$ anschreiben[13], so daß Lösungen dieses Systems genügen, um die Trajektorien und den Eingang für die Zustandsdarstellung zu bestimmen. Die neuen Eingänge $v^i = y^i_{\kappa_i}$ definieren eine Rückführung

$$y^i_{\kappa_i} = L^{\kappa_i}_{\tilde{f}} \phi^i = \mu^i\Big(x, u^{[\tilde{\delta}_i]}\Big) = v, \quad i = 1, \dots, m,$$

die vom Zustand x und endlich vielen Eingangsableitungen abhängt. Umgekehrt ist über die Funktionen B^j eine Rückführung

$$u^j = \nu^j\Big(\xi, v^{[\eta_j]}\Big), \quad j = 1, \dots, m,$$

gegeben. Diese Art von Rückführungen, die der oben dargestellten Lie-Bäcklund-Äquivalenz entspricht, wird als endogene Zustandsrückführung bezeichnet (Fliess u. a., 1995b). Die Zustandsdarstellung (6.29) ergibt sich folglich aus der verallgemeinerten Zustandstransformation $\xi = \Xi\Big(x, u^{[\delta-1]}\Big)$ und der o.a. endogenen Zustandsrückführung aus der Zustandsdarstellung (6.27).

Bemerkung 6.12 Die Zustandsdimensionen der Zustandsdarstellungen (6.29) und (6.27) stimmen i. allg. nicht überein. Gehen die Zustände x und ξ durch klassische Zustandstransformationen (Diffeomorphismen) ineinander über, so spricht man von quasi-statischen Rückführungen, da die Zustandsdimension beider Darstellungen identisch ist. Darüber hinaus läßt sich zeigen, daß jedes flache System durch eine quasi-statische Rückführung verallgemeinerter Zustände, d. h. Zuständen, die sich als Funktion von Zuständen und endlich vielen Eingangsableitungen ergeben, in ein lineares steuerbares System überführt werden kann (Delaleau u. Rudolph, 1998; Rudolph, 2003a).

[13]Diese Form der Gleichungen wird als Brunovský-(Normal-)Form bezeichnet, vgl. auch Brunovský (1970); Kailath (1980).

6.6.2. Symmetrien des endlichdim. trivialen Systems (6.29)

Betrachtet man das triviale System (6.29) hinsichtlich möglicher Symmetrien, so ist bereits aus den vorangestellten Überlegungen zu Beginn des Kapitels bekannt, daß es beliebig viele Symmetrietransformationen gibt. Dies erklärt sich dadurch, daß es beliebig viele Punkttransformationen $\tilde{y} = \varphi(y)$ für einen flachen Ausgang y gibt, deren Prolongationen unmittelbar Symmetrien des endlichen trivialen Systems sind. Um dies anhand der Zustandsdarstellung (6.29) zu erkennen, wird davon ausgegangen, daß die Zustände derart sortiert sind, daß $\kappa_1 \geq \kappa_2 \geq \cdots \geq \kappa_m$ gilt und eine Punkttransformation der Form

$$\tilde{\xi}^i = \varphi^i(\xi)\,, \quad \tilde{v}^j = \psi^j(\xi, v)\,, \quad i = 1, n_1+1, n_2+1, \ldots, n_{m-1}+1,\ j = 1, \ldots, m, \tag{6.30}$$

als Symmetrietransformation angesetzt. Damit diese Transformation eine Berührungstransformation definiert, folgen die Transformationsbeziehungen für die verbleibenden Zustandsgrößen als Prolongationen, d. h., es gilt

$$\tilde{\xi}^i = j^k\varphi^j\left(\xi^{[k]}\right), \quad i = n_l + 2, \ldots, n_{l+1},\ k = 1, \ldots, \kappa_l,\ l = 1, \ldots, m,$$

wobei $n_0 = 0$ gesetzt wird. Aufgrund der unterschiedlichen Kettenlängen κ_i können die Funktionen φ^i gemäß der zuvor angenommenen Sortierung wie folgt angegeben werden

$$\begin{aligned}
\varphi^1 &= \varphi^1(y^1) = \varphi^1(\xi^1), \\
\varphi^2 &= \varphi^2(y^1, y^1_1, \ldots, y^1_{\kappa_1-\kappa_2}, y^2) = \varphi^2(\xi^1, \xi^2, \ldots, \xi^{\kappa_1-\kappa_2}, \xi^{n_1+1}), \\
\varphi^3 &= \varphi^3(y^1, y^1_1, \ldots, y^1_{\kappa_1-\kappa_3}, y^2, \ldots, y^2_{\kappa_2-\kappa_3}, y^3) \\
&= \varphi^3(\xi^1, \xi^2, \ldots, \xi^{\kappa_1-\kappa_2}, \xi^{n_1+1}, \ldots, \xi^{n_2-\kappa_3}, \xi^{n_2+1}), \\
&\ \ \vdots
\end{aligned} \tag{6.31}$$

Alle Ansatzfunktionen φ^i, $i = 1, \ldots, m$, dieser Form führen auf eine Berührungstransformation der Form (6.30). Nutzt man nun die Zusammenhänge (6.28), um die induzierten Symmetrietransformation für die Zustandsdarstellung (6.27) anzugeben, so erhält man

$$\begin{aligned}
\tilde{x}^i &= A^i\left(\tilde{y}, \ldots, \tilde{y}^{(\tilde{\beta}_i)}\right) = \tilde{\varphi}^i\left(x, u^{[\tilde{\beta}_i]}\right), \\
\tilde{u}^j &= B^j\left(\tilde{y}, \ldots, \tilde{y}^{(\tilde{\gamma}_i)}\right) = \tilde{\psi}^i\left(x, u^{[\tilde{\gamma}_i]}\right),
\end{aligned}$$

d. h., die Punkttransformation $\varphi = (\varphi^i)$ induziert i. allg. eine verallgemeinerte Zustandstransformation und eine endogene Zustandsrückführung – also *keine* klassische Symmetrie, sondern eine Lie-Bäcklund-Abbildung.

Bemerkung 6.13 Die Transformationen der Form (6.31) bilden eine unendlichdimensionale sog. Pseudogruppe von Symmetrietransformationen für das System in Brunovský-Form, deren allgemeine Form wie o.a. Rückschlüsse auf die Struktur der Gleichungen zuläßt (Kettenlängen) (vgl. Kobayashi u. Nomizu, 1963; Gardner u. a., 1989; Gardner u. Shadwick, 1990).

Eine ähnliche Betrachtung der durch eine klassische Symmetrie für die Zustandsdarstellung (6.27) auf den flachen Ausgang y induzierte Symmetrietransformation führt ebenfalls zu dem Ergebnis, daß eine klassische Symmetrie i. allg. auf eine Lie-Bäcklund-Abbildung, d. h. eine verallgemeinerte Symmetrie des trivialen Systems, führt. Dies zeigt, daß sich Symmetrien flacher Systeme als Lie-Bäcklund-Transformationen flacher Ausgänge darstellen, die im Sinne einer einheitlichen Betrachtung unterschiedlicher Systemdarstellungen den Übergang zum angedeuteten unendlichdimensionalen Zugang notwendig machen.

Bemerkung 6.14 Im Abschnitt 6 zum Entwurf invarianter Folgeregler wurden G-verträgliche Ausgänge eines Systems in Zustandsdarstellung eingeführt (vgl. Definition 6.2). In Martin u. a. (1997) wird in ähnlicher Weise ein sogenannter symmetrieerhaltender flacher Ausgang definiert (engl. symmetry-preserving), dessen Einführung aus der dargestellten Beobachtung motiviert wird, daß Symmetrien bzgl. unterschiedlicher flacher Ausgänge sowohl als Punkt- als auch Lie-Bäcklund-Transformationen auftreten können: Sei $\tilde{\varphi}$ eine Symmetrie des Systems $\mathcal{M}_f$. Ein flacher Ausgang y heißt bei Martin u. a. (1997) symmetrieerhaltend, wenn die induzierte Abbildung $\varphi = \Phi_\infty \circ \tilde{\varphi} \circ \Psi_\infty$ eine Punkttransformation (Diffeomorphismus) auf y erklärt. Als Motivation für diese Definition wird die Invarianz der Modellgleichungen des kinematischen Fahrzeugs bezüglich $SO(2)$ zusammen mit dem flachen Ausgang $\bar{y}$ und seinem Bild unter der Rotationsgruppe $\tilde{\bar{y}}$

$$\bar{y} = \left(z^1, z^2 + \dot{z}^1\right), \qquad \tilde{\bar{y}} = \left(z^1 \cos a - z^2 \sin a, z^1 \sin a + z^2 \cos a + \dot{z}^1 \cos a - \dot{z}^2 \sin a\right)$$

angegeben – durch die Symmetrie wird keine Punkttransformation von $\bar{y}$ definiert.

Allerdings erscheint die Unterscheidung von flachen Ausgängen der Sicht der Äquivalenz der Systembeschreibung zu widersprechen. Der Widerspruch löst sich auf, wenn die zur Betrachtung notwendige Systemdarstellung bezüglich des flachen Ausganges $\bar{y}$ und ihre Beziehung zur Darstellung bezüglich des in diesem Sinne symmetrieerhaltenden flachen Ausganges $y = (z^1, z^2)$ hinzugezogen wird. Die beiden differentiellen Mannigfaltigkeiten $\mathcal{M}_y \simeq \mathcal{M}^2_\infty$ mit globalen Koordinaten $(t, y, \dot{y}, \ldots)$ und $\mathcal{M}_y \simeq \mathcal{M}^2_\infty$ mit globalen Koordinaten $(t, \bar{y}, \dot{\bar{y}}, \ldots)$ sind differentiell äquivalent:

$$\mu : \mathcal{M}_y \to \mathcal{M}_{\bar{y}}, \quad \bar{y}^1 = y^1, \bar{y}^2 = y^2 + \dot{y}^1, \ldots, \qquad \nu : \mathcal{M}_{\bar{y}} \to \mathcal{M}_y, \quad y^1 = \bar{y}^1, y^2 = \bar{y}^2 - \dot{\bar{y}}^1, \ldots$$

$$\begin{aligned} \mu_*(\boldsymbol{v}_y) &= \partial_t + y^1_1 \partial_{\bar{y}^1} + (y^2_1 + y^1_2)\partial_{\bar{y}^2} + y^1_2 \partial_{\bar{y}^1_1} + (y^2_2 + y^1_3)\partial_{\bar{y}^2_1} + \cdots \\ &= \partial_t + \bar{y}^1_1 \partial_{\bar{y}^1} + (\bar{y}^2_1 - \bar{y}^1_2 + \bar{y}^1_2)\partial_{\bar{y}^2} + \bar{y}^1_2 \partial_{\bar{y}^1_1} + (\bar{y}^2_2 - \bar{y}^1_3 + \bar{y}^1_3)\partial_{\bar{y}^2_1} + \cdots \\ &= \boldsymbol{v}_{\bar{y}}. \end{aligned}$$

Folglich induziert die Symmetrietransformation $\tilde{z} = (z^1 \cos a - z^2 \sin a, z^1 \sin a + z^2 \cos a)$, $a \in \mathbb{R} \mod 2\pi$, eine Transformation

$$\mathcal{M}_{\bar{y}} \to \mathcal{M}_{\bar{y}} : \quad \tilde{\bar{y}}^1 = \bar{y}^1 \cos a - (\bar{y}^2 - \bar{y}^1_1) \sin a, \quad \tilde{\bar{y}}^2 = \bar{y}^1 \sin a + \bar{y}^2 \cos a - (\bar{y}^2_1 - \bar{y}^1_2) \sin a, \ldots$$

die eine Lie-Bäcklund-Abbildung ist (also die Symmetriebedingung erfüllt), und der flache Ausgang $\bar{y}$ ist ebenfalls symmetrieerhaltend, wenngleich die resultierende Abbildung in Übereinstimmung mit der zuvor angestellten allgemeinen Überlegung eine verallgemeinerte Symmetrie darstellt (keine Prolongation einer Punkttransformation).

6.7. Invariante Zustandsschätzung

Die zuvor in Kapitel 6 dargestellten Verfahren für den Entwurf invarianter Folgeregler führten alle auf statische Zustandsrückführungen für die Stellgrößen. Folglich ist für die

Implementierung dieser Regelgesetze die Kenntnis aller Zustandsgrößen notwendig, so daß sich unter Annahme eines gemessenen Ausgangs der Dimension $m < n$ unmittelbar das Problem der Zustandsrekonstruktion aus den gemessenen Ausgängen ergibt. Ein wohlbekannter Ansatz stellt die Verwendung asymptotischer Zustandsbeobachter der Form

$$\dot{\hat{x}} = f(\hat{x}, u) + L(t, \hat{x}, u)\,(\hat{y} - y) \tag{6.32}$$

dar, wobei über eine geeignete (ggf. zeitvariante) Fehlerinjektionsmatrix $L(t, \hat{x}, u) \in \mathbb{R}^{n\times m}$ die Abweichung zwischen dem gemessenen Ausgang $y = h(x)$ und dem sich aus dem Beobachterzustand $\hat{x}$ ergebenen Ausgang $\hat{y} = h(\hat{x})$ derart aufgeprägt wird, daß $\hat{x} - x \to 0$ für $t \to \infty$ gilt. Auf die möglichen Entwurfsverfahren sowie auf die zu erfüllenden Anforderungen an die Wahl des Ausgangs hinsichtlich der sog. Beobachtbarkeit des Zustands über die Messung von y soll an dieser Stelle nicht im Detail eingegangen werden. Einen Überblick über bekannte Entwurfsansätze kann in Röbenack (2010) nachgelesen werden, für den Begriff der Beobachtbarkeit siehe Hermann u. Krener (1977); Gauthier u. Bornard (1981); Sontag (1984). Im folgenden soll lediglich der Aspekt der Invarianz der Beobachtergleichung (6.32) im Hinblick auf vorhandene Symmetrien betrachet werden.

Sei hierzu durch $(\varphi_g \times \psi_g)_{g\in G}$ eine Symmetriegruppe für f bekannt, d. h., mit $\left(\tilde{\hat{x}}, \tilde{u}\right) = (\varphi_g(\hat{x}), \psi(\hat{x}, u))$ gilt

$$\frac{\partial \varphi_g}{\partial \hat{x}} f(\hat{x}, u) = f(\tilde{\hat{x}}, \tilde{u}), \quad \forall\, g \in G,$$

und sei y ein G-verträglicher Ausgang mit induzierter Transformationsgruppe $(\rho_g)_{g\in G}$. Im allgemeinen wird der Ansatz (6.32) die Symmetriebedingung

$$\frac{\partial \varphi_g}{\partial \hat{x}} \left(f(\hat{x}, u)\, L(t, \hat{x}, u)\,(\hat{y} - y)\right) = f\left(\tilde{\hat{x}}, \tilde{u}\right) + L(t, \tilde{\hat{x}}, \tilde{u})\,(\rho_g(\hat{y}) - \rho_g(y))$$

nicht erfüllen, so daß die Beobachtergleichungen nicht invariant bzgl. der Symmetriegruppe sind. Dies hat jedoch zur Folge, daß auch das Konvergenzverhalten des geschätzten Zustands, der für die Berechnung der Stellgrößen im Rahmen einer invarianter Rückführung genutzt wird, nicht invariant ist, so daß das gewünschte invariante Verhalten der Folgeregelung verloren geht.

Hieraus erwächst die Motivation für einen invarianten Beobachterentwurf, der in Aghannan u. Rouchon (2002); Bonnabel u. a. (2008) vorgeschlagen wurde, und der sich in zwei Teile untergliedert:

- Konstruktion eines invarianten Ansatzes für die Fehlerinjektion,
- Konvergenzbeweis für den Beobachtungsfehler.

Dabei gelingt die Konstruktion einer invarianten Fehlerinjektion auf der Grundlage eines invarianten Ausgangsfehlers ähnlich wie zuvor für den Entwurf invarianter Folgefehler. Offenbar wird die Fehlerinjektion in Gleichung (6.32) invariant, wenn anstelle des Ausgangsfehlers $\hat{y} - y$ einen invarianten Ausgangsfehler und eine invariante Injektionsmatrix L verwendet wird, d. h., wenn die Fehlerinjektion über ein invariantes Vektorfeld erfolgt.

Die Beobachtergleichungen haben somit die Form

$$\begin{aligned}\dot{\hat{x}} &= f(\hat{x},u) + \sum_{i=1}^{n} \boldsymbol{w}_i(\hat{x}) \left(\sum_{j=1}^{m} L_{ij}(t,\hat{x},u) E_j(\hat{x},\hat{y},y) \right) \\ &= f(\hat{x},u) + W(\hat{x}) L(t,\hat{x},u) E(\hat{x},\hat{y},y)\,,\end{aligned} \tag{6.33}$$

wobei die Spalten der Matrix W aus invarianten Basisvektorfeldern für den Tangentialraum TX besteht, und $E = (E^1, E^2, \ldots, E^m)^T$ einen invarianten Ausgangsfehler im Sinne der Definition 6.3 bezeichnet. Aus der Verwendung einer invarianten Basis $\{\boldsymbol{w}_1(\hat{x}), \ldots, \boldsymbol{w}_n(\hat{x})\}$ und der invarianten Folgefehler ist somit die Invarianz der Beobachtergleichung bezüglich der Symmetriegruppe gesichert. Die (lokale) Existenz einer derartigen Basis ist gesichert, wenn die Symmetriegruppe lokal frei auf X mit $r \leq n$ wirkt, denn dann kann anhand der lokalen Blätterung von X durch G eine invariante Aufteilung von Vektorfeldern entlang und transversal zu den Gruppenorbits analog zu den Erläuterungen zur Reduktion der Zustandsdarstellung in Abschnitt 5.3 erfolgen. Hierzu wird erneut der Normalisierungsalgorithmus angewandt:

- Eine Normalisierung von r Transformationsbeziehungen

  $$\varphi_g^1(\hat{x}) = c_1, \qquad \varphi_g^2(\hat{x}) = c_2, \qquad \ldots \qquad \varphi_g^r(\hat{x}) = c_r,$$

  führt lokale auf das mitgeführte Koordinatensystem $g = \gamma(\hat{x})$.

- Durch Einsetzen von γ in die Jacobi-Matrix (Pushforward) von φ_g ergibt sich die Matrix

  $$W(\hat{x}) = \left.\frac{\partial \varphi_g}{\partial \hat{x}}\right|_{g=\gamma(\hat{x})}^{-1}, \tag{6.34}$$

  deren Spalten invariante Basisvektorfelder für TX sind.

Die lineare Unabhängigkeit folgt aus der Tatsache, daß φ_g ein Diffeomorphismus auf X ist, ihre Invarianz ist erneut anhand einer Darstellung in einer speziellen Karte (ϕ, U), $U \subset X$, gemäß Abbildung 4.2 zu erkennen. Die ersten r-Vektorfelder entsprechen den Basisvekorfeldern der Lie-Algebra, d. h., diese sind per Definition invariant. Die verbleibenden $(n-r)$-Vektorfelder spannen gerade den horizontalen Teil des Tangentialraumes auf, d. h., diese hängen in der speziellen Karte nur von den Koordinaten $x^{r+1}, \ldots, x^n$ ab, entlang derer die Gruppe nicht wirkt. Diese Zerlegung des Vektorfeldes in einen Teil entlang der Orbits und transversal zu den Orbits entspricht der bereits in Abschnitt 5.3 durchgeführten Überlegung. Die obenstehende Konstruktion besagt nicht anderes, als daß der Vorwärtstransport von $T\varphi$ entlang der Gruppenorbits gerade auf die Einheitsmatrix führt[14]: $W \frac{\partial \varphi}{\partial \hat{x}} = I_{n \times n}$.

Die Konstruktion invarianter Ausgangsfehler η^i, $i = 1, \ldots, m$, geschieht analog zu der Folgefehlerkonstruktion in Abschnitt 6.2. Hierzu wird die o.a. Normalisierung in die induzierten Transformationsbeziehungen für den Ausgang eingesetzt:

$$\eta^i(\hat{x}, \hat{y}, y) = \left.\rho_g^i(\hat{y}) - \rho_g^i(y)\right|_{g=\gamma(\hat{x})}, \qquad i = 1, \ldots, m,$$

[14] Da alle Linearkombinationen der Spalten von W wieder eine invariante Basis bilden, könnte die Inversion der rechten Seite auch entfallen – es wird sich jedoch im Beispiel in Abschnitt 7.1.3 zeigen, daß diese Wahl für die Rechnungen günstig sein kann.

mit $\rho_g = \left(\rho_g^i\right)$. Mit Hilfe der hier angegeben Konstruktion gelingt folglich ein invarianter Ansatz für die Fehlerinjektion in Gleichung (6.33).

Der geeignete Entwurf einer Fehlerinjektionsmatrix L und der anschließende Konvergenzbeweis für die Zustandsschätzung muß für jedes Problem individuell erfolgen (i. allg. hängt dies von den betrachteten Trajektorien ab), einige Ausführungen hierzu und weitere Details zum Entwurf invarianter Beobachter findet man bei Aghannan (2003); Bonnabel u. a. (2006); Bonnabel (2007); Bonnabel u. a. (2008). Dem Entwurf invarianter Beobachter für Langrangesche Systeme widmen sich Aghannan u. Rouchon (2003), der durch die Struktur begünstigten Entwurf für Systeme auf Lie-Gruppen wird in Bonnabel u. a. (2009) diskutiert. Ein Beispiel für die Anwendung des dargestellten Ansatzes für eine invariante Fehlerinjektion wird in Abschnitt 7.1 für das kinematische Fahrzeug angegeben.

Bemerkung 6.15 Für differentiell flache Systeme läßt sich die o.a. Normalisierung entsprechend auf die geplante Solltrajektorie für den flachen Ausgang anwenden, so daß die Beschränkung $n \geq r$ wegfällt.

Bemerkung 6.16 An dieser Stelle soll noch auf eine Möglichkeit zur Betrachtung der Beobachtbarkeitseigenschaften über einen Ausgang y auf der Grundlage von Lie-Symmetrien hingewiesen werden, die in Schlacher u. a. (2002) angegeben wurde. Hierzu sei angenommen, es gäbe eine einparametrige Symmetriegruppe mit infinitesimalen Erzeugenden $\boldsymbol{v}(x) = \varphi^i(x)\partial_{x^i}$, so daß die Ausgangsgleichung entlang des Flusses invariant ist, d. h., es gilt

$$\boldsymbol{v}(h^j)(x) = \frac{\partial h^j}{\partial x^1}(x)\varphi^1(x) + \cdots + \frac{\partial h^j}{\partial x^n}(x)\varphi^n(x) = 0 \qquad \text{für } j = 1, \ldots, m.$$

Aus der Proposition 5.1 folgt dann, daß es eine Karte gibt, bzgl. der das Vektorfeld die Darstellung $\boldsymbol{v} = \partial_{x^1}$ hat. Aus obenstehenden Symmetriebedingungen folgen sodann unmittelbar die Bedingungen

$$\frac{\partial h^j}{\partial x^1} = 0 \qquad \Leftrightarrow \qquad h^j = h^j\left(x^2, \ldots, x^n\right), \qquad i = j, \ldots, m,$$

d. h., zwei Lösungen $t \mapsto (\xi_1^i(t))$ und $t \mapsto (\xi_2^i(t))$ mit $\xi_1^j(t) = \xi_2^j(t)$, $j > 1$, sind über den Ausgang $y = h(x)$ nicht unterscheidbar. Stellt man umgekehrt die Frage, ob es für ein gegebenes System in Zustandsdarstellung ein nichttriviales Vektorfeld gibt, so daß der Ausgang $y = h(x)$ entlang mindestens einer Lösung konstant ist, so ist eine nichttriviale Lösung des Systems partieller Differentialgleichungen

$$\begin{array}{rcl} \boldsymbol{v}(h^j)(x) & = & 0 \\ L_f\boldsymbol{v}(h^j)(x) & = & 0 \\ L_f^2\boldsymbol{v}(h^j)(x) & = & 0 \\ & \vdots & \end{array}, \qquad j = 1 \ldots, m,$$

für die Funktionen φ^i, $i = 1, \ldots, n$, gesucht. Die obenstehenden Differentialgleichungen können derart gedeutet werden, daß es sich bei $\boldsymbol{v}$ gerade um einen Annihilator der Kodistribution $\Omega = \operatorname{span}\{dh, L_f dh, L_f^2 dh, \ldots\}$ handelt, d. h., es gilt $\boldsymbol{v} \in \ker \Omega$. Da Ω eine glatte Kodistribution ist, die aus exakten 1-Formen dh^i sowie deren Lie-Ableitungen hervorgeht, ist Ω involutiv, d. h., ihr Kern ist eine involutive Distribution (Nijmeijer u. van der Schaft, 1990). Folglich existiert ein Vektorfeld mit der gesuchten Eigenschaft, genau dann, wenn die Dimension des Kerns von Ω ungleich Null ist. Dies führt auf das bekannte Beobachtbarkeitskriterium, das besagt, daß der Zustand x über den Ausgang $y = h(x)$ beobachtbar ist, genau dann, wenn die Dimension der sog. Beobachtbarkeits-Kodistribution Ω gleich der Zustandsdimension n ist (vgl. Isidori, 1995; Nijmeijer u. van der Schaft, 1990); eine geometrische Fassung auf der Grundlage der formalen Integrierbarkeit des obenstehenden partiellen Differentialgleichungssystems ist in Schlacher u. a. (2002) zu finden, wobei dort darüberhinaus die Anwendung auf Systeme impliziter Systemgleichungen entwickelt wird.

7. Anwendung von Symmetrien für den Reglerentwurf am Beispiel

Im vorliegenden Kapitel wird anhand von zwei ausgeführten Beispielen die Anwendung des invarianten Reglerentwurfs dargestellt. Zunächst wird das Beispiel des kinematischen Fahrzeugs aus der Einleitung aufgegriffen, und ein invarianter Reglerentwurf auf der Grundlage des geometrisch motivierten Folgefehlers bestehend aus der Lotdistanz und des Schleppfehlers bezüglich der Solltrajektorie durchgeführt (vgl. Abbildung 1.2). Im Anschluß wird gezeigt, wie der Darstellung in Abschnitt 6.7 folgend eine invariante Fehlerinjektion für einen asymptotischen Beobachterentwurf genutzt werden kann.

Der zweite Abschnitt widmet sich dem Entwurf einer stabilisierenden Rückführung für einen Bioreaktor, wobei die gezielte Einprägung von Symmetrieeigenschaften genutzt wird, um dem entworfenen Regler Invarianzeigenschaften bezüglich eines Arbeitspunktwechsels bzw. unterschiedlicher Modellrealisierungen zu geben. Da das Modell des Bioreaktors differentiell flach ist, lassen sich die induzierten Transformationen für alles Systemgrößen für eine auf den flachen Ausgang angegebene Punkttransformation leicht bestimmen. Im allgemeinen wird hierbei auch eine Transformation der Stellgrößen notwendig, so daß die Systemgleichung erst durch Anwendung einer Rückführung die gewünschte Symmetrie als Zustandssymmetrie aufweisen. Aus dieser Perspektive dient der Bioreaktor somit als Beispiel für die Verwendung von Symmetrien, die durch Rückführung „entstehen".

Weitere Beispiele für den Entwurf invarianter Folgeregelungen, ähnlich den hier angegebenen Beispielen, findet man in der Literatur z. B. in:

- *kinematisches Fahrzeug:* Woernle (1998); Rouchon u. Rudolph (1999) (mitgeführtes Koordinatensystem); Guillaume u. Rouchon (1998) (Diagonalmatrizen für Λ_0, Λ_1 in (1.3), invarianter reduzierter Beobachter für τ),
- *ebene Bewegung eines Starrkörpers (PVTOL):* Rudolph (2003a), Rudolph u. Fröhlich (2003) (mit Zeitskalierung zur Vermeidung der Singularität bei Stillstand), Martin u. a. (2004),
- *chemische Reaktoren (Skalierungsinvarianz):* Rouchon u. Rudolph (1999); Sira-Ramírez u. Pernía-Espinoza (2001),
- *Brückenkran:* Rudolph (2003a) (Invarianz bezüglich $SE(2)$),
- *Trajektorienfolgeregelung für eine magnetisch gelagerte Spindel:* Eckhardt u. Rudolph (2004) (Invarianz bezüglich $SE(2)$).

7.1. Invariante Folgeregelung für das kinematische Fahrzeug

An dieser Stelle soll der in der Einführung in Abschnitt 1.1 vorgestellte invariante Folgefehler bestehend aus der Lotdistanz d und des Schleppfehlers δ_s für den Entwurf eines invarianten Folgefehlers herangezogen werden.

Obwohl über die implizite Gleichung (1.5a) durch numerische Iterationsverfahren mit passender Abbruchbedingung wie z. B. $|\langle y(s_d) - y_d(s_d+\delta_s),\, \tau(s_d+\delta_s)\rangle| < \varepsilon$ lokale Näherungslösungen für δ_s bestimmt werden können, sind für den Reglerentwurf explizite Lösungen vorteilhaft. Hierzu sei angenommen, daß die Referenztrajektorie sinnvoll geplant wird – indem u.a. auf übereinstimmende Anfangswerte und Einhaltung von Stellgrößenbeschränkungen geachtet wird – sowie eine „funktionierende“ Regelung die Abweichungen um die Solltrajektorie hinreichend begrenzt. Unter diesen Voraussetzungen kann über einen Näherungsansatz basierend auf einer Taylorreihenentwicklung der Solltrajektorie je ein expliziter Ausdruck für die Näherungen $\hat{\delta}_s$ und $\hat{d}$ angegeben werden.

Dazu werden in der Taylorreihe für die Solltrajektorie bezüglich der Bogenlänge Terme der Ordnung 3 und höher vernachlässigt, so daß die Ausdrücke

$$\begin{aligned} y_d(s_d+\delta_s) &\approx y_d(s_d) + y_d'(s_d)\delta_s + \frac{1}{2}y_d''(s_d)\delta_s^2, \quad \text{und} \\ y_d'(s_d+\delta_s) &\approx y_d'(s_d) + y_d''(s_d)\delta_s \quad \text{zusammen mit } \nu_s = \left(-y_{d,2}',\, y_{d,1}'\right)^T \end{aligned}$$

in die Lotbedingung (1.4) eingesetzt werden können. Hieraus erhält man die Beziehung

$$\frac{1}{2}\langle y_d'',\, y_d''\rangle\,\hat{\delta}_s^3 + \frac{3}{2}\langle y_d',\, y_d''\rangle\,\hat{\delta}_s^2 - (\langle y-y_d,\, y_d''\rangle - \langle y_d',\, y_d'\rangle)\,\hat{\delta}_s - \langle y-y_d,\, y_d'\rangle = 0.$$

Unter Vernachlässigung der Terme 3. Ordnung und durch Berücksichtigung der Tatsache, daß das Skalarprodukt $\langle y_d',\, y_d''\rangle$ Null ergibt[1], erhält man die lineare Gleichung

$$0 = -(\langle y-y_d,\, y_d''\rangle - 1)\,\hat{\delta}_s - \langle y-y_d,\, y_d'\rangle,$$

aus der leicht eine explizite Lösung

$$\hat{\delta}_s = \sigma(y, y_d, y_d', y_d'') = \frac{\langle y-y_d,\, y_d'\rangle}{1-\langle y-y_d,\, y_d''\rangle}. \tag{7.1}$$

abgelesen werden kann. Die Näherungslösung für den Lotabstand $\hat{d} = D(y, y_d, y_d', y_d'')$ ergibt sich aus der Gleichung (1.5b). Die Invarianz der Lösung $\hat{\delta}_s$ bezüglich der Gruppenwirkung von $SE(2)$ kann hierbei direkt aus der Form der Gleichung abgelesen werden, die sich aus Projektionen des üblichen Folgefehlers zusammensetzt. Zudem ist zu erkennen, daß für eine nicht geradlinige Referenztrajektorie ($y_d'' \neq 0$) der Schleppfehler $\hat{\delta}_s$ nur für $1 \neq \langle y-y_d,\, y_d''\rangle$ definiert ist – eine Bedingung, die für hinreichend kleine Folgefehler $y-y_d$ erfüllt ist. Für eine geometrische Deutung der Bedingung siehe Bemerkung 7.1.

[1] Dies erkennt man anhand der Identität $\langle y_d',\, y_d'\rangle \equiv 1$, die für jede Kurve in Bogenlängenparametrierung gilt.

7.1.1. Invarianter Reglerentwurf

Unter Verwendung des invarianten Folgefehlers $e = (\hat{\delta}_s, \hat{d})$ kann nun direkt ein invarianter Reglerentwurf erfolgen. Im folgenden soll hierzu zur Zeitparametrierung zurückgekehrt werden[2]. Durch Ausdrücken der Bogenlänge s_d mittels der Geschwindigkeit entlang der Solltrajektorie $v_d(t) = \sqrt{\dot{y}_d(t)^T \dot{y}_d(t)}$, also $s_d(t) = \int_0^t v_d(\eta) d\eta$, und unter Verwendung des Zusammenhangs $ds_d = v_d dt$ sowie der Kettenregel werden die Ableitungen bezüglich der Bogenlänge der Solltrajektorie durch Ableitungen der Solltrajektorie bezüglich der Zeit ersetzt.

Aus der Vorgabe einer linearen zeitinvarianten Fehlerdynamik $\dot{\hat{\delta}}_s = -c_s \hat{\delta}_s$, $c_s > 0$, ergibt sich zusammen mit der Lie-Ableitung von σ aus (7.1) entlang von Trajektorien des Fahrzeugs eine Rückführung für die Fahrzeuggeschwindigkeit v:

$$\frac{\partial \sigma}{\partial y}\left(y, y_d^{[2]}\right) v \tau(\theta) + L_{\overline{y}_d} \sigma\left(y, y_d^{[3]}\right) = -c_s \sigma\left(y, y_d^{[2]}\right) \quad \Rightarrow v = V\left(y, \theta, y_d^{[3]}\right).$$

Dabei bezeichnet $L_{\overline{v}_d}$ die Lie-Ableitung entlang des Flusses des Vektorfeldes $\overline{\boldsymbol{y}}_d := \dot{y}_d \partial_{y_d} + \ddot{y}_d \partial_{\dot{y}_d} + \cdots$, das bis zu hinreichend hohen Ableitungsordnung der Referenztrajektorie definiert ist. Des weiteren ist zu beachten, dass die Rückführung für v nur dann definiert ist, wenn dies für die Lösung für $\hat{\delta}_s$ der Fall ist.

In ähnlicher Weise gelingt der Entwurf einer Rückführung für den Lenkwinkel φ. Hierzu wird erneut eine lineare zeitinvariante Fehlerdynamik $\ddot{\hat{d}} = -c_{d,1}\dot{\hat{d}} - c_{d,0}\hat{d}$, $c_{d,\bullet} > 0$, angesetzt. Zudem werden die erste und die zweite Zeitableitung der Lotdistanz $\hat{d}$

$$\begin{aligned}
\dot{\hat{d}} &= v \frac{\partial D}{\partial y} \tau + L_{\overline{y}_d} D\left(y, y_d^{[3]}\right), \\
\ddot{\hat{d}} &= \frac{\partial D}{\partial y}\left(\dot{v}\tau - \nu \frac{v^2}{l} \tan\varphi\right) + v^2 \tau^T \frac{\partial^2 D}{\partial y^2} \tau + L_{\overline{y}_d}\left(v \frac{\partial D}{\partial y} \tau\right) + L_{\overline{y}_d}^2 D\left(y, y_d^{[4]}\right)
\end{aligned}$$

berechnet und zusammen mit der Rückführung $v = V\left(y, \theta, y_d^{[3]}\right)$ sowie deren Zeitableitung $\dot{v} = \frac{\partial V}{\partial y} V\tau + \frac{\partial V}{\partial \theta} \frac{V}{l} \tan\varphi + L_{\overline{y}_d} V$ in die Fehlerdifferentialgleichung eingesetzt. Daraus ergibt sich eine Bestimmungsgleichung der Form

$$\ddot{\hat{d}} = \frac{V}{l} \tan\varphi \frac{\partial D}{\partial y}\left(\frac{\partial V}{\partial \theta}\tau - V\nu\right) + H\left(y, \theta, y_d^{[4]}\right) \stackrel{!}{=} -c_{d,1}\dot{\hat{d}} - c_{d,0}\hat{d}$$

für die Rückführung $\varphi = \Phi\left(y, \theta, y_d^{[4]}\right)$. Aufgrund der Invarianz des verwendeten Folgefehlers bleibt die Symmetrie bezüglich $SE(2)$ auch für das um diese (lokal) stabilisierende Rückführung ergänzte System erhalten.

7.1.2. Simulation

Die Abbildung 7.1 zeigt das Simulationsergebnis für eine kreisförmige Sollbahn

$$y_d(t) = R_d \left(\cos\alpha(t) \quad \sin\alpha(t)\right)^T, \quad \alpha(t) = \frac{v_d t}{R_d},$$

[2] Für einen Entwurf mit dem freien Parameter der Bogenlänge und einer Zeitfunktion, d. h. einer Abbildung $t \mapsto s_d(t)$, siehe z. B. Guillaume u. Rouchon (1998).

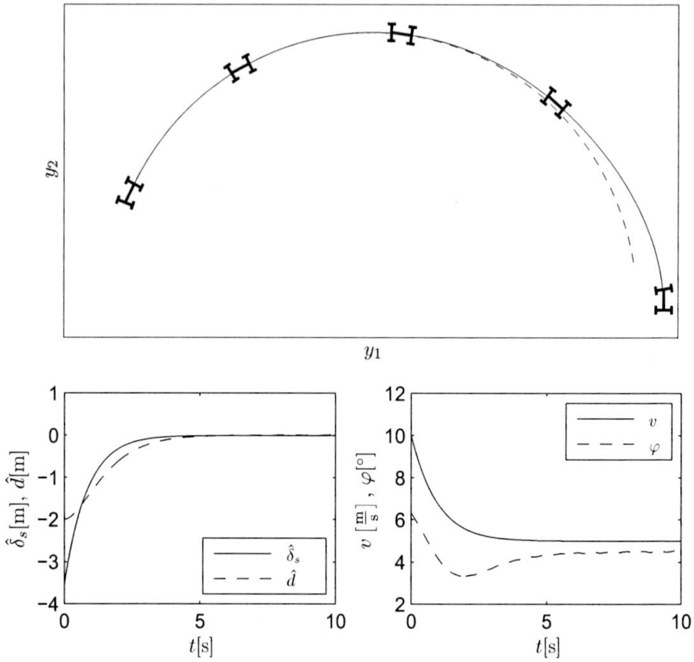

Abbildung 7.1.: Simulationsergebnis: Position und Orientierung des Fahrzeugs in der Ebene (oben), Verlauf der Komponenten des invarianten Folgefehlers $\hat{\delta}_s$, $\hat{d}$ (unten links) und der Eingänge v, φ (unten rechts)

wobei R_d und v_d den konstanten Sollradius und die konstante Sollgeschwindigkeit bezeichnen. Um das Folgeverhalten des Reglers darzustellen wurde die Anfangsposition des Fahrzeugs mit einem Winkelversatz von $\alpha_0 = 10°$ und einem relativen Radiusfehler von $\frac{R}{R_d} = 1.1$ versehen. Für die Simulation wurden die Parameter $l = 1{,}5\,\mathrm{m}$, $R_d = 20\,\mathrm{m}$, $v_d = 5\,{}^{\mathrm{m}}\!/\mathrm{s}$, $c_s = 1{,}2\,{}^{1}\!/\mathrm{s}$, gesetzt und für den harmonischen Oszillator $\ddot{\hat{\delta}}_s + c_{d,1}\dot{\hat{\delta}}_s + c_{d,0}\hat{\delta}_s = 0$ der Fehlerdynamik für $\hat{d}$ die Kreisfrequenz $\omega_0 = 1{,}2\,{}^{\mathrm{rad}}\!/s$ sowie kritische Dämpfung gewählt.

Bemerkung 7.1 Die Bedingung $\langle y - y_d, y_d'' \rangle = 1$ kann geometrisch gedeutet werden (vgl. Bild 7.2). In einer Umgebung von $y_d(s_d)$ stimmt die Approximation der Solltrajektorie durch die abgebrochene Taylorreihe mit dem Schmiegekreis im Entwicklungspunkt $y_d(s_d)$ überein (grau angedeutet, vergrößert). Der Schmiegekreis hat den Radius $\rho = {}^{1}\!/k$, wobei $k = |y_d''(s_d)|$ die Krümmung der Solltrajektorie im Entwicklungspunkt $s = s_d$ bezeichnet.

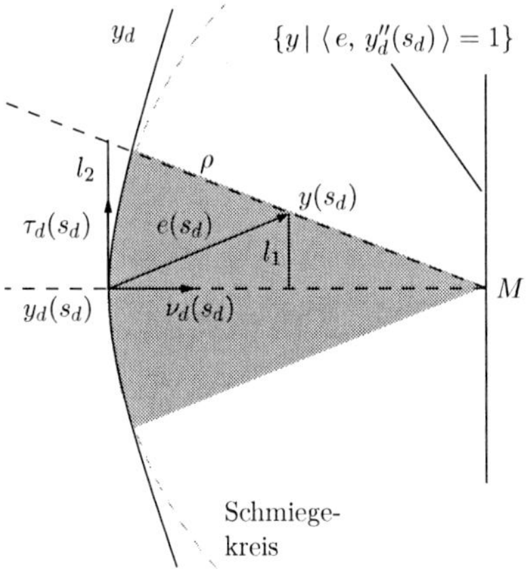

Abbildung 7.2.: Geometrische Deutung der Singularität von Gleichung (7.1) mit Hilfe des Schmiegekreises im Punkt $y_d(s_d)$, des Folgefehlers $e = y - y_d$ und des 2. Strahlensatzes

Aus $\tau_d'(s_d) = k\nu_d(s_d)$ (Frenet-Serret-Formeln) ergibt sich zunächst

$$\langle\, y - y_d,\, y_d'' \,\rangle = \langle\, y - y_d,\, k\nu_d \,\rangle = 1 \quad \Leftrightarrow \quad \langle\, y - y_d,\, \nu_d \,\rangle = \frac{1}{k} = \rho,$$

d. h., die Punkte, für die $\hat{\delta}_s$ nicht definiert ist, liegen auf einer Geraden durch den Mittelpunkt M des Schmiegekreises parallel zum Tangentialvektor $\tau_d(s_d)$. Die Approximation $\hat{\delta}_s$ des Schleppfehlers wird durch eine näherungsweise Projektion von $y(s_d)$ auf den Schmiegekreis entlang des Strahls durch M berechnet, die sich durch Anwendung des 2. Strahlensatzes ergibt. Zunächst erhält man mit dem Strahlensatz die Beziehung

$$\begin{aligned}\frac{l_2}{l_1} &= \frac{l_2}{\langle\, y - y_d,\, \tau_d \,\rangle} = \frac{l_2}{\langle\, y - y_d,\, y_d' \,\rangle} \\ &= \frac{\rho}{\rho - \langle\, y - y_d,\, \nu_d \,\rangle} = \frac{1}{1 - \langle\, y - y_d,\, k\nu_d \,\rangle}.\end{aligned}$$

Durch Einsetzen von y_d''/k für ν_d ergibt sich dann die Bestimmungsgleichung für den approximierten Schleppfehler zu

$$\hat{\delta}_s = l_2 = \frac{\langle\, y - y_d,\, y_d' \,\rangle}{1 - \langle\, y - y_d,\, y_d'' \,\rangle}.$$

Für $y(s_d) = M$ gibt es beliebig viele Lösungen (u.a. $\hat{\delta}_s = 0$), und für alle anderen Punkte auf der Geraden $\{y \mid \langle\, y - y_d,\, y_d''(s_d) \,\rangle = 1\}$ ist die Projektion nicht definiert. Mit anderen Worten: Es gibt keinen anderen Punkt auf der Geraden außer M, für den ein Lot auf den Schmiegekreis konstruiert werden kann.

Bemerkung 7.2 Für die Berechnung der Stellgrößen v und φ sind mehrere Lie-Ableitungen zu berechnen. Das hier dargestellte Regelgesetz wurde hierzu mit Hilfe eines Computer-Algebra-Systems zunächst symbolisch berechnet und anschließend als Funktion umgesetzt. Die hierbei entstehenden Ausdrücke sind im Hinblick auf die rechentechnische Implementierung, z. B. zu Simulationszwecken, aufgrund ihrer Größe und Komplexität ungünstig. Zudem ist anzunehmen, daß die symbolische Berechnung für Systeme höherer Zustandsdimension schnell an Grenzen stößt. Aus diesem Grund soll an dieser Stelle auf einen numerischen Berechnungsansatz für Lie-Ableitungen über das sog. automatische Differenzieren hingewiesen werden (Griewank, 2000). Bei diesem Ansatz wird Anstelle der symbolischen Ausdrücke durch Ausnutzen der Kettenregel und unter Anwendung von Ableitungsregeln für elementare Funktionen jeweils ein numerischer Wert für die Lie-Ableitungen berechnet, was zu einer erheblichen Reduktion von Rechenzeit und Speicherbedarf führt. Für Details zur Anwendung der Methode im regelungstechnischen Kontext siehe Röbenack u. Reinschke (2000); Röbenack (2005).

7.1.3. Ergänzung um einen invarianten Folgebeobachter

Die entworfene Rückführung kann nur unter Verwendung des gesamten Zustands (y^1, y^2, θ) realisiert werden. Im folgenden soll davon ausgegangen werden, daß jedoch lediglich die Position des Hinterachsmittelpunktes als Meßgröße (Ausgang) zur Verfügung steht, auf dessen Grundlage ein invarianter asymptotischer Beobachter gemäßt der in Abschnitt 6.7 angegebenen Konstruktion einer invarianten Fehlerinjektion entworfen werden soll (vgl. hierzu auch (Bonnabel u. a., 2008), für einen invarianten reduzierten Beobachter siehe (Guillaume u. Rouchon, 1998)).

Für den Beobachterentwurf wird davon ausgegangen, daß die Position des Hinterachsmittelpunktes $y = (y^1, y^2)^T$ als Messung zur Verfügung steht. Zunächst wird die Wirkung der Symmetriegruppe $SE(2)$ auf den Zustand des Beobachters zur Normalisierung herangezogen,

$$\tilde{\hat{y}} = R_{a^1}\hat{y} + a_0, \qquad \tilde{\hat{\theta}} = \hat{\theta} + a^1.$$

wobei die Wirkung der Gruppe durch die Rotationsmatrix R_{a^1}, $a^1 \in \mathbb{R} \mod 2\pi$, und den Translationsvektor $a_0 = (a^2, a^3)^T$ beschrieben wird. Mit der Normalisierung $\tilde{\hat{\theta}} = 0$, d. h. $a^1 = -\hat{\theta}$, und

$$\tilde{\hat{y}} = R_{\hat{\theta}}^T \hat{y} + a_0 = 0 \quad \Leftrightarrow \quad a_0 = -R_{\hat{\theta}}^T \hat{z}.$$

erhält man die Abbildung $a = \gamma(\hat{y}, \hat{\theta})$. Gemäß der Berechnungsvorschrift (6.34) läßt sich die invariante Basis

$$W(\hat{x}) = \begin{pmatrix} R_{a^1} & 0 \\ 0 & 1 \end{pmatrix}^{-1}_{a^1=-\hat{\theta}} = \begin{pmatrix} R_{\hat{\theta}} & 0 \\ 0 & 1 \end{pmatrix} = \begin{pmatrix} \cos\hat{\theta} & -\sin\hat{\theta} & 0 \\ \sin\hat{\theta} & \cos\hat{\theta} & 0 \\ 0 & 0 & 1 \end{pmatrix}$$

für den Tangentialraum $T_x X$ angeben. Für den invarianten Ausgangsfehler ergibt sich entsprechend

$$\eta = \left(\eta^1, \eta^2\right)^T = R_{a^1}\hat{y} + a_0 - R_{a^1}y - a_0|_{a^1=-\hat{\theta}} = R_{\hat{\theta}}^T (\hat{y} - y).$$

Die Beobachtergleichungen lauten somit

$$\begin{pmatrix}\dot{\hat{y}}\\ \dot{\hat{\theta}}\end{pmatrix} = \begin{pmatrix} v\hat{\tau} \\ \frac{v}{l}\tan\varphi\end{pmatrix} + \begin{pmatrix}R_{\hat{\theta}} & 0\\ 0 & 1\end{pmatrix}\begin{pmatrix}L_1\\ L_2\end{pmatrix}\eta, \quad \text{mit } L_1 = \begin{pmatrix} l_{11} & l_{12}\\ l_{21} & l_{22}\end{pmatrix},\; L_2 = \begin{pmatrix} l_{31} & l_{32}\end{pmatrix},$$

wobei die Injektionsmatrizen L_1 und L_2 i. allg. zeitvariant sind. Diese sollen nachfolgend im Rahmen einer Untersuchung der Zeitableitung des invarianten Beobachterfehlers $E = (\eta, \eta_\theta)^T$ geeignet gewählt werden:

$$\begin{aligned}\dot{E} = \begin{pmatrix}\dot{\eta}\\ \dot{\eta}_\theta\end{pmatrix} &= \begin{pmatrix} R_{\hat{\theta}}^T\left(\dot{\hat{y}} - \dot{y}\right) + \dot{\hat{\theta}}\left(R_{\hat{\theta}}^T\right)'(\hat{y} - y) \\ \dot{\hat{\theta}} - \dot{\theta}\end{pmatrix}\\
&= \begin{pmatrix} R_{\hat{\theta}}^T\left(v\hat{\tau} + R_{\hat{\theta}}L_1\eta - v\tau\right) + \left(\frac{v}{l}\tan\varphi \cdot L_2\eta\right)\left(R_{\hat{\theta}}^T\right)' R_{\hat{\theta}}\eta \\ L_2\eta\end{pmatrix} \qquad (7.2)\\
&= \begin{pmatrix} v\begin{pmatrix}1-\cos\eta_\theta\\ -\sin\eta_\theta\end{pmatrix} + L_1\eta + \left(\frac{v}{l}\tan\varphi\cdot\dot{\eta}_\theta\right)\begin{pmatrix}\eta^2\\ -\eta^1\end{pmatrix} \\ L_2\eta\end{pmatrix}.\end{aligned}$$

Ziel des Entwurfs ist es nun, die Matrizen L_1 und L_2 derart zu wählen, daß zumindest lokal auf die Konvergenz des Beobachterfehlers E geschlossen werden kann. Hierzu sei angenommen, daß L_2 konstant gewählt werden kann, dann gilt für die zweite Zeitableitung von η_θ die Gleichung $\ddot{\eta}_\theta = L_2\dot{\eta} = l_{31}\dot{\eta}^1 + l_{32}\dot{\eta}^2$. Wählt man z. B. $l_{31} \equiv 0$, so erhält man

$$\ddot{\eta}_\theta = l_{32}\left(-v\sin\eta_\theta - \eta^1\frac{v}{l}\tan\varphi\cdot\dot{\eta}_\theta + l_{21}\eta^1 + \frac{l_{22}}{l_{32}}\dot{\eta}_\theta\right) \stackrel{!}{=} l_{32}\left(-v\sin\eta_\theta - c_1\dot{\eta}_\theta\right).$$

Aus dieser Vorgabe erhält man

$$0 = \eta^1\left(l_{32}\eta^2\frac{v}{l}\tan\varphi - l_{21}\right) \quad\Leftrightarrow\quad l_{21} = l_{32}\eta^2\frac{v}{l}\tan\varphi, \quad \text{und } -c_1 = l_{22},$$

als erste Bestimmungsgleichungen für die Koeffizienten von L_1. Unter der Annahme von Vorwärtsfahrt ($v > 0$) genügt z. B. die Wahl $l_{32} > 0$ und $c_1 > 0$, um der Gleichung die Form eines gedämpften mathematischen Pendels zu geben:

$$\ddot{\eta}_\theta + l_{32}v\sin\eta_\theta + c_1\dot{\eta}_\theta = 0, \quad \text{mit } l_{32}v, c_1 > 0. \qquad (7.3)$$

Die asymptotische Stabilität des Ursprungs läßt sich z. B. anhand der Ljapunov-Funktion $V = \alpha(1-\cos\eta_\theta) + \beta\dot{\eta}_\theta^2$, $\alpha, \beta > 0$, (analog zur Gesamtenergie des Pendels) erkennen, denn es gilt

$$DV = \alpha\dot{\eta}_\theta\sin\eta_\theta + \beta\dot{\eta}_\theta\left(-l_{32}v\sin\eta_\theta - c_1\dot{\eta}_\theta\right),$$

d. h., für eine beschränkte Fahrzeuggeschwindigkeit läßt sich immer ein $c_1 > 0$ angeben, so daß $DV \leq 0$ für $\|(\eta_\theta, \dot{\eta}_\theta)\|_2 \geq 0$ gilt.

Durch geeignete Wahl der Einträge von L_1 gelingt es, die ersten beiden Zeilen von (7.2) bezüglich der Komponenten von η zu entkoppeln, denn Einsetzen von l_{21} und l_{22} in die Gleichung für η^2 liefert

$$\dot{\eta}_2 = -v\sin\eta_\theta + l_{32}\eta^2\eta^1\frac{v}{l}\tan\varphi - c_1\eta^2 - l_{32}\eta^2\eta^1\frac{v}{l}\tan\varphi = -v\sin\eta_\theta - c_1\eta^2 \qquad (7.4a)$$

und aus der Forderung

$$\dot{\eta}_1 = v\,(1-\cos\eta_\theta) + l_{11}\eta^1 + l_{12}\eta^2 + l_{32}(\eta^2)^2\frac{v}{l}\tan\varphi \overset{!}{=} v\,(1-\cos\eta_\theta) - c_2\eta^1 \tag{7.4b}$$

folgt unmittelbar

$$l_{12} = -l_{21} = -l_{32}\eta^2\frac{v}{l}\tan\varphi, \qquad \text{sowie} \qquad l_{11} = -c_2.$$

Die vorangegangene Überlegung zur Stabilität des Ursprungs für die Gleichung (7.3) hatte gezeigt, daß der Fehler η_θ unabhängig von η asymptotisch abklingt. Folglich klingen die Quellterme auf der rechten Seite der Gleichungen (7.4) asymptotisch ab, so daß die Trajektorien von η sodann ebenfalls auf den Ursprung zulaufen und sich diesem asymptotisch nähern.

7.1.4. Übertragung des invarianten Folgefehlers auf den räumlichen Fall

Die Überlegungen zur Herleitung des invarianten Folgefehlers für das ebene Problem lassen sich auf dreidimensionale Folgeregelungsprobleme übertragen[3], die invariant bezüglich der Wirkung der Gruppe $SE(3)$ der Rotationen und Translationen ist. An die Stelle des Lots tritt nun eine Lotebene E (vgl. Bild 7.3). Die Bestimmungsgleichung für den Schleppfehler δ_s stimmt hierbei mit der für den ebenen Fall hergeleiteten Gleichung überein. Dies erkennt man leicht anhand der Bestimmungsgleichung

$$\langle\, y(s_d) - y_d(s_d+\delta_s),\, \tau_d(s_d+\delta_s)\,\rangle = 0$$

für die Lotebene E, die mit der Gleichung (1.5a) übereinstimmt. Folglich können die Überlegungen zur näherungsweisen Berechnung des Schleppfehlers direkt übernommen werden, und $\hat{\delta}_s$ ergibt sich aus Gleichung (7.1).

Für die Definition der zwei weiteren Fehlerkomponenten ergeben sich mehrere Möglichkeiten. Hier soll auf das begleitende Dreibein der Kurve zurückgegriffen werden (Frenet-Serret-Formeln). Hierzu sei der Normalenvektor $\nu_d(s_d) = \frac{\tau_d'(s_d)}{k(s_d)}$ notiert, wobei $k(s_d)$ wie zuvor die Krümmung der Kurve bezeichnet. Neben dem Kurvenabstand in der Ebene $d = |y(s_d) - y_d(s_d+\delta_s)|$ wird der Winkel α zwischen $\nu_d(s_d+\delta_s)$ und dem Vektor $y(s_d) - y_d(s_d+\delta_s)$ als weitere Komponente des Folgefehlers eingeführt. Entsprechend werden für die Näherungswerte die Beziehungen

$$\hat{d} = |y(s_d) - y_d(s_d+\hat{\delta}_s)|$$
$$\hat{\alpha} = \arccos\frac{\left\langle\, y_d''(s_d+\hat{\delta}_s),\, y(s_d) - y_d(s_d+\delta_s)\,\right\rangle}{\hat{d}\,|y_d''|}$$

eingeführt[4]. Der Folgefehler $\left(\hat{\delta}_s, \hat{d}, \hat{\alpha}\right)$ ist analog zum ebenen Fall invariant bezüglich der Wirkung von $SE(3)$, so dass auf der Grundlage dieses Fehlers ein Entwurf eines invarianten Folgereglers für räumliche Bahnfolgeprobleme möglich ist.

[3] Man denke z. B. an das Führen eines Endeffektors eines Schweißroboters.

[4] Das Frenet-Serret-Dreibein ist für geradlinige Kurvenabschnitte ($y_d''=0$) nicht eindeutig definiert. Hier sei vorausgesetzt, dass sich über die Frenet-Serret-Formeln $\tau_d' = k\nu_d$, $\nu_d' = -k\tau_d + w\eta_d$, $\eta_d' = -w\nu_d$, mit dem Binormalenvektor η_d und der Windung w (vgl. Blaschke, 1945) eine stetige Fortsetzung für einen geradlinigen Abschnitt angeben lässt, so dass der Folgefehler auch in diesem Fall definiert ist.

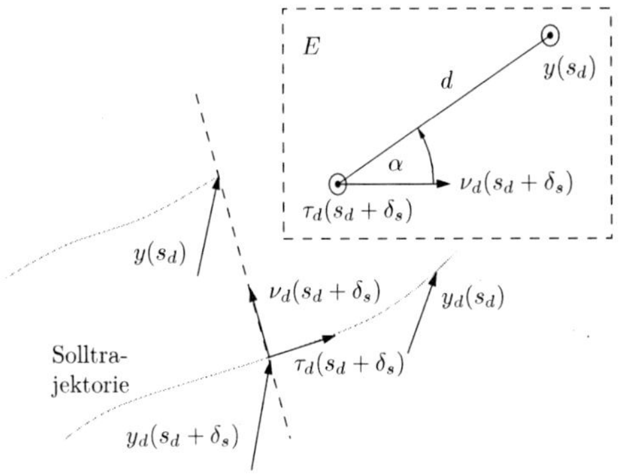

Abbildung 7.3.: Skizze zur Übertragung des Fehlers auf den 3-dimensionalen Fall: Schleppfehler δ_s, Lotebene E

7.2. Reglerentwurf für einen Bioreaktor

Betrachtet wird das Modell eines Bioreaktors im kontinuierlichen Betrieb, der zur Züchtung einer Sorte von Mikroorganismen P eingesetzt wird (Chemostat). Die Mikroorganismen ernähren sich von einer zweiten Sorte Mikroorganismen B, die neben der Population der Mikroorganismen P im flüssigen Reaktorinhalt mit konstantem Volumen V lebt. Um das Wachstum der Population P zu sichern, muß daher dafür gesorgt werden, daß die Population B in ausreichender Menge erhalten bleibt. Zu diesem Zweck wird über einen Zulauf eine Flüssigkeit eingeleitet, die ein Substrat s in der Zulaufkonzentration s_F enthält, von dem sich die Mikroorganismen der Population B ernähren. Zudem findet über den Zulauf und einen am Boden des Reaktors vorhandenen Ablauf ein kontinuierlicher Austausch des Reaktorinhalts mit dem Volumenstrom Q statt (siehe Abb. 7.4).

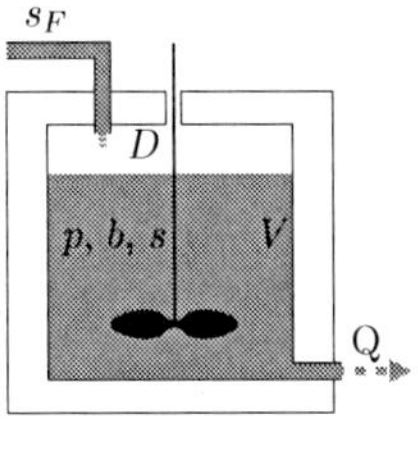

Abb. 7.4.: Bioreaktor (Chemostat)

Die Entwicklung der Konzentrationen p, b und s der beiden Populationen sowie des Subtrats im Reaktor kann vereinfachend durch das (Räuber-Beute-)Modell

$$\dot{p} = -Dp + \nu(b)p = f_1(p, b) \tag{7.5a}$$

$$\dot{b} = -Db + \mu(s)b - \alpha\nu(b)p = f_2(p, b, s) \tag{7.5b}$$

$$\dot{s} = D\,(s_F - s) - \beta\mu(s)b = f_3(b, s, s_F) \tag{7.5c}$$

beschrieben werden (Pavlou, 1985). Hierbei sind die beiden positiven Konstanten α und β Ertragskoeffizienten für das Wachstum beider Populationen, $D = \frac{Q}{V}$ bezeichnet die Verdünnungsrate, und ν und μ sind positive, beschränkte Funktionen, welche die speziellen Wachstumsraten der Populationen P und B beschreiben. Nachfolgend kommen zwei bekannte Modelle zur Anwendung (vgl. Abb. 7.5).

Michaelis-Menten-Kinetik (Michaelis u. Menten, 1913): Zur asymptotischen Berücksichtigung einer Sättigung der Wachstumsgeschwindigkeit bei hohen Konzentrationen eignet sich der Ansatz

$$\nu_{\mathrm{M}}(s) = \nu_m \frac{b}{L+b},$$

wobei $\nu_m, L > 0$ jeweils die maximale Wachstumsrate und den Sättigungskoeffizienten bezeichnen.

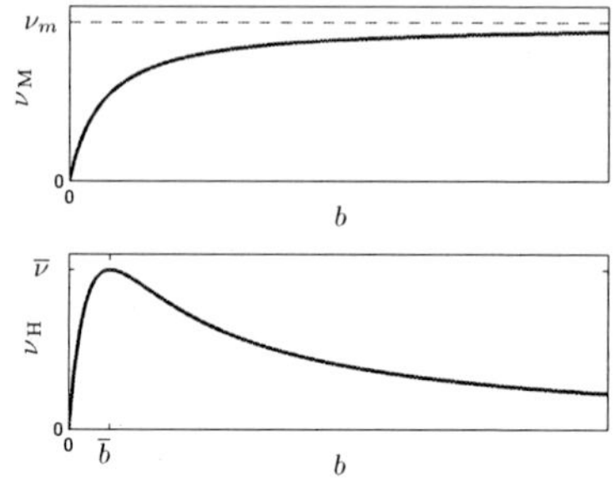

Abb. 7.5.: Verlauf der Wachstumsrate in Abhängigkeit von der Konzentration b für die Michaelis-Menten- und Haldane-Kinetik

Haldane-Kinetik (Haldane, 1930): Sollen Hemmungseffekte bei hohen Konzentrationen berücksichtig werden, so kann nach Haldane für die Wachstumskinetik der Ansatz

$$\nu_{\mathrm{H}}(b) = \frac{\nu_{\mathrm{m}} b}{b + K_S + K_I b^2}$$

verwendet werden, wobei die maximale Wachstumsrate $\bar{\nu} = \nu_{\mathrm{H}}(\bar{b}) = \nu_m \frac{1}{1+2\sqrt{K_S K_I}}$ an der Stelle $\bar{b} = \sqrt{\frac{K_S}{K_I}}$ über den Sättigungskoeffizienten K_S und den Hemmungskoeffizienten K_I parametriert wird.
Das Modell (7.5) erlaubt drei verschiedene Arten von Gleichgewichtslagen

- Ausspülen beider Populationen: $p = b = 0,\ s = s_F$,
- Ausspülen der (Räuber-)Population P: $p = 0,\ b > 0,\ s_F > s > 0$, und
- Koexistenz beider Populationen: $p > 0,\ b > 0,\ s_F > s > 0$.

Offenbar ist nur der Betrieb um Gleichgewichtslagen der letzten Art interessant, eine detaillierte Analyse der Gleichgewichtslagen findet man in Pavlou (1985). Es werden nun zwei Szenarien diskutiert, in denen die Anwendung von Symmetrien für den Reglerentwurf auf gewünschte Reglereigenschaften führt.

7.2.1. Entwurf einer arbeitspunktunabhängigen Regelung

Sei zunächst angenommen, daß die Wachstumskinetiken für B und P in beiden Fällen geeignet durch die Michaelis-Menten-Kinetik modelliert werden können, d. h., es werden die Funktionen

$$\mu(s) = \mu_m \frac{s}{K+s} \quad \text{und} \quad \nu(b) = \nu_m \frac{b}{L+b}$$

mit den maximalen Wachstumsraten μ_m, ν_m sowie den positiven Konstanten K, L angesetzt. Ferner gelte $D = \text{const.}$ Es wird weiter angenommen, daß der Reaktor um Ruhelagen betrieben wird, die durch die jeweils im Reaktor eingestellte Konzentration $p = p^0 = \text{const.}$ vorgegeben werden. Die Aufgabe der Regelung besteht darin, einen gewissen Grad von Robustheit gegen nicht modellierte Einflüsse sicherzustellen. Da der Reaktor mit unterschiedlichen Konzentrationen betrieben wird, soll das um die Rückführung erweiterte System invariant bezüglich Arbeitspunktwechseln sein.

Flachheit des Modells für $D = \text{const.}$: Eine im weiteren Verlauf nützliche Eigenschaft des Modells (7.5) ist, daß durch $y = p$ ein flacher Ausgang gegeben ist. Dies erkennt man unmittelbar anhand der rückgekoppelten Form der Gleichungen (vgl Bemerkung 6.5). Die weiteren Systemgrößen b, s und s_F lassen sich durch den flachen Ausgang und seinen Zeitableitungen bis zur dritten Ordnung parametrieren: Zunächst kann aus Gleichung (7.5a) b durch y und $\dot{y}$ ausgedrückt werden, $b = B(y, \dot{y})$, dieser eingesetzt in die zweite Zustandsgleichung (7.5b) liefert $s = S(y, \dot{y}, \ddot{y})$, und schließlich läßt sich über die dritte Zustandsgleichung (7.5c) eine Parametrierung für die Zulaufkonzentration $s_F = S_F\big(y, \dot{y}, \ddot{y}, y^{(3)}\big)$ angeben.

Induzierte Zustandssymmetrie: Der Wechsel des durch die Konzentration $p^0 = \text{const.}$ gegebenen Arbeitspunktes wird durch die Skalierung (Punkttransformation)

$$(\rho)_{g\in G} : \mathbb{R}_+ \times Y, \quad y \mapsto \tilde{y} = ay$$

beschrieben[5], wobei der Gruppenparameter für das betrachtete Problem auf ein abgeschlossenes Intervall $0 < a \in [\underline{a}, \bar{a}]$ beschränkt wird. Aufgrund der der Tatsache, daß $y = p$ ein flacher Ausgang des Modells ist, induziert die Skalierung über die Modellgleichungen eine Transformationsgruppe auf ganz X

$$\begin{aligned}
\tilde{b} &= b,\\
\tilde{s} &= S(ay, a\dot{y}, a\ddot{y}) = S\Big(ap, ap\,(\nu(b) - D)\,, ap\Big[(\nu(b) - D)^2 + \Big(\frac{\partial \nu}{\partial b}(b) f_2(p, b, s) - D\Big)\Big]\Big)\\
&= K\frac{\alpha(a-1)(s+K)\nu_m p + \mu_m s(L+b)}{\alpha(1-a)(s+K)\nu_m p + \mu_m K(L+b)} =: \sigma(p, b, s; a)\,,
\end{aligned}$$

die als Fluß des infinitesimalen Erzeugenden[6]

$$\boldsymbol{v}_G(p, b, s) = p\,\partial_p + \frac{d}{da}\sigma(p, b, s; a)\Big|_{a=1}\partial_s = p\,\partial_p + \frac{\alpha\nu_m(K+s)^2 p}{K\mu_m(L+b)}\,\partial_s = p\,\partial_p + \varphi_s(p, b, s)\,\partial_s$$

wirkt.

[5] Die Wahl der Punkttransformation ist hierbei beliebig, insbesondere wäre auch die Wahl $\tilde{y} = y + a$ möglich.

[6] Man beachte, daß das neutrale Element der Gruppe durch $a = 1$ gegeben ist – die Lösung der Lie-Gleichung würde für die Transformation von y auf $\tilde{y} = e^{\lambda} y$ führen.

Symmetrie durch Rückführung – Berechnung der Rückführung: Wäre dieses Vektorfeld eine infinitesimale Symmetrie der Modellgleichungen (7.5), so könnte gemäß der in Kapitel 6 dargestellten Überlegungen über den Normalisierungsalgorithmus ein invarianter Reglerentwurf auf der Basis invarianter Fehler erfolgen. Während die Tangentialbedingung (3.23) für die ersten zwei Modellgleichungen konstruktionsbedingt erfüllt sind – die induzierte Transformation für b und s wurde über die Modellgleichungen bestimmt – ist die Gleichung (7.5c) nicht invariant bezüglich der Gruppenwirkung. Im folgenden soll der Frage nachgegangen werden, ob es möglich ist, eine Rückführung für s_F zu entwerfen, so daß $\boldsymbol{v}_G$ eine infinitesimale Symmetrie des um die Rückführung erweiterten Systems wird. Es wird also von einer (Punkt-)Transformation ausgegangen, die ohne zusätzliche Rückführung *keine* Symmetrie des Modells ist.

Das Reaktormodell (7.5) gehört zu der Klasse eingangs-affiner Modelle, d. h., es kann in der Form

$$\dot{x} = F(x) + G(x)u, \quad F(x) \in \mathbb{R}^n, G(x) \in \mathbb{R}^{n \times m},$$

mit $x = (p, b, s)^T$, $u = s_F$ und $G = (0, 0, D)^T$ notiert werden (F entsprechend). Um die Struktur der Gleichungen hinsichtlich ihrer Linearität bezüglich des Eingangs s_F zu bewahren, soll versucht werden, mit einer Rückführung der Form $\mu(p, b, s, s_F) = A(p, b, s) + B(p, b, s)s_F$ die Symmetrie bezüglich $\boldsymbol{v}_G$ zu erzeugen. Setzt man diesen Ansatz in die Gleichung (6.23a) ein, so ergibt sich eine lineare partielle Differentialgleichung in $A(p, b, s)$ und $B(p, b, s)$. Aufgrund der Linearität bezüglich s_F zerfällt diese in eine Gleichung für $B(p, b, s)$ und eine für $A(p, b, s)$, die sich (z. B. mit Hilfe eines Computer-Algebra-Systems) lösen lassen. Folglich exisitiert eine eingangsaffine Rückführung, so daß v_G eine Zustandssymmetrie des Reaktors wird.

Bemerkung 7.3 Aus den Überlegungen in Abschnitt 5.2 folgt, daß die Berechnung einer geeigneten Rückführung auch über eine Normalisierung möglich ist, da die Skalierung lokal frei auf $X \simeq (p, b, s)$ wirkt. Nutzt man hierzu die Skalierungsgleichung für p, so ergibt sich die Normalisierungsgleichung

$$ap = p_0 = \text{const.} \qquad \Leftrightarrow \qquad a = \gamma(p) = \frac{p_0}{p}, \quad p_0, p > 0,$$

und man erhält den neuen Eingang

$$v = \psi\left(p, b, s, s_F; \frac{p}{p_0}\right) = \eta(p, b, s, s_F),$$

für den $\tilde{\boldsymbol{v}}_G\left(\eta(p, b, s, s_F)\right) = 0$ gilt. Die Abbildung $\eta : X \times U \to U$ ist ein lokaler Diffeomorphismus bezüglich $u = s_F$ (Punkttransformation), so daß lokal die Umkehrabbildung $s_F = \eta^{-1}(p, b, s, v)$ existiert, mit der sich die Zustandsdarstellung

$$\begin{aligned}
\dot{p} &= f_1(p, b) = \tilde{f}_1(p, b), \\
\dot{b} &= f_2(p, b, s) = \tilde{f}_2(p, b, s), \\
\dot{s} &= f_3\left(b, s, \eta^{-1}(p, b, s, v)\right) = \tilde{f}_3(p, b, s, v),
\end{aligned}$$

ergibt, für die $\boldsymbol{v}_G$ eine infinitesimale (Zustands-)Symmetrie ist.

Bemerkung 7.4 In diesem Fall ist es aufgrund der Flachheitseigenschaft leicht, eine Transformation $\tilde{s}_F = \psi(p, b, s, s_F; a)$ für s_F zu bestimmen, so daß das Vektorfeld

$$\tilde{\boldsymbol{v}}_G = \boldsymbol{v}_G(p, b, s) + \frac{d}{da}\psi(p, b, s, s_F; a)\bigg|_{a=1} \partial_{s_F}$$

eine infinitesimale Symmetrie des Reaktormodells ist. Auf diese Weise wurde über die Flachheitseigenschaft das zuvor angesetzte Vektorfeld $\boldsymbol{v}_G$ in Übereinstimmung mit den Modellgleichungen zu einer Symmetrie „vervollständigt". Daß dies für flache Systeme und für Transformationsgruppen, die zunächst nur auf den flachen Ausgang wirken, immer möglich ist, ist eine direkte Konsequenz aus der differentiellen Flachheit, da diese die Existenz einer geeigneten „Erweiterung" des Vektorfeldes zu einer infinitesimalen Symmetrie sichert.

Entwurf eines invarianten Reglers mit Gleitregime: Nachdem die Frage nach der Existenz einer passenden Rückführung zur angesetzten Lie-Symmetrie $\boldsymbol{v}_G$ positiv beantwortet wurde, kann nun entsprechend den Darstellungen in Kapitel 6 der Entwurf eines invarianten Folgereglers durchgeführt werden. (Hierbei entfällt die Prüfung auf G-Verträglichkeit des Ausgangs aus konstruktiven Gründen.)

Das Reaktormodell (7.5) hat die sogenannte „regular form" (6.13), so daß an dieser Stelle ein Reglerentwurf entlang der in Abschnitt 6.4 dargestellten Schritte erfolgt. Da die Zustandsgrößen p, b, s während des Betriebs des Reaktors keine negativen Werte annehmen können, ist ein Wechsel auf eine logarithmische Skala möglich. Hierzu wird zunächst die Gleichung (7.5a) unter der Transformation $\overline{p} = \ln p$ betrachtet

$$\dot{\overline{p}} = -D + \nu(b). \tag{7.6}$$

Aus der Normalisierung und der Gruppenwirkung auf p geht der invariante Fehler

$$e_{\bar{p}} = \ln\frac{p}{p_0} = \ln p - \ln p_0$$

hervor. Durch $V_1 = \frac{1}{2}e_{\bar{p}}^2$ ist eine Ljapunov-Funktion für das Teilsystem (7.6) unter der durch

$$L_{f_1}V_1 = e_{\bar{p}}\left(-D + \nu(b)\right) = -k_p e_{\bar{p}} \tanh e_{\bar{p}}, \quad k_p > 0, \tag{7.7}$$

definierten Rückführung

$$b_{\text{ref}}(p) = L\frac{D - k_p \tanh(\ln p - \ln p_0)}{\nu_m - D + k_p \tanh(\ln p - \ln p_0)}$$

gegeben. Diese rechte Seite von (7.7) wurde beschränkt, um $\nu(b) \in [0, \nu_m)$ Rechnung zu tragen. Der Reglerkoeffizient k_p muß dabei in Übereinstimmung mit der Forderung

$$0 \leq D - k_p \tanh\left(e_{\overline{p}}\right) < \nu_m \Rightarrow k_p < \nu_m - D \wedge k_p \leq D,$$

gewählt werden. Aus der Gleichung für b_{ref} liest man ab, daß die berechnete Rückführung invariant unter der Skalierung ist.

Für den ersten Backstepping-Schritt wird nun Gleichung (7.5b) bezüglich derselben logarithmischen Skala betrachtet, d. h., aus $\bar{b} = \ln b$ folgt

$$\dot{\bar{b}} = \mu(s) - D - \alpha\bar{\nu}(\bar{b})\mathrm{e}^{\bar{p}-\bar{b}}, \tag{7.8}$$

wobei $\bar{\nu}(\bar{b}) = \nu(b)|_{b=\mathrm{e}^{\bar{b}}}$ gesetzt wird. Wie zuvor ist durch $e_{\bar{b}} = \ln b - \ln b_{\text{ref}} = \bar{b} - \bar{b}_{\text{ref}}$ ein invarianter Fehler gegeben – b ist invariant bzgl. der Skalierung. Die Betrachtung der Lie-Ableitung der Funktion $V_2 = V_1 + \frac{1}{2}e_{\bar{b}}^2$ längs des Flusses des Teilsystems $f_{[2]} = (f_1, f_2)$ liefert die Bedingung

$$\begin{aligned} L_{f_{[2]}}V_2 &= e_{\bar{p}}\left(\bar{\nu}(\bar{b}_{\text{ref}} + e_{\bar{b}}) - D\right) + e_{\bar{b}}\left(\mu(s) - D - \alpha\bar{\nu}(\bar{b})\mathrm{e}^{\bar{p}-\bar{b}} - L_{f_1}\bar{b}_{\text{ref}}\right) \\ &= -k_p e_{\bar{p}}\tanh(e_{\bar{p}}) - k_b e_{\bar{b}}\tanh(e_{\bar{b}}). \end{aligned} \tag{7.9}$$

Durch Umschreiben von $\bar{\nu}(\bar{b}_{\text{ref}} + e_{\bar{b}})$ in

$$\bar{\nu}(\bar{b}_{\text{ref}} + e_{\bar{b}}) = \bar{\nu}(\bar{b}_{\text{ref}}) + \nu_m \frac{L\mathrm{e}^{\bar{b}_{\text{ref}}}\left(\mathrm{e}^{e_{\bar{b}}} - 1\right)}{(L + \mathrm{e}^{\bar{b}_{\text{ref}}})(L + \mathrm{e}^{\bar{b}_{\text{ref}} + e_{\bar{b}}})} = \bar{\nu}(\bar{b}_{\text{ref}}) + e_{\bar{b}}R(\bar{b}_{\text{ref}}, e_{\bar{b}})$$

und Einsetzen in (7.9) entsteht eine Bestimmungsgleichung für die Referenz s_{ref} der Substratkonzentration s:

$$\mu(s_{\text{ref}}) = D + \alpha\bar{\nu}(\bar{b})\mathrm{e}^{\bar{p}-\bar{b}} - k_b\tanh(e_{\bar{b}}) - e_{\bar{p}}R\left(\bar{b}_{\text{ref}}, e_{\bar{b}}\right) + L_{f_1}\bar{b}_{\text{ref}}(p, b).$$

Da μ nur Werte aus einem Intervall $[0, \mu_m)$ annehmen kann, ist $k_b > 0$ gemäß der Ungleichungen

$$k_b \leq D + \alpha\bar{\nu}(\bar{b})\mathrm{e}^{\bar{p}-\bar{b}} - e_{\bar{p}}R\left(\bar{b}_{\text{ref}}, e_{\bar{b}}\right) + L_{f_1}\bar{b}_{\text{ref}} < \mu_m - k_b$$

zu wählen. Für den nächsten Schritt ist ein invarianter Folgefehler für s bezüglich der Referenz s_{ref} zu verwenden, wobei eine mögliche Wahl durch

$$e_{\bar{s}} = \ln(\sigma(p, b, s, {}^1\!/\!_{p^0})) - \ln(\sigma(p, b, s_{\text{ref}}, {}^1\!/\!_{p^0})) = \eta_s(p, b, s)$$

gegeben ist. Mittels $e_{\bar{s}}$ kann nun eine invariante Schaltfläche

$$X \supset S = \{(p, b, s) \in X : \quad \eta_s(p, b, s) = 0\}$$

definiert werden, wobei durch die vorangegangenen Entwurfsschritte für $e_{\bar{s}} \equiv 0$ (Bewegung auf der Gleitebene) die asymptotische Stabilität um den Arbeitspunkt gesichert ist (Realisierbarkeit der Rückführungen vorausgesetzt). Im Unterschied zu dem in Abschnitt 6.4 dargestellten Entwurf, kann der Eingang s_F keine negativen Werte annehmen. Es soll ferner angenommen werden, daß über den Zulauf lediglich zwischen einer neutralen Flüssigkeit ($s_F = 0$) und einem Substrat-Konzentrat ($s_F = \hat{s}_F = \text{const.}$) umgeschaltet werden kann. Die Betrachtung der partiellen Ableitungen von η_s nach s ergibt mit $\partial s_{\text{ref}}/\partial s = 0$

$$\frac{\partial\eta_s}{\partial s} = \frac{1}{\sigma}\frac{\partial\sigma}{\partial s} = \frac{1}{\sigma}\frac{K^2 p_0^2\mu_m^2\left(L^2 + 2Lb + b^2\right)}{((K + s)(p_0 - 1)\nu_m p\alpha + (L + b)p_0\mu_m K)^2}$$

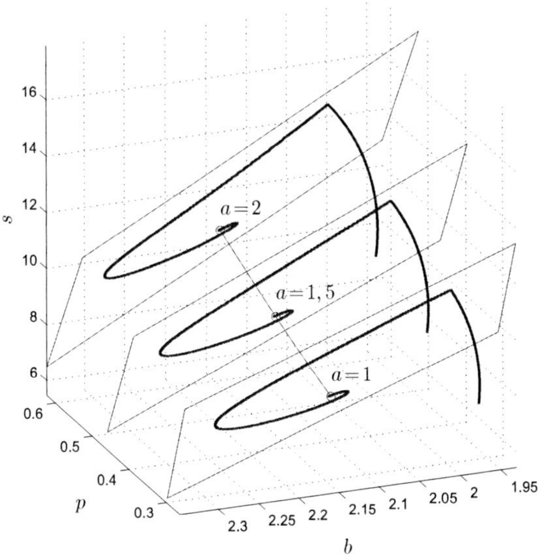

Abbildung 7.6.: Verlauf dreier Trajektorien für transformierten Anfangswert und Schaltebenen für $a = 1$, $a = 1,5$ und $a = 2$ sowie Menge der Arbeitspunkte (Linie)

und zeigt, daß η_s monoton wachsend bzgl. s ist. Es wird daher für s_F die folgende Rückführung angesetzt

$$s_F = \frac{\hat{s}_F}{2}\left(1 - \operatorname{sgn}\eta_s(p, b, s)\right). \tag{7.10}$$

Es bleibt zu untersuchen, welchen Einzugsbereich die Schaltebene S durch diesen Rückführung erhält. Zu diesem Zweck wird zunächst die Lie-Ableitung der Funktion $V_{\eta_s} = \frac{1}{2}\eta_s^2$

$$L_f V_{\eta_s} = \eta_s \left(\frac{\partial \eta_s}{\partial p} p\left(\nu(b) - D\right) + \frac{\partial \eta_s}{\partial b}\left(\left(\mu(s) - D\right) b - \alpha p \nu(b)\right) + \right.$$
$$\left. \frac{\partial \eta_s}{\partial s}\left(D\left(\frac{\hat{s}_F}{2}\left(1 - \operatorname{sgn}\eta_s\right) - s\right) - \beta\mu(s) b\right)\right)$$

notiert.

Unter Berücksichtigung des Vorzeichens von η_s ergeben sich zwei Bedingungen

$$\eta_s > 0: \quad \tfrac{\partial \eta_s}{\partial p} p\left(\nu(b) - D\right) + \tfrac{\partial \eta_s}{\partial b}\left(\left(\mu(s) - D\right) b - \alpha p \nu(b)\right) - \beta\mu(s) b < Ds$$
$$\eta_s < 0: \quad \tfrac{\partial \eta_s}{\partial p} p\left(\nu(b) - D\right) + \tfrac{\partial \eta_s}{\partial b}\left(\left(\mu(s) - D\right) b - \alpha p \nu(b)\right) - \beta\mu(s) b < D(\hat{s}_F - s)$$

die den Einzugsbereich der Schaltebene festlegen. Da die Lie-Ableitung $L_f\eta_s|_{s_F=0}$ Lipschitz-stetig um die Arbeitspunkte ist, und $L_f\eta_s = 0$ für ein $0 < s_{F,0} < \hat{s}_F$ in jedem Arbeitspunkt gilt, gibt es um jeden Arbeitspunkt einen Radius $r > 0$ mit

$$\left.\begin{aligned} L_f\eta_s|_{s_F=\hat{s}_F} &> 0 \\ L_f\eta_s|_{s_F=0} &< 0 \end{aligned}\right\} \qquad \text{für alle } \|(p-p_0, b-b_0, s-s_0)\|_2 < r,$$

d. h., in einer r-Umgebung eines Arbeitspunktes ist die Schaltebene attraktiv. Für eine gegebene Menge von Arbeitspunkten kann diese z. B. numerisch über die o.a. Bedingungen abgeschätzt werden.

Simulation: Für die Simulation wurden folgende Werte für die Parameter gewählt:

$$\begin{aligned} \mu_m &= 0{,}4, & K &= 4, & \nu_m &= 0{,}6, & L &= 3, & \beta &= 0{,}5, \\ \alpha &= 0{,}6, & D &= 0{,}25, & \hat{s}_F &= 25, & k_p &= 0{,}075, & k_b &= 0{,}075. \end{aligned}$$

Dabei wurde davon ausgegangen, daß die interessierenden Arbeitspunkte über die Skalierung $p_0(a) = 0{,}3a$, $a \in [1,2]$, ineinander überführt werden können. In Bild 7.6 sind drei exemplarische Trajektorien für drei Werte des Gruppenparameters a und den nominellen Arbeitspunkt $p_0 = 0{,}3$ zusammen mit der jeweiligen Schaltebene dargestellt. Der Anfangswert wurde hierbei aus einer Störung des nominellen Arbeitspunkts (p_0, b_0, s_0) um 8 Prozent und Anwendung der Symmetrietransformation erhalten. Die dargestellte Linie verbindet die Arbeitspunkte gemäß der durch die Skalierung von p induzierten Transformation. Die korrespondierenden Verläufe der Zustandsgrößen p, b, s und der Fehlervariablen $e_{\bar{p}}, e_{\bar{b}}, e_{\bar{s}}$ zeigt Abbildung 7.7. Die entworfene Rückführung für die Zulaufkonzentration (7.10) führt auf eine invariante Fehlerdynamik *auf der Schaltfläche*. Da die Schaltfläche für unterschiedliche Anfangswerte zu unterschiedlichen Zeitpunkten erreicht wird, liegen die Verläufe der Fehlervariablen nicht identisch übereinander.

Bemerkung 7.5 Soll zusätzlich auch die Fehlerdynamik für $e_{\bar{s}}$ invariant bezüglich Arbeitspunktwechseln sein, so daß die Schaltfläche jeweils zum selben Zeitpunkt erreicht wird, muß die Rückführung derart gewählt werden, daß auch die Fehlerdifferentialgleichung

$$\dot{e}_{\bar{s}} = \frac{\partial \eta_s}{\partial p} f_1 + \frac{\partial \eta_s}{\partial b} f_2 + \frac{\partial \eta_s}{\partial s}\,(D(s_F - s) - \beta\mu(s)b)$$

forminvariant bezüglich der Symmetrietransformation ist. Eine Möglichkeit besteht in der Wahl der Rückführung

$$s_F = s + \frac{\beta}{D}\mu(s)b - \left(D\frac{\partial \eta_s}{\partial s}\right)^{-1}\left(\frac{\partial \eta_s}{\partial p} f_1 + \frac{\partial \eta_s}{\partial b} f_2 - \hat{s}_F \operatorname{sgn} e_{\bar{s}}\right),$$

welche auf die Fehlerdynamik

$$\dot{e}_{\bar{s}} = -\hat{s}_F \operatorname{sgn} e_{\bar{s}}$$

führt. Im Unterschied zu der zuvor angesetzten Rückführung (7.10) handelt es sich nun um eine Kombination aus einem schaltenden und einem kontinuierlichen Anteil. Zudem ist der Koeffizient $\hat{s}_F > 0$ des schaltenden Anteils derart zu wählen, dass die Rückführung im gesamten Arbeitsbereich gültig ist.

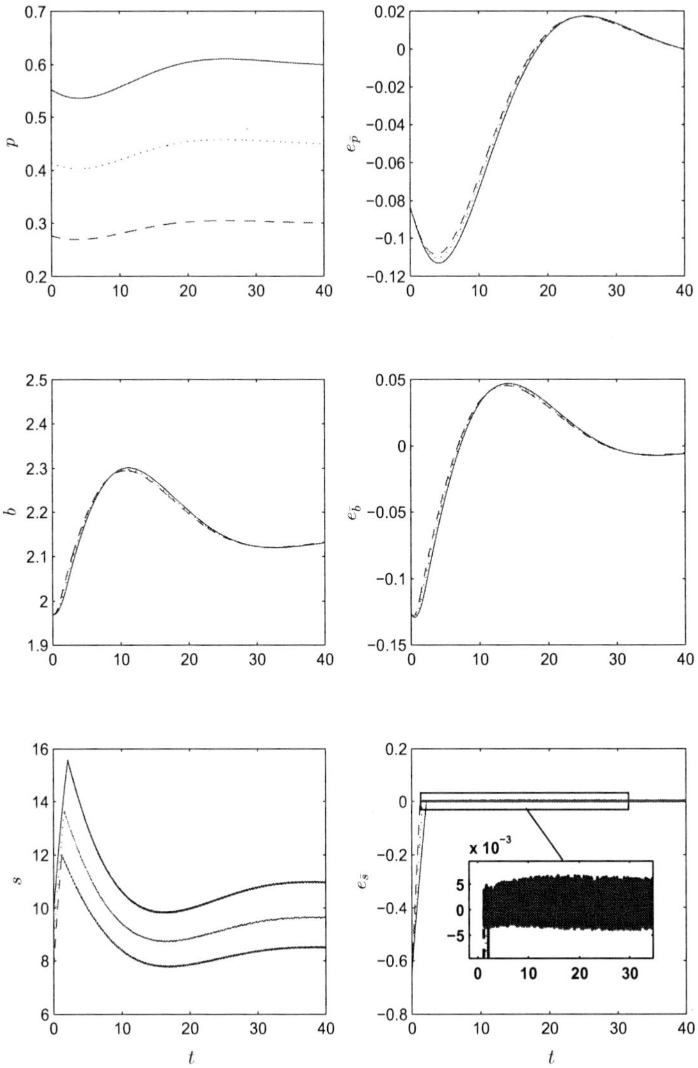

Abbildung 7.7.: Verlauf der Zustandsgrößen p, b, s sowie der (invarianten) Fehler $e_{\bar{p}}, e_{\bar{b}}, e_{\bar{s}}$ für $a = 1$ (strichliert), $a = 1,5$ (gepunktet) und $a = 2$ (durchgezogen)

7.2.2. Invariante Regelung bezüglich unterschiedlicher Wachstumskinetiken

An einem weiteren Beispiel soll gezeigt werden, daß auch Symmetrien, die auf *Modellparameter* wirken, für einen invarianten Reglerentwurf von Interesse sein können. Hierzu wird erneut das Reaktormodell betrachtet, wobei im Unterschied zum vorangegangenen Abschnitt nun unterschiedliche Ansätze für die Wachstumsgeschwindigkeit $\nu(b)$ verwendet werden können. Unter der Annahme des Ausgangs $y = (p, b)$ und des Eingangs $u = (D, s_F)$ soll eine Regelung derart entworfen werden, daß die Fehlerdynamik bezüglich eines Wechsels von der Haldane-Kinetik zur Michaelis-Menten-Kinetik (und umgekehrt) invariant ist. Hierzu werden die folgenden Gleichungen dem Reaktormodell hinzugefügt:

$$\dot{K}_I = 0, \qquad \nu(b) = \frac{\nu_{\mathrm{m}} b}{b + K_S + K_I b^2}.$$

Dem Modellwechsel entspricht somit die Punkttransformation

$$\tilde{\nu}(b; a) = \frac{\nu_{\mathrm{m}} b}{b + K_S + (K_I + a) b^2}, \quad \varepsilon \in [-K_I, 0],$$

wobei der Wert $a = 0$ der Haldane-Kinetik und der Fall $a = -K_I$ der Michaelis-Menten-Kinetik entspricht. Setzt man des weiteren $\tilde{p} = p$ und $\tilde{b} = b$ voraus, so ergeben sich aus den Modellgleichungen Bestimmungsgleichungen für die induzierten Transformationen für D und s:

$$\begin{aligned} p\,(\nu_{\mathrm{H}}(b) - D) &= p\left(\tilde{\nu}(b; a) - \tilde{D}\right) && \Rightarrow \tilde{D} = \delta(b, D; a), \\ b\,(\mu(s) - D) - \alpha \nu_{\mathrm{H}}(b) p &= b\left(\mu(\tilde{s}) - \tilde{D}\right) - \alpha \tilde{\nu}(b; a) p && \Rightarrow \tilde{s} = \sigma(p, b, s; a). \end{aligned}$$

Darüber hinaus existiert lokal auch eine Rückführung, so daß die angesetzte Transformation für p, b, s eine Zustandssymmetrie des um die Rückführung erweiterten Systems ist (Wirkung der Transformationsgruppe ist lokal frei auf X) – in diesem Zusammenhang würde die Zustandssymmetrie durch die Rückführung erst „erzeugt“.

Obwohl y aufgrund seiner Invarianz kein verträglicher Ausgang ist, läßt sich ein geeignetes Regelgesetz ableiten. Hierzu kann die induzierte Transformation der Eingangskomponente D in einem Arbeitspunkt $y_d = (p_0, b_0)$ herangezogen werden:

$$D_0 = \nu_{\mathrm{H}}(b_0): \quad \tilde{D}_0 = \delta(b_0, D_0; a) = \text{const.} \quad \Rightarrow a = \gamma(b_d).$$

Aus dieser Normalisierung folgt erneut eine Invariante $I_s = \sigma(p, b, s; \gamma(b_d))$, die wie zuvor für den Reglerentwurf genutzt werden kann. Auf die Details eines solchen Entwurfs sei an dieser Stelle verzichtet[7].

[7] Als ein offensichtlicher Unterschied ergibt sich der Wegfall der strengen Monotonie beim Übergang von ν_{M} zu ν_{H}, so daß die Berechnung von b_{ref} über die Inversion von ν mit der aktuellen Konzentration b verknüpft ist, wenn für $b^2 > \frac{K_S}{K_I}$ bzw. $b^2 \leq \frac{K_S}{K_I}$ die entsprechende Lösung gewählt wird.

8. Zusammenfassung

Die vorliegende Arbeit ist der Untersuchung von klassischen Symmetrien nichtlinearer Systeme mit konzentrierten Parametern und ihrer Berücksichtigung beim Reglerentwurf gewidmet. Dabei wird davon ausgegangen, daß die betrachteten Streckenmodellen sich (zumindest lokal) als explizites System gewöhnlicher Differentialgleichungen 1. Ordnung der Form

$$\dot{x} = f(x,u)\,, \qquad x(t) \in X \subset \mathbb{R}^n, \quad u(t) \in U \subset \mathbb{R}^m, \tag{8.1}$$

mit einem n-dimensionalen Zustandsvektor x und einem m-dimensionalen Eingang u anschreiben lassen. Eine Punkttransformation $\varphi \times \psi : X \times U \to X \times U$ der Form

$$(\tilde{x}, \tilde{u}) = (\varphi(x), \psi(x,u))\,,$$

ist eine klassische Symmetrie der Differentialgleichung, wenn diese jede Lösung $t \mapsto (\phi_x(t), \phi_u(t))$ der Differentialgleichung auf eine (im allgemeinen andere) Lösung $t \mapsto (\varphi(\phi_x(t)), \psi(\phi_x(t), \phi_u(t))) = \left(\tilde{\phi}_x(t), \tilde{\phi}_u(t)\right)$ abbildet. Aus der Unabhängigkeit der Transformationseigenschaft von der jeweils betrachteten Lösung folgt allgemein die Forminvarianz der Differentialgleichung bezüglich Symmetrietransformationen, d. h., für jede Symmetrietransformation gilt

$$\dot{\tilde{x}} = \frac{\partial \varphi}{\partial x}(x) f(x,u) = f(\varphi(x), \psi(x,u)) = f(\tilde{x}, \tilde{u})\,.$$

Die Definition einer Symmetrie nur anhand ihrer Wirkung auf Lösungen legt einen von der jeweiligen Darstellung der Differentialgleichung unabhängigen Zugang zu Symmetrien von Differentialgleichungen nahe. In dieser Arbeit wird hierbei auf einen differentialgeometrischen Ansatz zurückgegriffen, der es ermöglicht, den Symmetriebegriff auf eine geometrische Interpretation in Anlehnung an die klassische Geometrie zurückzuführen.

Für die geometrische Beschreibung der Differentialgleichung (8.1) wird hierzu ein (Faser-)Bündel $(\mathcal{E}, \pi, \mathcal{B})$ bestehend aus einer totalen Mannigfaltigkeit $\mathcal{E}$ mit lokalen Koordinaten (t, x, u), einer Basismannigfaltigkeit $\mathcal{B}$ mit lokaler Koordinate (t), sowie einer surjektiven Submersion (Projektion) $\pi : \mathcal{E} \to \mathcal{B}$, $\pi(t,x,u) = t$, eingeführt. Jede Faser $\pi^{-1}(t)$, $t \in \mathcal{B}$, wird hierbei als lokal diffeomorph zum Produktraum $X \times U$ angenommen, und jede Lösung der Differentialgleichung definiert einen glatten Schnitt $\sigma : \mathcal{B} \to \mathcal{E}$ im Bündel π, der lokal die Form $t \mapsto (t, \sigma_x(t), \sigma_u(t))$ eines Graphen einer glatten Funktion hat. Jedem glatten Schnitt σ läßt sich zudem ein weiterer Schnitt $j^1\sigma$ der Form $t \mapsto (t, \sigma_x(t), \sigma_u(t), \dot{\sigma}_x(t), \dot{\sigma}_u(t))$ im ersten Jet-Bündel $J^1\pi$ mit adaptierten Koordinaten $(t, x, u, \dot{x}, \dot{u})$ zuordnen, der als erste Prolongation des Schnittes bezeichnet wird. Ein mögliches geometrisches Bild der Differentialgleichung ergibt sich nun, wenn die Gleichung (8.1) als reguläre Teilmannigfaltigkeit

$$J^1\pi \supset \mathcal{S} = \left\{(t, x, u, \dot{x}, \dot{u}) \in J^1\pi : \quad \dot{x} - f(x,u) = 0\right\}$$

in $J^1\pi$ interpretiert wird. Die Lösungen der Differentialgleichungen sind Schnitte in π, deren erste Prolongationen vollständig in $\mathcal{S}$ liegen. Ein etwas anderes Bild entsteht, wenn anstelle der Mannigfaltigkeit $\mathcal{E}$ eine spezielle sogenannte differenzierbare Mannigfaltigkeit $\mathcal{M}_f = (\mathcal{E}, \mathcal{C}_f)$ bestehend aus der glatten Mannigfaltigkeit $\mathcal{E}$ sowie der involutiven Cartan-Distribution $\mathcal{C}_f = \mathrm{span}\{\partial_t + f^i(x,u)\partial_{x^i}\}$ betrachtet wird. Auf diese Weise erhält man ein geometrisches Objekt, d. h. eine Mannigfaltigkeit, die nicht als Teilmannigfaltigkeit in eine diese umgebene Manngifaltikeit eingebettet ist. In jedem Punkt $(t,x,u) \in \mathcal{E}$ ergibt sich durch die Differentialgleichung eine Restriktion des Tangentialraumes auf die durch die Differentialgleichung vorgegebene Richtung, auf die das nach $\mathcal{E}$ zurückgezogene Tangentialbündel TX durch die Cartan-Distribution reduziert wird. Folglich erfüllen alle Graphen glatter Funktionen in $\mathcal{M}_f$ die Differentialgleichung, so daß die differenzierbare Mannigfaltigkeit $\mathcal{M}_f$ mit dieser identifiziert werden kann.

Sowohl der Interpretation als Teilmannigfaltigkeit einer Jet-Mannigfaltigkeit als auch der Interpretation als differenzierbare Mannigfaltigkeit ist gemein, daß sich die Konstruktionen erweitern lassen, um auch alle sog. differentiellen Konsequenzen der Differentialgleichung

$$0 = \ddot{x} - L_f f(x,u,\dot{u}), \qquad 0 = x^{(3)} - L_f^2 f\left(x, u^{[2]}\right), \qquad 0 = x^{(3)} - L_f^3 f\left(x, u^{[3]}\right), \quad \ldots$$

durch einen Übergang zu einem unendlichdimensionalen Pendant berücksichtigt werden können. Dieser unendlichdimensionale Zugang, der vor allem aus der Betrachtung partieller Differentialgleichungen motiviert ist, wird in dieser Arbeit für die Untersuchung von Symmetrien differentiell flacher Systeme herangezogen.

Für die Betrachtung von Symmetrien ergeben sich aus beiden geometrischen Ansätzen zwei im Ergebnis gleiche Sichtweisen. Zum einen stellen sich Symmetrien von $\mathcal{S}$ als Automorphismen von $\mathcal{S}$ dar, die Prolongationen von Schnitten in π auf andere Prolongationen von Schnitten in π abbilden. Derartige Transformationen werden als Berührungstransformationen bezeichnet und bilden die Klasse der in Frage kommenden Symmetrietransformationen auf $J^1\pi$. Dabei stellt sich für den endlichdimensionalen Fall für mehr als eine abhängige Variable $(n+m>1)$ heraus, daß alle Berührungstransformationen auf $J^1\pi$ als erste Prolongation einer Punkttransformation auf π entstehen (Bäcklund-Theorem). Auf der anderen Seite sind Symmetrien von $\mathcal{M}_f$ Transformationen auf $\mathcal{E}$, die mit der Cartan-Distribution verträglich sind, d. h. bezüglich derer $\mathcal{C}_f$ abgeschlossen ist. Dies bedeutet, daß die Tangentialvektoren entlang einer Integralkurve von $\mathcal{C}_f$ auf $\mathcal{E}$ wieder auf Tangentialvektoren einer durch den Bildpunkt verlaufenden Integralkurve abgebildet werden. Die Integralkurven sind hierbei gerade Lösungen der Differentialgleichung. Eine Abbildung, die mit der Cartan-Distribution verträglich ist, wird als Lie-Bäcklund-Abbildung bezeichnet.

Eine grundlegendes Problem bei der Untersuchung von Symmetrien von Differentialgleichungssystemen ist die Bestimmung der Gesamtheit von Transformationen, die den erwähnten Symmetriebedingungen entsprechen. Für das Bild der Teilmannigfaltigkeit $\mathcal{S}$ umfaßt die Suche die Bestimmung aller Punkttransformationen auf π, deren Prolongation die Teilmannigfaltigkeit $\mathcal{S}$ invariant beläßt. Dies führt im allgemeinen jedoch auf die Notwendigkeit, das Differentialgleichunssystem lösen zu müssen, so daß eine geschlossene Berechnung auf diesem Weg in der Regel nicht möglich ist. Ein wohlbekannter Ausweg, dem auch in der vorliegenden Arbeit gefolgt wird, ist die Einschränkung der Klasse der betrachteten Symmetrien auf solche, die eine Lie-Gruppe bilden, d. h., die Transformationen formen eine Gruppe, die bezüglich r Gruppenparametern eine glatte Mannigfaltigkeit ist. Die Annahme dieser zusätzlichen Struktur hat weit reichende Konsequenzen. Insbesondere ergeben sich die lokalen Symmetrietransformationen

$$(\tilde{x}, \tilde{u}) = (\varphi_g(x), \psi_g(x,u))_{g \in G}, \qquad G \ni g \overset{\text{lok.}}{\simeq} \left(a^1, \dots a^r\right) \in \mathbb{R}^r,$$

nun als Elemente einer lokalen Transformationgruppe $(\varphi_g \times \psi_g)_{g \in G}$, deren Elemente als Flüsse von r linear unabhängigen Vektorfeldern $\boldsymbol{v}_1(x,u), \boldsymbol{v}_2(x,u), \dots, \boldsymbol{v}_r(x,u)$ erzeugt werden, die als infinitesimale Erzeugende der Transformationsgruppe bezeichnet werden. Diese Spannen einen linearen Vektorraum rechts-invarianter Vektorfelder $\mathfrak{g} = \operatorname{span}\{\boldsymbol{v}_1(x,u), \boldsymbol{v}_2(x,u), \dots, \boldsymbol{v}_r(x,u)\}$ auf[1], die sog. Lie-Algebra von G. Da die Elemente der Transformationsgruppe sich als Flüsse der infinitesimalen Erzeugenden ergeben, hängen diese lokal stetig von den Gruppenparametern $a^1, \dots, a^r$ ab, und durch jeden Punkt von $\mathcal{E}$ verläuft ein sog. (Gruppen-)Orbit, der aus den Bildern des Punktes unter der Wirkung aller Elemente der Transformationsgruppe besteht.

Die entscheidende Vereinfachung für das zuvor erwähnte Problem der Symmetriebestimmung ergibt sich aus der Tatsache, daß bereits die Algebra $\mathfrak{g}$ bzw. ihre r Basisvektorfelder die Transformationsgruppe vollständig beschreiben. Elemente einer Lie-Gruppe, die eine Symmetrie der Differentialgleichung (8.1) bilden, heißen Lie-Symmetrien. Da auch diese vollständig durch die Elemente der Lie-Algebra der Symmetriegruppe G beschrieben werden, genügt zur Bestimmung einer Symmetriegruppe G die Berechnung eines allgemeinen Vektorfeldes, dessen Flüsse Symmetrietransformationen sind. Aus der Forderung nach der Invarianz von $\mathcal{S}$ entlang des prolongierten Flusses einer Lie-Symmetrie läßt sich durch Ansetzen eines allgemeinen erzeugenden Vektorfeldes ein System linearer partieller Differentialgleichungen ableiten, aus dessen Lösung die Basis der Lie-Algebra der Symmetriegruppe G hervorgeht. Auch bei diesem Ansatz zur Berechnung von Symmetrien läßt sich die allgemeine Lösung in der Regel nicht geschlossen angeben, jedoch führen spezielle Ansätze für die Koeffizientenfunktionen des Vektorfeldes häufig zu Lösungen, die nützliche Teilsymmetrien der Differentialgleichung aufdecken.

Für Systeme in Zustandsdarstellung (8.1) hat die Existenz von Lie-Symmetrien, die lokal frei und nur auf den Zustand x wirken, Auswirkungen auf die Struktur der Gleichungen. Die Lie-Algebra ist in diesem Fall eine involutive Distribution auf X, so daß sich durch Anwendung des Frobenius-Theorems lokale Karten für $\mathcal{E}$ angeben lassen, in den die Zustandsdarstellung die Form

$$\dot{\xi} = F_1(\xi, u), \qquad \dot{\eta} = F_2(\xi, \eta, u),$$

mit $\xi = (x^{r+1}, \dots, x^n)$, $\eta = (x^1, \dots, x^r)$ annimmt. Dies kann als Zerlegung der beschriebenen Dynamik in einen Anteil transversal zu den Orbits der Symmetriegruppe mit den Koordinaten ξ („von Orbit zu Orbit") sowie einen weiteren Anteil entlang der Orbits mit den Koordinaten η verstanden werden. Anhand der Form der Gleichung ist zu erkennen, daß die Festlegung eines Verlaufs für den Eingang $t \mapsto u(t)$ sowie die Lösung der ersten Gleichung die Bewegung entlang der Gruppenorbits vollständig festlegt. Mitunter kann es daher aus regelungstechnischer Sicht nützlich bzw. ausreichend sein, die reduzierte $(n-r)$-dimensionale Systembreschreibung zu betrachten (z. B. für den Reglerentwurf).

[1]Hierbei wird eine effektive Wirkung vorausgesetzt.

Hinsichtlich der Auswirkungen von Symmetrien auf den Reglerentwurf läßt sich beobachten, daß die Verwendung der Komponenten der Koordinatendarstellung des üblichen Folgefehlers $e = y - y_d$ bezüglich einer Solltrajektorie $t \mapsto y_d(t)$ für einen Ausgang $y = h(x, u)$ zur Vorgabe einer Fehlerdynamik dazu führen kann, daß die Symmetrieeigenschaften der Strecke durch Anwendung des entworfenen Regelgesetzes verloren gehen – die Symmetrie wird „gebrochen". Ist dies nicht erwünscht, so führt ein Entwurf auf der Basis invarianter Folgefehlern, d. h. Folgefehlern, die bezüglich der Symmetrietransformationen invariant sind, auf invariante Folgeregler, die mit den Symmetrien des betrachteten Systems verträglich sind. Die hierzu notwendige Konstruktion invarianter Folgefehler, sofern dies nicht z. B. durch geometrische Überlegungen gelingt, kann für eine reguläre Symmetriegruppe G, deren Wirkung lokal effektiv auf sog. G-verträgliche Ausgänge ist, durch Anwendung eines Normalisierungsalgorithmus erfolgen. Dieser läßt sich sich mit Hilfe des Frobenius-Theorems geometrisch als Definition eines entlang der Gruppenorbits mitgeführten Koordinatensystems (repère mobile, moving frame) deuten. Der Algorithmus läßt sich darüber hinaus dazu nutzen, geeignete invariante Koordinaten für die zuvor erwähnte reduzierte Systemdarstellung zu bestimmen.

Mit Hilfe des Normalisierungsalgorithmus lassen sich zudem bekannte Entwurfsverfahren für die Verwendung invarianter Folgefehler modifizieren. Beim Entwurf mittels des sog. Integrator-Backstepping für Systeme in rückgekoppelter Form (feedback form) muß hierfür lediglich vorausgesetzt werden, daß es sich bei dem ersten (Block-)Zustand um einen G-verträglichen Ausgang handelt. Die Flachheitseigenschaft des Modells erlaubt aufgrund dieser Annahme sodann die Berechnung von invarianten Folgefehlern für jeden einzelnen Entwurfsschritt. In ähnlicher Weise führt die Definition einer invarianten Schaltfläche beim Entwurf von strukturvariablen Reglern mit Gleitregime auf eine invariante Folgeregelung.

Für die Implementierung von stabilisierenden Rückführungen ist häufig die Kenntnis des gesamten Systemszustandes x notwendig. Steht nur eine unvollständige Meßinformation über den Ausgang zur Verfügung, muß die Rückführung um eine Zustandsschätzung ergänzt werden. Im Falle der Verwendung eines asymptotischen Beobachters mit Ausgangsfehlerinjektion ergibt sich analog zum Reglerentwurf die Frage der Verträglichkeit der Fehlerinjektion mit einer bestehenden Symmetrie. Für Lie-Symmetrien, die frei auf dem Zustandsraum wirken, führt die Anwendung des Normalisierungsalgorithmus auf eine mögliche Konstruktion einer invarianten Ausgangsfehlerinjektion, auf deren Grundlage im Anschluß ein invarianter Beobachter entworfen werden kann, der zusammen mit einem invarianten Folgeregler den invarianten Reglerentwurf komplettiert.

Die Verfügbarkeit von Eingängen eröffnet innerhalb der strukturellen Grenzen des Modells zudem die Möglichkeit, Symmetrien durch geeignete Rückführungen der betrachtetet Regelstrecke im Sinne der Lösung der gestellten Regelungsaufgabe aufzuprägen. Besonders weit sind die strukturellen Grenzen hierbei für differentiell flache Systeme gefaßt. Im Rahmen eines unendlichdimensionalen geometrischen Zugangs über differenzierbare Mannigfaltigkeiten lassen sich flache Systeme als Lie-Bäcklund äquivalent zu sog. trivialen Systemen charakterisieren, die aus einer mit der Dimension des flachen Ausgangs übereinstimmenden Anzahl von Integratorketten beliebiger Länge bestehen. Jede Lie-Bäcklund-Abbildung eines flachen Ausgangs stellt hierbei eine Symmetrie des flachen Systems dar, so daß sich zu jedem flachen System beliebig viele Symmetrien angeben lassen. Diese Freiheit läßt sich im Sinne des Reglerentwurfs nutzen, um z. B. Arbeitspunktwechsel oder Änderungen in der Streckenrealisierung durch Punkttransformationen auf flache Ausgänge zu beschreiben. Die Flachheitseigenschaft garantiert sodann die Existenz von Transformationen aller Systemgrößen inklusive der Eingänge, so daß diese Transformation eine Symmetrie wird. Die Transformation der Eingangssignale hat hierbei i. allg. die Form einer Zustandsrückführung, so daß die Symmetrie aufgrund einer geeigneten Rückführung „entsteht“ – dies entspricht dem Übergang zu einer bis auf Rückführung äquivalenten Systemdarstellung. Als Anwendungsbeispiel wird hierzu das Modell eines Bioreaktors angegeben, für das eine strukturvariable Regelung mit Gleitregime und arbeitspunktunabhängiger Schaltfläche entworfen wird. Die darüber hinaus skizzierte Erweiterung für einen Regler, der unabhängig von dem verwendeten Modell zur Beschreibung des Wachstums der im Bioreaktor wachsenden Mikroorganismen auf eine identische Fehlerdynamik führt, deutet weiteres Potential eines symmetriebasierten Reglerentwurfs an.

A. Ergänzungen

In diesem Abschnitt werden einige Definitionen und Begriffe im Sinne der Lesbarkeit der Arbeit ohne Hinzunahme der zitierten Literatur erläutert. Ausführliche Darstellungen finden sich jeweils in den angegebenen Quellen.

A.1. Begriffe der Topologie

Ein topologischer Raum ist eine Menge von Punkten zusammen mit einer Struktur, die es erlaubt, Aussagen zur Nachbarschaft von Elementen zu treffen, und geht aus der Verallgemeinerung metrischer Räume hervor, die wiederum eine Verallgemeinerung Euklidischer Räume sind. Die folgenden Defintionen sind weitgehend Jänich (1999) entnommen, siehe auch Choquet-Bruhat u. DeWitt-Morette (1977).

Definition A.1 (topologischer Raum) Ein topologischer Raum ist ein Paar $(X, \mathcal{O})$ bestehend aus einer Menge X und einer Menge $\mathcal{O}$ von Teilmengen von X, den sog. offenen Mengen, derart daß die folgenden Axiome gelten:

1. Beliebige Vereinigungen von offenen Mengen sind offen.
2. Der Durchschnitt von je zwei offenen Mengen ist offen.
3. $\emptyset$ und X sind offen.

Ein vollständiges Mengensystem bildet eine Basis für einen topologischen Raum.

Definition A.2 (Basis) Sei X ein topologischer Raum. Eine Menge $\mathfrak{B}$ von offenen Mengen heißt Basis der Topologie, wenn jede offene Menge Vereinigung von solchen aus $\mathfrak{B}$ ist.

Definition A.3 (Hausdorffraum, Hausdorffsches Trennungsaxiom)
Ein topologischer Raum heißt Hausdorffraum[1], wenn man zu je zwei verschiedenen Punkten disjunkte Umgebungen finden kann.

Hat die unterliegende Menge X eine speziellere Struktur wie z. B. die eines Vektorraums und einer Gruppe, dann ergeben sich entsprechende Spezialisierungen der allgemeinen Definition.

Definition A.4 (topologischer Vektorraum) Sei $K := \mathbb{R}$ oder $\mathbb{C}$. Ein K-Vektorraum E, der zugleich topologischer Raum ist, heißt topologischer Vektorraum, wenn Topologie und lineare Struktur in folgendem Sinne verträglich miteinander sind:

- Die Addition $E \times E \to E$ ist stetig.

[1] Benannt nach dem deutschen Mathematiker Felix Hausdorff, 1868–1942.

- Die Skalarmultiplikation $K \times \mathbb{R} \to K$ ist stetig.

Definition A.5 (topologische Gruppe) Eine Gruppe G, die zugleich topologischer Raum ist, heißt topologische Gruppe, wenn die Abbildung $G \times G \to G$, $(a, b) \to ab^{-1}$ stetig ist.

Läßt sich auf X ein geeignetes Abstandsmaß einführen, so erhält man einen metrischen bzw. normierten Raum.

Definition A.6 (metrischer Raum) Ein Paar (X, d), bestehend aus einer Menge X und einer reellen Funktion $d : X \times X \to \mathbb{R}$ (der Metrik), derart daß

1. $d(x, y) > 0$ für alle $x, y \in X$, und $d(x, y) = 0$ genau dann, wenn $x = y$,
2. $d(x, y) = d(y, x)$ für alle $x, y \in X$,
3. $d(x, z) < d(x, y) + d(y, z)$ für alle $x, y, z \in X$ („Dreiecksungleichung"),

gilt, ist ein metrischer Raum.

Definition A.7 (Topologie eines metrischen Raumes) Sei (X, d) ein metrischer Raum. Eine Teilmenge $V \subset X$ heiße offen, wenn es zu jedem $x \in V$ ein $\varepsilon > 0$ gibt, so daß die ε-Kugel $K_\varepsilon(x) := \{y \in X \mid d(x, y) < \varepsilon\}$ um x noch ganz in V liegt. Die Menge $\mathcal{O}(d)$ aller offenen Teilmengen von X heißt die Topologie des metrischen Raumes (X, d).

Ein topologischer Raum $(X, \mathcal{O})$ heißt metrisierbar, wenn es eine Metrik d auf X mit $\mathcal{O}(d) = \mathcal{O}$ gibt.

Definition A.8 (normierter Raum) Sei E ein K-Vektorraum. Eine Abbildung $\|\cdot\| : E \to \mathbb{R}$ heißt Norm, wenn folgende drei Axiome gelten

1. $\|x\| > 0$ für alle $x \in E$, und nur für $x = 0$ gilt $\|x\| = 0$.
2. $\|ax\| = |a| \cdot \|x\|$ für alle $a \in K$, $x \in E$.
3. $\|x + y\| < \|x\| + \|y\|$ für alle $x, y \in E$ („Dreiecksungleichung").

Ein Paar $(E, \|\cdot\|)$ aus einem Vektorraum und einer Norm darauf heißt ein normierter Raum.

Definition A.9 (vollständige topologische Vektorräume) Eine Folge $\{x_n\}_{n \geq 1}$ in einem topologischen Vektorraum heiße Cauchy-Folge, wenn es zu jeder Nullumgebung U ein n_0 mit $x_n - x_m \in U$ für alle $n, m > n_0$ gibt. Wenn jede Cauchy-Folge konvergiert, heißt der topologische Vektorraum (folgen-)vollständig.

Definition A.10 (Fréchet-Raum) Ein metrisierbarer, vollständiger topologischer Vektorraum ist ein Fréchet-Raum.

Definition A.11 (stetige Abbildung) Seien X und Y topologische Räume. Eine Abbildung $f : X \to Y$ heißt stetig, wenn die Urbilder offener Mengen stets wieder offen sind.

Definition A.12 (Homöomorphismus) Eine bijektive Abbildung $f : X \to Y$ heißt Homöomorphismus, wenn f und f^{-1} beide stetig sind, d. h., wenn $U \subset X$ genau dann offen ist, wenn $f(U) \subset Y$ offen ist.

Existiert ein Homöomorphismus zwischen zwei topologischen Räumen X und Y, so haben beide dieselben topologischen Eigenschaften, man schreibt auch $X \simeq Y$.

A.2. Frobenius-Theorem

Die hier angegebene Version des Frobenius-Theorems entspricht nicht der klassischen Form, sondern ist die für die Anwendung des Theorems in dieser Arbeit geeignete Variante (vgl. Warner, 1983; Nijmeijer u. van der Schaft, 1990).

Theorem A.1 (Warner, 1983) *Sei Δ eine glatte, r-dimensionale und involutive Distribution auf einer glatten q-dimensionalen Mannigfaltigkeit M, und sei $p \in M$. Dann existiert eine Integralmannigfaltigkeit von Δ durch p. Darüber hinaus gibt es eine Karte (W, φ), $W \subset M$, mit lokalen Koordinaten $z^1, \dots, z^q$ mit ihrem Ursprung in p, so daß die Blätter*

$$z^i = \text{const.} \qquad \text{für alle } i \in \{r+1, \dots, q\},$$

Integralmannigfaltigkeiten von Δ sind. Zudem gilt für jede zusammenhängende Integralmannigfaltigkeit[2] *(N, ψ) mit $\psi(N) \subset W$, daß $\psi(N)$ vollständig in einen dieser Blätter liegt.*

A.3. Vektorieller relativer Grad und Byrnes-Isidori-Normalform

Eine detaillierte Diskussion und Begründung der folgenden Definition findet man für den eingangsaffinen Fall z. B. in den Lehrbüchern Isidori (1995) und Nijmeijer u. van der Schaft (1990), für den hier angegebenen nicht eingangsaffinen Fall siehe z. B. Sira-Ramírez (1989).

Definition A.13 (vektorieller relativer Grad)
Eine Zustandsdarstellung

$$\dot{x} = f(x, u), \qquad x(t) \in X \subset \mathbb{R}^n, u(t) \in X \subset \mathbb{R}^m,$$

hat bezüglich des Ausgangs $y^i = h^i(x)$, $i = 1, \dots, m$, in einem Punkt $x_0 \in X$ einen (vektoriellen) relativen Grad $(r^1, r^2, \dots, r^m)$, wenn

- für alle $1 \leq j \leq m$, $1 \leq i \leq m$ und $k < r^i - 1$ gilt

  $$L_{\frac{\partial f}{\partial u^j}} L_f^k h^i(x) = 0,$$

  wobei L_f^k für die k-fache Lie-Ableitung entlang f steht,

- und wenn die Matrix

  $$\mathbb{R}^{m \times m} \ni A(x) = \begin{pmatrix} L_{\frac{\partial f}{\partial u^1}} L_f^{r^1-1} h^1(x) & \cdots & L_{\frac{\partial f}{\partial u^m}} L_f^{r^1-1} h^1(x) \\ L_{\frac{\partial f}{\partial u^1}} L_f^{r^2-1} h^2(x) & \cdots & L_{\frac{\partial f}{\partial u^m}} L_f^{r^2-1} h^2(x) \\ \vdots & \cdots & \vdots \\ L_{\frac{\partial f}{\partial u^1}} L_f^{r^m-1} h^m(x) & \cdots & L_{\frac{\partial f}{\partial u^m}} L_f^{r^m-1} h^m(x) \end{pmatrix}$$

  regulär im Punkt x_0 ist.

[2] Eine Teilmannigfaltigkeit (N, ψ), $\psi : N \to M$, ist eine Integralmannigfaltigkeit einer Distribution Δ auf M, wenn $d\psi(T_p N) = \Delta(\psi(p))$ für alle $p \in N$ gilt.

Ist der relative Grad im Sinne der Definition wohldefiniert, so gilt $r = r^1 + r^2 + \cdots + r^m \leq n$ und zu den r Funktionen

$$\phi_1^i = h^i(x), \quad \phi_2^i = L_f h^i(x), \quad \dots \quad \phi_{r^i}^i = L_f^{r^i-1} h^i(x), \quad i = 1, \dots, m,$$

lassen sich für $r < n$ weitere $n - r$ Funktionen $\phi^{r+1}(x), \dots, \phi^n(x)$ finden, so daß die Jacobi-Matrix der zusammengesetzten Transformation

$$\Phi(x) = \Big(\phi_1^1(x), \dots, \phi_{r^1}^1(x), \phi_1^2(x), \dots, \phi_{r^m}^m(x), \phi^{r+1}(x), \dots, \phi^n(x)\Big)^T$$

regulär in x_0 ist. Folglich erklärt Φ in einer Umgebung von x_0 einen Diffeomorphismus, der einen Koordinatenwechsel erlaubt. In den transformierten Koordinaten

$$\xi^i = \begin{pmatrix} \xi_0^i \\ \xi_1^i \\ \vdots \\ \xi_{r^i-1}^i \end{pmatrix} = \begin{pmatrix} \phi_1^i(x) \\ \phi_2^i(x) \\ \vdots \\ \phi_{r^i}^i(x) \end{pmatrix}, \quad i = 1, 2, \dots, m,$$

mit $\xi = (\xi^i)$ sowie

$$\eta = \begin{pmatrix} \eta_1 \\ \eta_2 \\ \vdots \\ \eta_{n-r} \end{pmatrix} = \begin{pmatrix} \phi^{r+1}(x) \\ \phi^{r+2}(x) \\ \vdots \\ \phi^n(x) \end{pmatrix}$$

haben die Systemgleichungen die Form

$$\begin{aligned} \dot{\xi}_0^i &= \xi_1^i, \quad \dot{\xi}_1^i = \xi_2^i, \quad \dots \quad \dot{\xi}_{r^i-2}^i = \xi_{r^i-1}^i, \\ \dot{\xi}_{r^i-1}^i &= g^i(\xi, \eta, u), \\ y^i &= \xi_0^i, \end{aligned} \tag{A.1}$$

mit $i = 1, \dots, m$. Zusätzlich verbleibt für $r < n$ eine sogenannte interne Dynamik

$$\dot{\eta} = Q(\xi, \eta, u). \tag{A.2}$$

Die Systemdarstellung in den transformierten Koordinaten (ξ, η) wird auch als Byrnes-Isidori-Normalform bezeichnet.

B. Symbolverzeichnis

Das nachfolgende Verzeichnis enthält Symbole, die durchgängig in der Arbeit verwendet werden, lediglich lokal verwendete Symbole sind nicht aufgeführt, da diese im Kontext ihrer Verwendung eingeführt werden.

Differentialgeometrische Objekte

$\mathbb{R}$	Menge der reellen Zahlen
$\mathbb{I}$, $\mathbb{J}$, $\#\mathbb{I}$	Indexmengen, Kardinalität der Indexmenge $\mathbb{I}$
$\mathbb{R}^{\mathbb{I}}$	Raum der reellen Funktionen auf $\mathbb{I}$, die Komponenten von $u = (u^i)$, $i \in \mathbb{I}$, $u^i \in \mathbb{R}$, sind die Koordinaten von $\mathbb{R}^{\mathbb{I}}$
M, (U, φ)	glatte Mannigfaltigkeit mit Koordinaten $z = (z^1, \ldots, z^q)$, Karte für $U \subset M$, $\varphi : U \to \mathbb{R}^q$
T_pM, TM	Tangentialraum im Punkt $p \in M$, Tangentialbündel (TM, τ_M, M)
$\boldsymbol{v}(z) = v^i(z)\partial_{z^i}$	Vektorfeld auf M
$[\boldsymbol{v}, \boldsymbol{w}]$	Lie-Klammer zweier Vektorfelder $\boldsymbol{v}$, $\boldsymbol{w}$
T_p^*M, T^*M	Kotangentialraum im Punkt $p \in M$, Kotangentialbündel (T^*M, τ_M^*, M)
$\boldsymbol{\omega}(z) = \omega_i(z)dz^i$	Kovektorfeld/Linearform auf M
$\langle \boldsymbol{\omega}, \boldsymbol{v} \rangle$ inneres Produkt zwischen Kovektorfeld $\boldsymbol{\omega}$ und Vektorfeld $\boldsymbol{v}$	
$L_{\boldsymbol{v}}f$, $L_{\boldsymbol{v}}\boldsymbol{\omega}$	Lie-Ableitung einer Funktion f bzw. eines Kovektorfeldes $\boldsymbol{\omega}$ entlang des (Flusses des) Vektorfeldes $\boldsymbol{v}$
f^*, f_*	Pullback (Rücktransport) bzw. Pushforward entlang der Abbildung $f : M \to N$ zwischen zwei Mannigfaltigkeiten M und N
$\exp(a\boldsymbol{v})z$	Integralmannigfaltigkeit der Einparametergruppe erzeugt durch das Vektorfeld $\boldsymbol{v}$ durch den Punkt $z \in M$
$\Delta(z) = \mathrm{span}\{\boldsymbol{v}_1(z), \ldots, \boldsymbol{v}_r(z)\}$	glatte Distribution aufgespannt durch r glatte Basisvektorfelder
$\Omega(z) = \mathrm{span}\{\boldsymbol{\omega}_1(z), \ldots, \boldsymbol{\omega}_r(z)\}$	glatte Kodistribution aufgespannt durch r glatte Basiskovektorfelder

$\Delta^\perp$, $\Omega^\perp$	Annihilator der Distribution Δ, Kern der Kodistribution Δ
$\mathcal{M} = (M, \mathcal{C}_M)$	differenzierbare Mannigfaltigkeit bestehend aus der glatten Mannigfaltigkeit M und der involutiven Cartan-Distribution $\mathcal{C}_M$
$\mathcal{C}^k$	Cartan-Distribution des k-ten Jet-Bündels $J^k\pi$ (Kontaktdistribution)
$(\mathcal{E}, \pi, \mathcal{B})$	(Faser-)Bündel mit totaler Mannigfaltigkeit $\mathcal{E}$, Basismannigfaltigkeit $\mathcal{B}$ sowie surjektiver Submersion (Projektion) $\pi : \mathcal{E} \to \mathcal{B}$
$\pi_1 \times_{\mathcal{B}} \pi_2$	Faserproduktbündel über derselben Basismannigfaltigkeit $\mathcal{B}$ zweier Bündel $(\mathcal{E}_1, \pi_1, \mathcal{B})$ und $(\mathcal{E}_2, \pi_2, \mathcal{B})$
$\sigma : \mathcal{B} \to \mathcal{E}$	glatter Schnitt im Bündel π, es gilt $\pi \circ \sigma = \mathrm{id}_{\mathcal{B}}$
$\Gamma_p(\pi)$, $\Gamma(\pi)$	Menge der lokalen Schnitte auf einer Umgebung $U_p \subset \mathcal{E}$, Menge aller Schnitte in π
$J^k\pi$, $j^k\sigma$	Mannigfaltigkeit der k-Jets, k-te Prolongation eines Schnittes $\sigma \in \Gamma(\pi)$
$\mathrm{pr}^{(k)}\Phi$	Prolongation einer Punktabbildung Φ, die i.a. kein Bündelhomomorphismus ist (nicht fasertreu)
D_t, D_t^k	totaler Ableitungsoperator nach der Zeit, k-fache Anwendung
$\mathcal{S} \subset J^k\pi$	durch eine Differentialgleichung k-ter Ordnung definierte reguläre Teilmannigfaltigkeit im k-ten Jet-Bündel
$\mathcal{M}_F$, $\boldsymbol{v}_F$	durch eine reguläre impl. Differentialgleigung $F = 0$ definiert differenzierbare Mannigfaltigkeit mit Cartan-Vektorfeld v_F

Lie-Gruppen und Transformationsgruppen

G, $g, g^{-1} \in G$	Lie-Gruppe G, Element g sowie das entsprechende inverse Element g^{-1}
$g \cdot h$, $g, h \in G$	Gruppenoperation (Gruppenmultiplikation) zwischen zwei Gruppenelementen
$g \cdot z$, $g \in G$, $z \in M$	Wirkung eines Elementes einer Transformationsgruppe auf den Punkt $z \in M$
$\Phi_g : \mathbb{R}^r \times M \to M$, $z \mapsto \phi(z; a)$	lokale Wirkung einer Lie-Gruppe parametriert in r Gruppenparametern $\mathbb{R}^r \ni a = (a^1, \ldots, a^r)$
$\mathcal{O}_z$	Orbit durch den Punkt $z \in M$
R_g	Rechtstranslation um g

$\mathfrak{g} = \operatorname{span}\{\boldsymbol{v}_1, \ldots, \boldsymbol{v}_r\}$	Lie-Algebra (Vektorraum der recht-invarianten Vektorfelder) einer r-parametriegen Lie-Gruppe G aufgespannt durch r Basisvektorfelder
$\exp : \mathfrak{g} \to G$, $\exp(\boldsymbol{v})$, $\boldsymbol{v} \in \mathfrak{g}$	Exponentialabbildung von der Lie-Algebra einer Lie-Gruppe auf das durch den Fluß des Vektorfeldes $\boldsymbol{v}$ erzeugte Gruppenelement
$(\varphi_g \times \psi_g)_{g \in G}$	lokale Transformationsgruppe mit Wirkung auf den Zustand und den Eingang eines Systems in Zustandsdarstellung (Koordinatentransformation und reguläre Rückführung)

Weitere Symbole

V, V_i	Ljapunov-Funktion
I, I_j	funktionale Invarianten bzgl. einer Transformationsgruppe
$\mathcal{M}^m_\infty$, $\boldsymbol{v}^m_\infty$	differenzierbare Mannigfaltigkeit eines trivialen Systems bestehend aus m unabhängigen Integratorketten beliebiger Länge sowie zugehöriges Cartan-Vektorfeld

Literaturverzeichnis

[Abraham u. Marsden 1987] ABRAHAM, R. ; MARSDEN, E.: *Foundations of Mechanics.* 6. Auflage. Addison-Wesley, 1987

[Aghannan 2003] AGHANNAN, N.: *Contrôle de réacteurs de polymérisation, observateur et invariance*, Ecole des Mines de Paris, Diss., 2003

[Aghannan u. Rouchon 2002] AGHANNAN, N. ; ROUCHON, P.: On invariant asymptotic observers. In: *Proc. 41st IEEE Conference on Decision and Control*, 2002, S. 1479–1484

[Aghannan u. Rouchon 2003] AGHANNAN, N. ; ROUCHON, P.: An intrinsic observer for a class of Langrangian systems. In: *IEEE Trans. Autom. Control* 48 (2003), S. 936–945

[Alekseevskij u. a. 1991] ALEKSEEVSKIJ, D.V. ; VINOGRADOV, A.M. ; LYCHAGIN, V.V. ; GAMKRELIDZE, R.V. (Hrsg.): *Encyclopaedia of Mathematical Sciences.* Bd. 28: *Geometry I.* Springer-Verlag, Berlin, 1991

[Anderson u. a. 1993] ANDERSON, I.M. ; KAMRAN, N. ; OLVER, P.J.: Internal, external and generalized symmetries. In: *Adv. Math.* 100 (1993), S. 53–100

[Anderson u. Ibragimov 1979] ANDERSON, R. L. ; IBRAGIMOV, N. H.: *Lie-Bäcklund transformations in applications.* SIAM, Philadelphia, 1979

[André u. Seibert 1956] ANDRÉ, J. ; SEIBERT, P.: Über stückweise lineare Differentialgleichungen, die bei Regelungsproblemen auftreten I, II. In: *Archiv der Math.* 7 (1956), S. 148–164

[Arnold 1978] ARNOLD, V. I.: *Mathematical methods of classical mechanics.* Springer-Verlag, New York, 1978

[Bäcklund 1875] BÄCKLUND, A. V.: Ueber Flächentransformationen. In: *Mathematische Annalen* 9 (1875)

[Blaschke 1945] BLASCHKE, W.: *Vorlesungen über Differentialgeometrie.* Dover, New York, 1945

[Bluman u. Kumei 1989] BLUMAN, G.W. ; KUMEI, S.: *Symmetries and Differential Equations.* Springer-Verlag, New York, 1989

[Bocharov u. a. 1999] BOCHAROV, A. V. ; CHETVERIKOV, V.N. ; DUZHIN, S. V. ; KHOR'KOVA, N. G. ; SAMOKHIN, A. V. ; TOKHOV, Yu. N. ; VERBOVETSKY ; KRASIL'SHCHIK, I. S. (Hrsg.) ; VINOGRADOV, A. M. (Hrsg.): *Translations of Mathematical Monographs.* Bd. 182: *Symmetries and conservation laws for differential equations of mathematical physics.* Amer. Math. Soc., 1999

[Bonnabel 2007] Bonnabel, S.: *Observateur asymptotiques et symétries: théorie et exemples*, Ecole des Mines de Paris, Diss., 2007

[Bonnabel u. a. 2006] Bonnabel, S. ; Martin, P. ; Rouchon, P.: A non-linear symmetry-preserving observer for velocity-aided inertial navigation. In: *Proc. American Control Conference*, 2006, S. 2910–2914

[Bonnabel u. a. 2008] Bonnabel, S. ; Martin, P. ; Rouchon, P.: Symmetry-preserving observers. In: *IEEE Trans. Autom. Control* 53 (2008), S. 2514–2526

[Bonnabel u. a. 2009] Bonnabel, S. ; Martin, P. ; Rouchon, P.: Non-linear symmetry-preserving observers on Lie groups. In: *IEEE Trans. Autom. Control* 54 (2009), S. 1709–1713

[Boothby 2003] Boothby, W. M.: *An introduction to differential manifolds and Riemmanian geometry.* 3. Auflage. Academic Press, 2003

[Brogliato u. a. 1995] Brogliato, B. ; Ortega, R. ; Lozano, R.: Global tracking controllers for flexible-joint manipulators: a comparative study. In: *Automatica* 31 (1995), S. 941–956

[Brunovský 1970] Brunovský, P.: A classification of linear controllable systems. In: *Kybernetika* 3 (1970), S. 173–178

[Chetverikov u. a. 2002] Chetverikov, V.N. ; Kanatnikov, A.N. ; Krishchenko, A.P.: Classical and higher symmetries of control systems. In: *Proc. 15th IFAC World Congress* 15(1) (2002)

[Chevalley 1946] Chevalley, C.: *Theory of Lie Groups.* Princeton University Press, 1946

[Choquet-Bruhat u. DeWitt-Morette 1977] Choquet-Bruhat, Y. ; DeWitt-Morette, C.: *Analysis, Manifolds and Physics.* Elsevier, Amsterdam, 1977

[Decarlo u. a. 1988] Decarlo, R. ; Zak, S. ; Matthews, G.: Variable structure control of nonlinear multivariable systems: a tutorial. In: *Proc. IEEE* 76 (1988), S. 212–232

[Decusse u. Moog 1987] Decusse, J. ; Moog, C. H.: Dynamic decoupling for right-invertible nonlinear systems. In: *Systems & Control Letters* 8 (1987), S. 345–349

[Delaleau u. Respondek 1992] Delaleau, E. ; Respondek, W.: Removing input derivatives and lowering their orders in generalized state-space representations. In: *Proc. 31st IEEE Conference on Decision and Control*, 1992, S. 3663–3668

[Delaleau u. Rudolph 1998] Delaleau, E. ; Rudolph, J.: Control of flat systems by quasi-static feedback of generalized states. In: *Int. J. Control* 71 (1998), S. 745–765

[Eckhardt u. Rudolph 2004] Eckhardt, S. ; Rudolph, J.: High precision synchronous tool path tracking with an AMB machine tool spindle. In: *Proc. 9th International Symposium on Magnetic Bearings* (2004), S. 109

[Ehresmann 1951] Ehresmann, C.: Les prolongements d'une variété différentiable. In: *C.R. Acad. Sc. Paris* 233 (1951), S. 598–600, 777–779, 1081–1083

[Ehresmann 1952] EHRESMANN, C.: Les prolongements d'une variété différentiable. In: *C.R. Acad. Sc. Paris* 234 (1952), S. 1028–1030, 1424–1425

[Eisenhart 1933] EISENHART, L. P.: *Continuous groups of transformations*. Princeton University Press, 1933

[Fels u. Olver 1999] FELS, M. ; OLVER, P.: Moving coframes II. Regularization and theoretical foundations. In: *Acta Appl. Math* 55 (1999), S. 127–208

[Filippov 1988] FILIPPOV, A. F.: *Differential equations with discontinuous right-hand side*. Kluwer, 1988

[Filippov 1964] FILIPPOV, A.F.: Differential equations with discontinuous right-hand side. In: *Amer. Math. Soc. Translations* 42 (1964), S. 199–231

[Fliess 1986] FLIESS, M.: A note on the invertibility of nonlinear input-output differential systems. In: *Systems & Control Letters* 8 (1986), S. 147–151

[Fliess 1990] FLIESS, M.: Generalized controller canonical form for linear and nonlinear dynamics. In: *IEEE Trans. Autom. Control* 35 (1990), S. 994–1001

[Fliess u. a. 1997] FLIESS, M. ; LÉVINE, J. ; MARTIN, P. ; OLLIVIER, F. ; ROUCHON, P.: A remark on nonlinear accessibility conditions and infinite prolongations. In: *Systems & Control Letters* 31 (1997), S. 77–83

[Fliess u. a. 1992] FLIESS, M. ; LÉVINE, J. ; MARTIN, P. ; ROUCHON, P.: Sur les systèmes non linéaires différentiellement plats. In: *C. R. Acad. Sci. Paris Sér. I Math.* 315 (1992), S. 619–624

[Fliess u. a. 1995a] FLIESS, M. ; LÉVINE, J. ; MARTIN, P. ; ROUCHON, P.: Flatness and defect of non-linear systems: introductory theory and examples. In: *Int. J. Control* 61 (1995), S. 1327–1361

[Fliess u. a. 1995b] FLIESS, M. ; LÉVINE, J. ; MARTIN, P. ; ROUCHON, P.: Implicit differential equations and Lie-Bäcklund mappings. In: *Proc. 34th IEEE Conference on Decision and Control*, 1995, S. 2704–2709

[Fliess u. a. 1999] FLIESS, M. ; LÉVINE, J. ; MARTIN, P. ; ROUCHON, P.: A Lie-Bäcklund approach to equivalence and flatness of nonlinear systems. In: *IEEE Trans. Autom. Control* 44 (1999), S. 922–937

[Fliess u. a. 1994] FLIESS, M. ; MARTIN, P. ; ROUCHON, P.: Nonlinear control and Lie-Bäcklund transformations: towards a new differential geometric standpoint. In: *Proc. 33rd IEEE Conference on Decision and Control*, 1994, S. 339–344

[Gardner u. Shadwick 1990] GARDNER, R. B. ; SHADWICK, W. F.: Symmetry and implementation of feedback linearization. In: *Systems & Control Letters* 15 (1990), S. 25–33

[Gardner u. a. 1989] GARDNER, R. B. ; SHADWICK, W. F. ; WILKENS, G. R.: Feedback equivalence and symmetries of Brunovský normal forms. In: *Contemporary Mathematics* 97 (1989), S. 115–130

[Gauthier u. Bornard 1981] GAUTHIER, J. P. ; BORNARD, G.: Observability for any $u(t)$ of a class of nonlinear systems. In: *IEEE Trans. Autom. Control* 26 (1981), S. 922–926

[Gensior u. a. 2006] GENSIOR, A. ; WOYWODE, O. ; RUDOLPH, J. ; GÜLDNER, H.: On differential flatness, trajectory planning, observers, and stabilization for DC-DC converters. In: *IEEE T. Circuits. Syst.* 53 (2006), S. 2000–2010

[Glad 1989] GLAD, S. T.: Nonlinear state space and input output descriptions using differential polynomials. In: DESCUSSE, J. (Hrsg.) ; FLIESS, M. (Hrsg.) ; ISIDORI, A. (Hrsg.) ; LEBORGNE, D. (Hrsg.): *New trends in nonlinear control theory.* Springer-Verlag, Heidelberg, 1989 (Lecture Notes in Control and Information Sciences), S. 182–189

[Goldstein u. a. 2002] GOLDSTEIN, H. ; POOLE, C. ; SAFKO, J.: *Classical mechanics.* 3. Auflage. Addison-Wesley, 2002

[Griewank 2000] GRIEWANK, A.: *Evaluating Derivatives – Principles and Techniques of Algorithmic Differentiation.* SIAM, Philadelphia, 2000 (Frontiers in Applied Mathematics 19)

[Grizzle u. Marcus 1983] GRIZZLE, J.W. ; MARCUS, S. I.: Symmetries in nonlinear control systems. In: *Proc. 22nd IEEE Conference on Decision and Control* 22 (1983), S. 1384–1388

[Grizzle u. Marcus 1985] GRIZZLE, J.W. ; MARCUS, S. I.: The structure of nonlinear control systems posessing symmetries. In: *IEEE Trans. Autom. Control* 30(3) (1985), S. 248–258

[Guillaume u. Rouchon 1998] GUILLAUME, D. ; ROUCHON, P.: Observation and control of a simplified car. In: *Proc. IFAC Motion Control, Grenoble* (1998), S. 63–67

[Haldane 1930] HALDANE, J. B. S.: *Enzymes.* Longmans, Green and Co., 1930

[Hauser u. a. 1992] HAUSER, J. ; SASTRY, S. ; MEYER, G.: Nonlinear control design for slightly non-minimum phase systems; application to V/STOL aircraft. In: *Automatica* 28 (1992), S. 665–679

[Hausner u. Schwartz 1968] HAUSNER, M. ; SCHWARTZ, J.T.: *Lie groups, Lie algebras.* Gordon and Breach, 1968

[Hawkins 2000] HAWKINS, T.: *Emergence of the theory of Lie groups: an essay in the history of mathematics, 1869–1926.* Springer-Verlag, New York, 2000

[Hereman 1995] *Kapitel* 13: Symbolic software for Lie symmetry analysis. In: HEREMAN, W.: *CRC Handbook of Lie Group Analysis of Differential Equations – Volume 3: New Trends in Theoretical Development and Computational Methods.* CRC Press, 1995, S. 367–414

[Hereman 1997] HEREMAN, W.: Review of symbolic software for Lie symmetry analysis. In: *Math. Comp. Mod.* 25 (1997), S. 115–132

[Hermann u. Krener 1977] HERMANN, R. ; KRENER, A. J.: Nonlinear controllability and observability. In: *IEEE Trans. Autom. Control* 22 (1977), S. 728–740

[Hirschorn 1979] HIRSCHORN, R. M.: Invertibility of nonlinear control systems. In: *SIAM J. Control and Optimization* 17 (1979), S. 289–297

[Holl u. Schlacher 2005] HOLL, J. ; SCHLACHER, K.: Analyse von expliziten nichtlinearen, zeitdiskreten dynamischen Systemen basierend auf Lie-Gruppen. In: *International Journal Automation Austria* (2005), S. 1–10

[Ibragimov 1994] IBRAGIMOV, N. H.: *CRC Handbook of Lie Group Analysis of Differential Equations*. CRC Press, 1994

[Ilchmann u. Müller 2007] ILCHMANN, A. ; MÜLLER, M.: Time-varying linear systems: relative degree and normal form. In: *IEEE Trans. Autom. Control* 52 (2007), S. 840–851

[Irle u. a. 2009] IRLE, P. ; GRÖLL, L. ; WERLING, M.: Zwei Zugänge zur Projektion auf 2d-Kurven für die Bahnregelung autonomer Fahrzeuge. In: *at – Automatisierungstechnik* 57 (2009), S. 403–410

[Isidori 1995] ISIDORI, A.: *Nonlinear control systems*. 3. Auflage. Springer-Verlag, Berlin, 1995

[Jakubczyk 1998] JAKUBCZYK, B.: Symmetries of nonlinear control systems and their symbols. In: *Geometric control and nonholonomic mechanis; Proc. Canadian Math. Soc.* 25 (1998), S. 183–198

[Jänich 1999] JÄNICH, K.: *Topologie*. 6. Auflage. Springer-Verlag, Berlin, 1999

[Kailath 1980] KAILATH, T.: *Linear Systems*. Prentice-Hall, 1980

[Kamke 1983] KAMKE, E.: *Differentialgleichungen: Lösungsmethoden und Lösungen*. 10. Auflage. B.G. Teubner Stuttgart, 1983

[Kanatnikov u. Krishchenko 1994] KANATNIKOV, A.N. ; KRISHCHENKO, A.P.: Symmetries and decomposition of nonlinear systems. In: *Differential Equations* 30 (1994), S. 1735–1745

[Khalil 1996] KHALIL, H. K.: *Nonlinear systems*. 2. Auflage. Prentice-Hall, 1996

[Killing 1889] KILLING, W.: Erweiterung des Begriffes der Invarianten von Transformationsgruppen. In: *Mathematische Annalen* 35 (1889), S. 423–432

[Kobayashi u. Nomizu 1963] KOBAYASHI, S. ; NOMIZU, K.: *Foundations of differential geometry – Vol. 1*. Wiley-Interscience, 1963

[Königsberger 2001] KÖNIGSBERGER, K.: *Analysis 2*. 3. Auflage. Springer-Verlag, Berlin, 2001

[Krstić u. a. 1995] KRSTIĆ, M. ; KANELLAKOPOULOS, I. ; KOKOTOVIĆ, P.: *Nonlinear and adaptive control design*. John Wiley & Sons, New York, 1995

[Lehenkyi u. Rudolph 2004] LEHENKYI, V. ; RUDOLPH, J.: Towards the group classification of control systems. In: *Proc. Institute of Mathematics of NAS of Ukraine* 50 (2004), S. 170–175

[Lévine 2009] LÉVINE, J.: *Analysis and control of nonlinear systems – A flatness-based approach.* Springer-Verlag, Berlin, 2009

[Lie 1891] LIE, S. ; SCHEFFERS, G. (Hrsg.): *Vorlesungen über Differentialgleichungen mit bekannten infinitesimalen Transformationen.* Teubner, Leipzig, 1891

[Marsden u. Ratiu 2001] MARSDEN, J. E. ; RATIU, T. S.: *Einführung in die Mechanik und Symmetrie.* Springer-Verlag, Berlin, 2001

[Martin u. a. 1996] MARTIN, P. ; DEVASIA, S. ; PADEN, B.: A different look at output tracking: control of a VTOL aircraft. In: *Automatica* 32 (1996), S. 101–107

[Martin u. a. 1997] MARTIN, P. ; MURRAY, R. M. ; ROUCHON, P.: Flat systems. In: BASTIN, G. (Hrsg.) ; GEVERS, M. (Hrsg.) ; European Control Conference (Veranst.): *Plenary lectures and mini-courses* European Control Conference, 1997, S. 211–264

[Martin u. Rouchon 1998] MARTIN, P. ; ROUCHON, P.: Symmetry and field-oriented control of induction motors. In: *CAS Technical report* 493 (1998)

[Martin u. a. 2004] MARTIN, P. ; ROUCHON, P. ; RUDOLPH, J.: Invariant tracking. In: *ESAIM: Control, Optimisation and Calculus of Variations* 10 (2004), S. 1–13

[Michaelis u. Menten 1913] MICHAELIS, L. ; MENTEN, M.: Die Kinetik der Invertin-Wirkung. In: *Biochemische Zeitung* 49 (1913), S. 333–369

[Miller 1972] MILLER, W.: *Symmetry Groups and their Application.* Academic Press, New York, 1972

[Ngo u. a. 2005] NGO, K. B. ; MAHONY, R. ; ZHONG-PING, Jiang: Integrator backstepping using barrier functions for systems with multiple state constraints. In: *Proc. 44th Conference on Decision and Control, 2005 and 2005 European Control Conference. CDC-ECC '05* (2005), S. 8306–8312

[Nijmeijer 1986] NIJMEIJER, H.: Right-invertibility of a class of nonlinear control systems: a geometric approach. In: *System & Control Letters* 7 (1986), S. 125–132

[Nijmeijer u. van der Schaft 1982] NIJMEIJER, H. ; VAN DER SCHAFT, A.: Controlled invariance for nonlinear systems. In: *IEEE Trans. Autom. Control* 27 (1982), S. 904–914

[Nijmeijer u. van der Schaft 1985] NIJMEIJER, H. ; VAN DER SCHAFT, A.: Partial symmetries for nonlinear systems. In: *Math. Systems Theory* 18 (1985), S. 79–96

[Nijmeijer u. van der Schaft 1990] NIJMEIJER, H. ; VAN DER SCHAFT, A.: *Nonlinear dynamical control systems.* Springer-Verlag, New York, 1990

[Olver u. a. 1993] OLVER, P. J. ; ANDERSON, I. M. ; KAMRAN, N.: Internal, external, and generalized symmetries. In: *Advances in mathematics* 100 (1993), S. 53–100

[Olver 1993] OLVER, P.J.: *Applications of Lie Groups to Differential Equations*. 2. Auflage. Springer-Verlag, New-York, 1993

[Olver 1995] OLVER, P.J.: *Equivalence, Invariants, and Symmetry*. Cambridge University Press, 1995

[Olver 1999] OLVER, P.J.: *Classical Invariant Theory*. Cambridge University Press, 1999

[Ovsiannikov 1982] OVSIANNIKOV, L. V.: *Group analysis of differential equations*. Academic Press, 1982

[Pavlou 1985] PAVLOU, S.: Dynamics of a chemostat in which one microbial population feeds on another. In: *Biotechnol. Bioeng.* 27 (1985), S. 1525–1532

[Pereira da Silva 2008] PEREIRA DA SILVA, P. S.: Technical communique: Some remarks on static-feedback linearization for time-varying systems. In: *Automatica* 44 (2008), S. 3219–3221

[Perruquetti u. a. 1997] PERRUQUETTI, W. ; BORNE, P. ; RICHARD, J. P.: A generalized regular form for sliding mode stabilization of MIMO systems. In: *Proc. 36th IEEE Conf. Decision and Control*, 1997, S. 957–961

[Pomet 1995] POMET, J.-P.: A differential geometric setting for dynamic equivalence and dynamic linearization. In: *Proc. Banach Center Publications* 32 (1995), S. 319–339

[Pontryagin 1986] PONTRYAGIN, L. S.: *Selected Works – Vol. 2: Topological Groups*. 3. Auflage. Gordon and Breach, Switzerland, 1986 (Classics of Soviet mathematics)

[Prince u. Eliezer 1981] PRINCE, G. E. ; ELIEZER, C. J.: On the Lie symmetries of the classical Kepler problem. In: *J. Phys. A: Math. Gen.* 14 (1981), S. 587–596

[Respondek 2004] RESPONDEK, W.: Symmetries and minimal flat outputs of nonlinear control systems. In: KANG, W. (Hrsg.) ; XIAO, M. (Hrsg.) ; BORGES, C. (Hrsg.): *New Trends in Nonlinear Dynamics and Control and their Applications*. Springer-Verlag, Heidelberg, 2004 (Lecture Notes in Control and Information Sciences), S. 65–86

[Respondek u. Nijmeijer 1988] RESPONDEK, W. ; NIJMEIJER, H.: On local right-invertibility of nonlinear control systems. In: *Control theory and advanced technology* 4 (1988), S. 325–348

[Röbenack 2005] RÖBENACK, K.: *Regler- und Beobachterentwurf für nichtlineare Systeme mit Hilfe des Automatischen Differenzierens*. Shaker Verlag, 2005

[Röbenack 2010] RÖBENACK, K.: Entwurf nichtlinearer Beobachter mit linearer und näherungsweise linearer Fehlerdynamik. In: *at – Automatisierungstechnik* 58 (2010), S. 489–497

[Röbenack u. Reinschke 2000] RÖBENACK, K. ; REINSCHKE, K. J.: Reglerentwurf mit Hilfe des Automatischen Differenzierens. In: *at – Automatisierungstechnik* 48 (2000), S. 60–66

[Rothfuss 1997] ROTHFUSS, R.: *Anwendung der flachheitsbasierten Analyse und Regelung nichtlinearer Mehrgrößensysteme.* VDI-Verlag, Düsseldorf, 1997 (Fortschritt-Berichte 664)

[Rothfuß u. a. 1997] ROTHFUSS, R. ; RUDOLPH, J. ; ZEITZ, M.: Flachheit: Ein neuer Zugang zur Steuerung und Regelung nichtlinearer Systeme. In: *at – Automatisierungstechnik* 45 (1997), S. 517–525

[Rouchon u. Rudolph 1999] ROUCHON, P. ; RUDOLPH, J.: Invariant tracking and stabilization: problem formulation and examples. In: AEYELS, D. (Hrsg.) ; LAMNABHI-LAGARRIGUE, F. (Hrsg.) ; SCHAFT, A. van d. (Hrsg.): *Stability and stabilization of nonlinear systems* Bd. 246. Springer-Verlag, 1999, S. 261–273

[Rudolph 2003a] RUDOLPH, J.: *Beiträge zur flachheitsbasierten Folgeregelung linearer und nichtlinearer Systeme endlicher und unendlicher Dimension.* Shaker Verlag, 2003

[Rudolph 2003b] RUDOLPH, J.: Examples for the use of invariant errors in nonlinear control. In: *48. Internationales Wissenschaftliches Kolloquium, Technische Universität Ilmenau*, 2003

[Rudolph 2005] RUDOLPH, J.: Rekursiver Entwurf stabiler Regelkreise durch sukzessive Berücksichtigung von Integratoren und quasi-statische Rückführungen. In: *at - Automatisierungstechnik* 53 (2005), S. 389–399

[Rudolph u. Fröhlich 2003] RUDOLPH, J. ; FRÖHLICH, R.: Invariant tracking for planar rigid body dynamics. In: *Proc. Appl. Math. Mech. (PAMM)* 2 (2003), S. 9–12

[Samokhin 2000] SAMOKHIN, A.: Symmetry algebra for control systems. In: *Proc. Colloquium on Differential Geometry* (2000)

[Samokhin 2002] SAMOKHIN, A.: Full symmetry algebra for ODEs and control systems. In: *Acta Appl. Math.* 72 (2002), S. 87–99

[Saunders 1989] SAUNDERS, D.J.: *The geometry of jet bundles.* Cambridge University Press, 1989

[Schlacher u. a. 2002] SCHLACHER, K. ; KUGI, A. ; ZEHETLEITNER, K.: A Lie group approach for nonlinear dynamic systems described by implicit ordinary differential equations. In: *MTNS Mathematical Theory of Network and Systems* (2002)

[Seto u. a. 1994] SETO, D. ; ANNASWAMY, A.M. ; BAILLIEUL, J: Adaptive control of nonlinear systems with a triangular structure. In: *IEEE Trans. Autom. Control* 39 (1994), S. 1411–1428

[Shuster 1993] SHUSTER, M. D.: A survey of attitude representations. In: *The Journal of the Astronautical Sciences* 41(4) (1993), S. 439–517

[da Silva u. a. 2007] SILVA, P. S. P. ; BATISTA, S. ; SILVERIA, H. B.: Some basic notions of an infinite dimensional differential-geometric approach for nonlinear systems / Escola Politécnica da USP, São Paulo. 2007. – Forschungsbericht

[Sira-Ramirez 1989] SIRA-RAMIREZ, H.: A geometric approach to pulse-width modulated control in nonlinear dynamical systems. In: *IEEE Trans. Autom. Control* 34 (1989), S. 184–187

[Sira-Ramírez 1989] SIRA-RAMÍREZ, H.: Sliding regimes in general non-linear systems: a relative degree approach. In: *Int. J. Control* 50 (1989), S. 1487–1506

[Sira-Ramírez u. Ilic-Spong 1989] SIRA-RAMÍREZ, H. ; ILIC-SPONG, M.: Exact linearization in switched-mode DC-to-DC power converters. In: *Int. J. Control* 50 (1989), S. 511–524

[Sira-Ramírez u. Pernía-Espinoza 2001] SIRA-RAMÍREZ, H. ; PERNÍA-ESPINOZA, A. V.: On the pH control of a CSTR system: an invariant stabilization approach. In: *Proc. IFAC Symposium on Nonlinear Control Systems Design* 5 (2001), S. 1413–1418

[Slotine u. Li 1991] SLOTINE, J.-J-E. ; LI, W.: *Applied nonlinear control.* Prentice-Hall, 1991

[Sontag 1984] SONTAG, E. D.: A concept of local observability. In: *Systems & Control Letters* 5 (1984), S. 41–47

[Spivak 1999] SPIVAK, M.: *A Comprehensive Introduction to Differential Geometry.* Bd. 1. 3. Auflage. Publish or Perish, 1999

[Spong u. Bullo 2005] SPONG, M. W. ; BULLO, F.: Controlled symmetries and passive walking. In: *IEEE Trans. Autom. Control* 50 (2005), S. 1025–1031

[Stephani 1989] STEPHANI, H. ; MACCALLUM, M. (Hrsg.): *Differential equations – Their solution usings symmetries.* Cambridge University Press, 1989

[Utkin 1971] UTKIN, V.: Equations of slipping regimes in discontinuous systems I. In: *Automation and Remote Control* 32 (1971), S. 1897–1907

[Utkin 1972] UTKIN, V.: Equations of slipping regimes in discontinuous systems II. In: *Automation and Remote Control* 33 (1972), S. 211–219

[Utkin 1977] UTKIN, V.: Variable structure systems with sliding modes. In: *IEEE Trans. Autom. Control* 22 (1977), S. 212–222

[Utkin 1978] UTKIN, V.: *Sliding modes and their application in variable structure systems.* Mir, 1978

[Utkin 1992] UTKIN, V.: *Sliding modes in control and optimization.* Springer-Verlag, Berlin, 1992

[Utkin u. a. 1999] UTKIN, V. ; GÜLDNER, J. ; SHI, J.: *Sliding mode control in electromechanical systems.* Taylor & Francis, 1999

[Vinogradov 1981] VINOGRADOV, A. M.: Geometry of nonlinear differential equations. In: *J. Soviet Math.* 17 (1981), S. 1624–1649

[Vinogradov 1984] VINOGRADOV, A. M.: Local symmetries and conservation laws. In: *Acta Applicandae Mathematicae* 2 (1984), S. 21–78

[Warner 1983] WARNER, F. W.: *Foundations of differentiable manifolds and Lie groups.* Springer-Verlag, New-York, 1983 (Graduate Texts in Mathematics 94)

[Whittaker 1961] WHITTAKER, E. T.: *A treatise on the analytical dynamics of particles and rigid bodies.* 4. Auflage. Cambridge University Press, 1961

[Woernle 1998] WOERNLE, C.: Flatness-based control of a nonholonomic mobile platform. In: *ZAMM Suppl. 1* 78 (1998), S. 43–46

[Young u. a. 1999] YOUNG, K. D. ; UTKIN, V. I. ; OZGUNER, U.: A control engineer's guide to sliding mode control. In: *IEEE Trans. Contr. Syst. Technol.* 7 (1999), Nr. 3, S. 328–342

[Zhao u. Zhang 1992] ZHAO, J. ; ZHANG, S.: Symmetries and realization and nonlinear systems. In: *Proc. 31st IEEE Conference on Decision and Control*, 1992, S. 86–89

[Zharinov 1992] ZHARINOV, V. V.: *Lecture notes on geometrical aspects of partial differential equations.* World Scientific Publishing, 1992

[Zhong-Ping u. Nijmeijer 1997] ZHONG-PING, J. ; NIJMEIJER, H.: Tracking control of mobile robots: a case study in backstepping. In: *Automatica* 33 (1997), S. 1393–1399